Martin Kramer

# *Bruchrechnen als Abenteuer*

*Mit Ketten und Zahnrädern Brüche begreifen*

Klett | Kallmeyer

**Martin Kramer**, geb. 1973, Vater, Leiter der Abteilung für Didaktik der Mathematik an der Universität Freiburg (2012–2018), Theaterpädagoge (BuT), Zusatzausbildung Kommunikationspsychologie (Schulz von Thun Institut), Robert-Boyle-Preis 2015 (MNU), 2003–2012 Gymnasiallehrer für Mathematik und Physik, Initiator und Vorstand der Lernzukunft e.V., Beirat Mathe.Forscher, Zusammenarbeit mit den Kultusministerien Baden-Württemberg und Hessen, mit SINUS, Fibonacci und DELTAplus, mit verschiedenen Kulturschulen Hessen, mit dem Schultheater-Studio Frankfurt u. a.
Zahlreiche Publikationen und Lehrerfortbildungen zu handlungs- und erlebnisorientierter Didaktik, systemischem Denken und Handeln und unterrichtlicher Kommunikation. – Weitere Informationen unter www.unterricht-als-abenteuer.de.

Bibliografische Information der Deutschen Nationalbibliothek
Die Deutsche Nationalbibliothek verzeichnet diese Publikation in der Deutschen Nationalbibliografie; detaillierte bibliografische Daten sind im Internet über http://dnb.d-nb.de abrufbar.

## Impressum

Martin Kramer
Bruchrechnen als Abenteuer
Mit Ketten und Zahnrädern Brüche begreifen



Redaktion: Gesine Jörg, Tiefenbronn
Fotos: Martin Kramer, Tübingen
Realisation: Bernd Burkart, Weinstadt-Baach
Druck: Offset Printing House KOPA, Vilnius
Printed in EU

ISBN: 978-3-7727-1108-4

Martin Kramer

# *Bruchrechnen als Abenteuer*

*Mit Ketten und Zahnrädern Brüche begreifen*

Klett | Kallmeyer

*Für Jim.*

*Und für alle Lehrer, die ihren Schülern ermöglichen,
eigene Wege zu gehen.*

# Inhalt

## Geleitworte

Schon seit einigen Jahren verfolge ich mit großem Vergnügen, wie Martin Kramer unsere Abteilung für Didaktik auf den Kopf stellt und es dort von neuen Ideen und frischen Ansätzen für den Unterricht nur so sprudelt.
Der in diesem Buch vorgestellte neue Zugang zur Bruchrechnung über Getriebe in Fischertechnik ist einer dieser neuen Ansätze, deren Hauptnenner das Anliegen ist, die Mathematik im wahrsten Sinne des Wortes begreifbar zu machen.
Ich fand diesen konkreten Zugang zur Bruchrechnung sehr überzeugend, bei dem die Motivation durch eine echte Modellierungsaufgabe, das Erlernen der mathematischen Methoden und das Überprüfen der eigenen Rechnungen in der Wirklichkeit Hand in Hand gehen und man außer der bloßen Bruchrechnung auch noch so vieles andere mitlernen kann.
Jetzt wünsche ich der Methode wie dem Buch, dass sie auf fruchtbaren Boden fallen mögen und dazu beitragen, dass Kinder mit Spaß und Verständnis die Bruchrechnung lernen und behalten. Das ist es ja, was am Ende zählt, wie es auch bei uns seit der Renovierung der Didaktik so treffend an der Wand steht: Der Schüler entscheidet, was gelehrt wurde!

*Prof. Dr. Wolfgang Soergel, Universität Freiburg*

Als Kind habe ich begeistert mit Fischertechnik gespielt. Als mir Martin Kramer das erste Mal von seiner Idee erzählte, Bruchrechnen durch Zahnräder nahezubringen, hätte ich am liebsten gleich mitgebaut! Aber da die meisten unserer Gespräche in der Mittagspause bei unserem Lieblingsitaliener stattfanden, blieb es leider nur beim Mitüberlegen. Welche Phänomene kann man mit den vorhandenen Zahnrädern darstellen? Mit welcher Konstruktion illustriert man am besten die Assoziativität der Multiplikation? Könnte man durch drei Kegelzahnräder nicht noch die komplexen Zahlen ins Spiel bringen und $i^2 = -1$ zeigen? Ich bin davon überzeugt, dass viele andere an diesem eher spielerischen Zugang eine ähnliche Freude haben werden.

Ich sehe einen weiteren Vorteil. Als Mathematiker steht man manchmal vor der umgekehrten Schwierigkeit wie die Schüler: Man versteht nicht mehr, dass etwas nicht selbstverständlich ist. Wenn nun eine Bruchrechenregel mit Zahnrädern vergegenwärtigt wird, trifft man sich faszinierenderweise in der Mitte: Der eine sieht, dass die Regel im konkreten Fall gelten muss, da sich die Zahnräder am Ende ja gleich schnell drehen; der andere sieht, dass es nicht trivial ist, da zwei verschiedene Konstruktionen dazu führen.

Die Entstehung dieses Buches habe ich über die letzten Jahre verfolgen können und freue mich besonders, den ein oder anderen Gedanken aus unseren Gesprächen darin wiederzufinden. Einen davon will ich unbedingt noch nachbauen, bevor Martin Kramer mit seinen Fischertechnik-Kästen weiterzieht: Da mein Gehör nicht geschult genug ist, das pythagoräische Komma zu hören, will ich es wenigstens durch Zahnräder sehen!

*Privatdozent Dr. Markus Junker, Universität Freiburg*

# Vorwort

Günther Malle

*„Der wahrscheinlich größte Fehler des traditionellen Mathematikunterrichts besteht darin, dass zu schnell auf eine formal-regelhafte Ebene aufgestiegen wird, bevor noch ausreichende intuitive und anschauliche Vorstellungen vom jeweiligen Stoff erworben wurden. Diesen Fehler kann man an fast allen Stoffgebieten der Schulmathematik beobachten. Die Bruchrechnung ist aber ein besonders geeignetes Studienobjekt." (Günther Malle[1])*

Bruchrechnen zu lernen braucht Zeit. Natürlich kann man in wenigen Minuten Rechengesetze einführen, aber das hat nichts mit Mathematik zu tun. Um Bruchrechnen zu verstehen, müssen zuerst neue Modelle und Konzepte zum Verständnis aufgebaut werden. Für einen jungen Menschen ist es z. B. höchst erstaunlich, dass eine Zahl auch kleiner werden kann, wenn man sie mit einer anderen malnimmt. Das wundert nicht, da sein Konzept der Multiplikation auf Vervielfältigung beruht. In seinem Gehirn muss sich erst ein komplexeres Modell entwickeln, bevor er verstehen kann.
In „Bruchrechnen als Abenteuer" wird mit Hilfe von Zahnrädern, Übersetzungen und Getrieben ein handlungsorientierter Zugang aufgezeigt. Die Algebra erhält beim Bau eine konkrete Bedeutung. Theorie und Praxis werden unmittelbar miteinander verknüpft. Der haptische Umgang mit Zahnrädern, Übersetzungen und Getrieben ist eine äußerst effektive Art, Wissen entstehen zu lassen.

Kompetenzen

Bemerkenswert ist, dass der Umgang mit dem Material die heute so oft geforderten Kompetenzen in selbstverständlicher Weise schult. Es ist schlichtweg unmöglich, „Bruchrechnen als Abenteuer" zu unterrichten, ohne dabei Kommunikationsfähigkeit, Planungsfähigkeit, Problemlösefähigkeit, Selbstständigkeit, Verantwortungsfähigkeit etc. zu fördern – ob Sie als Lehrperson nun daran denken oder nicht.

*Lehrer als Abenteurer*

„Bruchrechnen als Abenteuer" leistet weit mehr, als „nur" Theorie und Praxis geschickt zu verbinden, Kompetenzen zu fördern oder nachhaltiges Verständnis zu ermöglichen. Aus einer systemisch-konstruktivistischen Sichtweise ist eine völlig andere Art des Unterrichtens beschrieben, diese stellt hohe Anforderungen an die Lehrkraft. Für gewöhnlich diktiert und taktet das Schulbuch den Unterricht. Der

1 Günther Malle: Grundvorstellungen zu Bruchzahlen. In: Mathematik lehren, Heft 123, 2004, S. 4.

Lehrer ist dazu da, dass der vorgefertigte Stoff fremdbestimmt „durchgenommen" wird. Das ist zwar einfach, aber auch eintönig und wirkungslos (für alle Beteiligten).
In „Bruchrechnen als Abenteuer" ist der Umgang mit dem Material wegführend. Statt ein fremdbestimmtes und vorgefertigtes Programm zu erfüllen, geht es darum, eigene Wege zu entdecken. Der Lehrer ist hierbei viel stärker gefordert. Er ist Scout und Kompass im Wissensgebiet. Statt eines vorgefertigten Programms schaut *er,* was ansteht. Der Kapitän und nicht das Buch entscheidet, was im Unterricht passiert. Er gestaltet mit Blick auf seine Schüler die unterrichtliche Kommunikation. Hinter der Reihe „Mathematik als Abenteuer" steckt ein Menschenbild, welches den Schüler als selbst erschaffendes und nicht als ein zu beschulendes Wesen annimmt.
Dem Lehrer wird eine grundlegend andere Rolle zuteil: Er wechselt vom „Beschuler" zum Strukturgeber, vom „Belehrenden" zum Gestalter von Lernumgebungen. Sicherlich entdecken Sie und Ihre Schüler noch neue, weitere Aspekte der Bruchrechnung. Das wäre ganz und gar nicht verwunderlich. Das geschieht immer, wenn Unterricht lebendig wird.

vom „Beschuler" zum Gestalter

Ich wünsche Ihnen und Ihren Schülern viel Freude mit „Bruchrechnen als Abenteuer".

*Martin Kramer*

# Grundlegendes zur Didaktik

*Konstruktivistisch-systemisches Lernverständnis*

„Bruchrechnen als Abenteuer" ermöglicht einen Mathematikunterricht, der auf einem konstruktivistisch-systemischen Lernverständnis beruht und dabei erlebnispädagogisch geprägt ist.[2] Die Aufgabe des Lehrers besteht in der Vermittlungskunst zwischen Wissensgebiet und Lernendem, mit anderen Worten: in der Kunst, Lernumgebungen zu gestalten.

Vermittlungskunst

*Strukturelles Denken braucht Zeit*

Wer lediglich daran interessiert ist, dass seine Schüler Rechengesetze anwenden, hat das falsche Buch in der Hand! Mit Ketten und Zahnrädern durch das Gebiet der Bruchrechnung zu gehen, ist anspruchsvoll: Es geht um Modellbildung, um tiefes Verständnis, um das Erkennen von Strukturen, um die Anwendung von Mathematik. Warum „darf" man nicht durch null teilen? Warum kann ein Produkt kleiner sein als jeder einzelne Faktor? Warum ergibt die Multiplikation zweier negativer Brüche einen positiven? Worin liegt der Unterschied zwischen rationalen und reellen Zahlen? Verständnis braucht Entwicklungszeit. Vielleicht können Schüler in kurzer Zeit Rechenregeln ins Heft kopieren, aber für den Aufbau von Wissen muss sich der Schüler die Gesetze der Bruchrechnung erst selbst konstruieren.

Konstruktion von Wissen

*Ketten und Zahnräder sind weder leichter noch schwerer zu verstehen – sie machen Bruchrechnung „nur" anschaulich*

Die formale Bruchrechnung lässt sich auf das haptische Arbeiten mit Ketten und Zahnrädern homomorph abbilden. Das bedeutet: Das Arbeiten mit Ketten und Zahnrädern ist weder schwieriger noch leichter als der Umgang mit formalen Brüchen. Aber es nimmt Ihnen als Lehrer den Vorsprung: Sie sind genauso wenig an Ketten und Zahnräder gewöhnt wie Ihre Schüler. Und wie Ihre Schüler müssen Sie erst einmal lernen, wie man Getriebe aufbaut, was der schriftlichen Notation von Brüchen entspricht. Sie erleben die Bruchrechnung ungefähr so, wie sie Ihren Schülern begegnet. Alle strukturellen Schwierigkeiten sind ebenso da, wie wenn Sie mit Brüchen operieren. Und doch

2 Den Leser, der speziell an konstruktivistisch-systemischem Unterrichten interessiert ist, verweise ich auf: Martin Kramer: Unterricht ist Kommunikation – der Schüler entscheidet, was gelehrt wurde. Band I: Konstruktion von Wissen, Schneider Verlag Hohengehren 2017.

gibt es einen wesentlichen Vorteil: Sie können mittels Getrieben die Bruchrechnung und deren Probleme sichtbar machen.

Probleme sichtbar machen

*Vernetztes Lernen*

Es geht um weit mehr als „nur" um Brüche. Weder Zahnräder noch spezielle Gebiete der Mathematik (wie Bruchrechnen) kennen Grenzen. Wer mit dem Material forscht, der berührt mit Zahnrädern auch die Welt der Potenzen und ihrer Gesetze, mathematische Reihen, Primzahlen und Funktionen, ja, er verbindet sogar die mathematische Welt mit technischen Realisierungen. Mit den Worten von Martin Wagenschein: „Das Einzelne, in das man sich hier versenkt, ist nicht Stufe, es ist S p i e g e l des Ganzen. (...) Dieses Einzelne häuft nicht, es trägt, es erhellt; es leitet nicht fort, sondern es strahlt an."[3] „Bruchrechnen als Abenteuer" möchte ein Spiegel, eine Tür zu strukturellem Denken, zur Mathematik sein. Dabei versteht sich von selbst, dass „Versenkung" in das Einzelne nicht in einer Doppelstunde abgehakt werden kann. Langsamer ist besser. Mut zur Gründlichkeit!

Martin Wagenschein

*Einstieg „mittendrin"*

Mit der ersten Lernumgebung (vgl. die Abschnitte 5.2 bis 5.5) steht – auch wenn es noch nicht thematisiert wurde – die ganze Bruchrechnung im Raum. Es ist ein Einstieg mittendrin. Das ist ein großer Unterschied zu konventionellem Unterricht, in dem Schritt für Schritt, Seite für Seite ein vorgegebener Weg verfolgt wird. Mit der haptischen Deutung von Zahl und Verknüpfung können Schüler vom ersten Moment an alles Mögliche aufbauen (Terme, das Kürzen und Erweitern, Multiplikation negativer Brüche usw.) – das Material zwingt sie nicht in eine vorgegebene Struktur. Der Schüler wird Dinge aufbauen, die er vielleicht gar nicht aufbauen wollte. Es ist wie in der Wissenschaft: Es gibt viele, viele Wege, wie man mit den Dingen umgehen kann. Ein Beispiel. Die Natur des Materials gibt dem Schüler gleich zu Beginn die Freiheit, jede mögliche Multiplikation aufzubauen. Ein Schulbuch kann leicht zuerst die Multiplikation ganzer positiver Zahlen und erst später echter Brüche behandeln. Nur innerhalb einer „verschulten" Welt lässt sich einfach angeben, wie weit (auf welcher Seite) ein Schüler ist.

viele mögliche Wege

3 Martin Wagenschein: Zum Begriff des exemplarischen Lehrens in: Zeitschrift für Pädagogik (3/1956), Beltz Verlag, [4]1963, S. 7.

*Lernen und Spiel*

Wir Menschen haben mit ca. 4250 Säugetierarten gemeinsam, dass wir in Kindheit und Jugend spielen – wir allein spielen sogar noch im Erwachsenenalter. Eine sehr ernste Sache, das Spiel! Spielen und Forschen ist nicht nur wichtig für das fachliche Lernen, auch das soziale Lernen findet im Spiel statt. In diesem sehr ernsten Sinne ist das zentrale Unterrichtsmaterial in dem vorgestellten Lehrgang ein Spielzeug; Spiel und Spielfreude sind Gegenstand der hier vorgestellten Didaktik.

das Spiel ernst nehmen

*Theorie und Praxis*

Theorie und Praxis, Denken und Handeln, Geist und Körper sind miteinander gekoppelt. Wenn Sie das nicht glauben, dann lassen Sie bei Ihrem nächsten Zahnarztbesuch die Narkose weg. Ihr Denken wird sich durch die körperliche Befindlichkeit extrem verändern.

Geist und Körper agieren also nicht unabhängig voneinander. Damit erscheint handlungsorientierter Unterricht in einem neuen Licht: Haptisches Arbeiten und theoretisches Denken bilden ein gekoppeltes System. Es gibt dabei keine bestimmte Reihenfolge, etwa in dem Sinne: erst die symbolische, abstrakte Vermittlungsebene, dann die haptische – oder anders herum. Nein. Körperliche und gedankliche Welt bedingen sich gegenseitig.

keine bestimmte Reihenfolge

In dem handlungsorientierten Konzept „Bruchrechnung als Abenteuer“ findet das seine Entsprechung. Theorie und Praxis werden als zwei sich gegenseitig beeinflussende und anregende Systeme gesehen. Das geistige Gedankengebäude entwickelt sich mit der technischen Umsetzung und anders herum. Damit ist der Umgang mit dem Material kein Umweg, sondern Teil eines Entwicklungsprozesses. Nimmt man die Körperlichkeit aus dem unterrichtlichen Geschehen, etwa in der Hoffnung, dadurch Zeit zu „sparen“, so wird der Erkenntnisprozess, die Kopplung zwischen Denken und Handeln, empfindlich gestört.

strukturelle Kopplung

*Eine Lernumgebung – unterschiedliche Wege*

Lernumgebung ≠ Lernprogramm

Eine Lernumgebung ist prinzipiell etwas anderes als ein Lernprogramm. Letzteres geht in einer festen Abfolge vor, man weiß zu jedem Zeitpunkt, wo man gerade (innerhalb des Programms) steht. Doch bei der Erforschung eines echten Wissensgebietes können Sie viele Wege zur Erkundung einschlagen. Und trotzdem ist die Reihenfolge nicht willkürlich. Es gibt (abhängig von Schüler und Lehrer) geschicktere und weniger geschickte Möglichkeiten. Sie werden die Erfahrung machen, dass plötzlich ein Thema im Raum steht, welches Sie eigentlich später behandeln wollten. Mit manchen Dingen wird schon hantiert, ohne dass deren Bedeutung ausreichend reflektiert wurde.

eigene Wege gehen

„Bruchrechnen als Abenteuer" ist kein vorgefertigter Weg. Das Konzept richtet sich an Lehrer, die mit ihren Schülern eigene Wege gehen möchten. Was im Unterricht gerade förderlich ist, bestimmt nicht das Schulbuch, sondern der Lehrer. So sind klare Arbeits- und Forschungsaufträge sehr wichtig, auch wenn ein Schüler prinzipiell nichts „Falsches" aufbauen kann. Zirkuläre Strukturen sind, wie im Leben, unumgänglich. Es werden immer wieder Dinge benötigt, die erst später vertieft zur Verfügung stehen. Als Beispiel können Sie die allererste Übung betrachten. Wenn der Schüler in Kapitel 5 verstanden hat, dass sich der Winker bei einer Umdrehung genau acht Mal dreht, dann hat er im Grunde bereits die Multiplikationsregel verstanden. Und trotzdem wird ihm diese in einer anderen Fragestellung tiefer und vielleicht sogar ganz neu erscheinen.

*Der Lehrer als Künstler*

Der in Teil II skizzierte Lehrgang stellt einen roten Faden dar und möchte Sicherheit geben.

Aber viel mehr möchte ich den Künstler in Ihnen ansprechen, der seinen Schülern Raum zum eigenen Forschen gibt, der vom Weg abweicht, weil das Forschen nicht dem Takt des hier beschriebenen Lehrgangs folgt! Lernen erfolgt nicht anhand eines Fließbandes oder Fließtextes. Ihre Schüler und Sie werden vielmehr ein eigenes Abenteuer erleben. Sie werden mit den Anregungen etwas Eigenes erschaffen.

„Abenteuer-Konzept"

Peter Gallin schreibt zu dem „Abenteuer-Konzept": „Es sind nicht einfach Rezepte für die Lehrperson, sondern Vorschläge für eine neue Grundhaltung dem Stoff und den Lernenden gegenüber."[4]

4 Aus dem Geleitwort zu Martin Kramer, Mathematik als Abenteuer Band III, Klett Kallmeyer Verlag

## Hinweise zur Buchbenutzung

*Gliederung*

In **Teil I** werden allgemeine didaktische Hintergründe zur Bruchrechnung und zum Lehr- und Lernverständnis der hier vorgestellten Didaktik erklärt. Ferner wird praxisnah in den Umgang mit Fischertechnik eingeführt. **Teil II** beschreibt einen möglichen Lehrgang zum Thema Bruchrechnung. **Teil III** zeigt einen Einstieg in Funktionen. Dieser Teil kann unabhängig von Teil II durchgeführt werden und zeigt exemplarisch die übergreifende Eigenschaft des Materials.

Reihenfolge der Inhalte

Ein Buch zwingt dem Autor eine Reihenfolge auf. Für den Leser mag diese im ersten Moment als „richtig" und fest vorgegeben erscheinen. Für mich als Autor erscheint die Anordnung lediglich als eine Möglichkeit. Insgesamt hat die Anordnung der Inhalte um ein Vielfaches länger gebraucht als das Schreiben an sich. Haben Sie also Mut zur Veränderung!

Mut zur Veränderung

*Material*

Zur handlungsorientierten Umsetzung benötigen Sie jeweils einen Materialkasten für zwei Schüler. Einen solchen Klassensatz können Sie bzw. Ihre Fachschaft direkt über Fischertechnik beziehen (vgl. den Abschnitt 3.1 und die Bestellmöglichkeit hinten im Buch).

*Zielgruppe – Alter der Schüler*

Das Konzept von „Bruchrechnen als Abenteuer“ ist in erster Linie für Schüler der Unterstufe gedacht, also zur Einführung der Bruchrechnung. Da jedoch Material prinzipiell binnendifferenziert ist, können Übungen wie z. B. im Abschnitt 9.1 oder 12.1 in Abwandlung auch mit Schülern der Mittel- oder Oberstufe durchgeführt werden.

Binnendifferenzierung

Eine interessante Möglichkeit habe ich von einem Lehrer erfahren, der in seiner Kursstufe nach dem Abitur Zahnräder und Getriebe eingesetzt hat. Die Aufgabe bestand in der Modellierung der Bruchrechnung: Wie lässt sich beispielsweise die Multiplikation bzw. die Division zweier Brüche darstellen?

Teil III (Funktionen) ermöglicht in einer 7. oder 8. Klasse einen handlungsorientierten Einstieg in Funktionen. Es ergibt aber auch Sinn, funktionale Zusammenhänge bzw. Proportionalität schon ab Klasse 5 oder noch früher zu be-greifen.

*Kostenfreier Download*

An verschiedenen Stellen im Buch wird auf Download-Materialien hingewiesen. Sie finden diese Vorlagen im Downloadbereich meiner Homepage www.unterricht-als-abenteuer.de wie auch auf der Seite des Verlages unter www.friedrich-verlag.de/klett-kallmeyer-fachbuecher/. Die Dokumente können, dürfen und sollen beliebig frei im Unterricht eingesetzt und verbreitet werden. Für den Download benötigen Sie keine Anmeldung oder einen speziellen Zugang.

www.unterricht-als-abenteuer.de

*Didaktische Hintergründe*

Gute Methoden sind Methoden, die sich einfach und ohne große Erklärung umsetzen lassen. Aber wer versteht, warum bestimmte Dinge erfolgreich sind, welche systemischen und kommunikativen Hintergründe es gibt, der wird vom Nachahmer zum Gestalter. Aus diesem Grund wurden hinter den einzelnen konkreten Unterrichtsbeschreibungen die Hintergründe erläutert. Die dadurch unvermeidbaren Dopplungen im Text wurden für die praxisorientierte Darstellung bewusst in Kauf genommen. Der eilige Leser, der vorerst nur an konkreten Übungen interessiert ist, kann bei der ersten Lektüre die zusätzlichen Bemerkungen übergehen.

*Ein Arbeitsbuch*

Das Buch ist als Arbeitsbuch gedacht. Die Marginalspalte soll einerseits eine Groborientierung geben, andererseits steht hier Platz für eigene Notizen zur Verfügung. Denn keine Aufzeichnung ist besser

eigene Notizen

als die eigene. In diesem Sinne wurde das Papier des Buches bewusst so gewählt, dass es sich gut mit Bleistift beschreiben lässt.

*Männliche und weibliche Schreibweise*
Mit dem Begriff „Lehrer“ oder „Schüler“ möchte ich lediglich eine bestimmte Funktion bzw. Rolle im Unterricht bezeichnen. Diese ist für mich weder weiblich noch männlich. Ich möchte nicht in eine Unterscheidung gezwungen werden bzw. aus dem grammatischen Geschlecht ein biologisches machen und bitte um Verständnis.

# Dank

Mein erster Dank geht an die Schüler der 6. Klassen der Französischen Schule in Tübingen. Ihr Nachfragen, ihre Offenheit, ihr ehrliches Ringen um Verständnis, die Bereitschaft zu zig Interviews – all das hat die Darstellung sehr befruchtet.
Gaby Arnold und Jürgen Hauser möchte ich für die Unterstützung und den Mut, didaktisches Neuland zu erkunden, danken. Beide gaben mir die Möglichkeit, den Unterricht parallel in zwei Klassen durchzuführen.
Angefangen hat die Sache mit den Zahnrädern, weil ich nach einer Möglichkeit suchte, „Minus mal Minus“ schülergerecht und anschaulich darzustellen. Ich besprach diese und weitere Ideen mit Wolfgang Soergel. Einige der Ideen sind in meinem Buch „Mathematik als Abenteuer“, Bd. II enthalten. Viel Mathematik habe ich von Markus Junker bei Spaghetti und Pizza gelernt. Etwa, dass der Bruch ein multiplikatives Konzept ist, die Idee der Darstellung des pythagoräischen Kommas, die Bedeutung des Gleichheitszeichens, bis hin zum Nachdenken über die Darstellung des Komplexen (im rechten Winkel zum Reellen). – Es war mir eine Freude, mit ihm denken zu dürfen!
Das gehirngerechte Zusammenspiel von Sprache und Haptik findet sich in der Kooperation des Klett Kallmeyer Verlages mit der Fischertechnik GmbH wieder: die Programmleiterin Gabriela Holzmann auf der einen Seite, der Vertriebsleiter Laurenz Wohlfarth auf der anderen. Bei beiden bedanke ich mich für das Zusammenspiel.
Lesbarkeit und Darstellung fordern sowohl inhaltliche Klarheit als auch ästhetische Gestaltung, wofür ich mich besonders bei Bernd Burkart und Gesine Jörg (geb. Bechtloff) bedanke. Mit jedem Abenteuer-Band ist die Komplexität und die Herausforderung gewachsen. Bruchrechnen als Abenteuer ist, mit seinen inneren Vernetzungen, Querverweisen und der Materiallogistik, noch komplexer geworden. Gesine hat mich in meiner Entwicklung durch das Abenteuer begleitet und ist mir Freund, Kritiker und Ratgeber geworden, weit, weit mehr als in einem üblichen Lektorat. Ich wüsste keinen anderen Lektor, der die Sache selbst im eigenen Unterricht umgesetzt hätte und der mit Herz und Verstand in unzähligen Diskussionen die passenden Anregungen gegeben hätte. Als Leser sehen Sie stets „nur“ den fertigen Text – die Irrwege, die Umstrukturierungen, die Ergänzungen und Streichungen, die für das Verständnis bedeutsam sind, bleiben leider im Verborgenen.

Teil I:

# Didaktische Einführung

Kapitel 1

# Bruchrechnen sichtbar machen

In „Bruchrechnen als Abenteuer“ finden zweierlei Konstruktionen statt: Die sichtbare entsteht unter Schülerhänden auf dem Tisch, die unsichtbare konstruiert sich autonom im Gehirn. Es geht um den Schüler und um den Aufbau seiner mathematischen Erkenntnis und nicht um eine formal-regelhafte Belehrung. Die Multiplikationsregel „Zähler mal Zähler, Nenner mal Nenner“ beispielsweise ist ein willkommenes Nebenprodukt, aber gewiss nicht das Kernstück. Es geht um die Kunst des Strukturierens. Es geht um Mathematik.
Mit Fischertechnik zu arbeiten, ist nicht die Lösung schlechthin. Hier wird kein Allheilmittel vorgestellt. Aber dieses Material ist sehr, sehr hilfreich, den Bruch als Operator und als Verhältnis zu „begreifen“, um so Erkenntnis zu ermöglichen.

Spiel und Spielfreude

Spiel und Spielfreude sind Gegenstand der hier vorgestellten Didaktik. Und das, obwohl Bruchrechnen in der Didaktik als eines der am schwierigsten zu unterrichtenden Themen gilt. Eingeführt wird es bereits in der Unterstufe, aber noch in der Kursstufe kämpfen die Schüler mit der Algebra.

## *1.1 Warum Bruchrechnen schwierig ist*

Zu Beginn ein Selbstversuch[5]: Decken Sie die untere Zeile in der Tabelle zu und erraten Sie die typischen Schülerfehler:

| Aufgabe | $\frac{2}{5} \cdot \frac{3}{5}$ | $2 \cdot \frac{1}{5}$ | $\frac{9}{10} : \frac{3}{10}$ | $2 : \frac{2}{3}$ | $\frac{3}{5} + \frac{1}{4}$ | $\frac{3}{5} + 4$ | 0,2 · 0,3 | 0,64 + 7 |
|---|---|---|---|---|---|---|---|---|
| Typische Fehler | $\frac{2 \cdot 3}{5}$ | $\frac{2}{10}$ | $\frac{9:3}{10}$ | $\frac{2:2}{3}$ | $\frac{3+1}{5+4}$ | $3 + \frac{4}{5}$ | 0,6 | 0,71 |

Wie kommt es dazu? Wer $\frac{3}{5} + \frac{1}{4} = \frac{3+1}{5+4}$ rechnet, der versucht, das Rechnen mit ganzen Zahlen auf Brüche anzuwenden. Das Vorgehen ist intelligent. Wir versuchen, Strategien zu wiederholen, die wir gelernt

5 Beispiele in Anlehnung an Friedhelm Padberg: Didaktik der Bruchrechnung. Spektrum, Heidelberg [3]2002.

und schon erfolgreich angewendet haben. Ein Erfolgsrezept soll verallgemeinert werden. Im Fall der Bruchrechnung klappt das leider nicht. Das Konzept des Bruches ist ein anderes. So lässt sich die schon eingangs im Vorwort zitierte Kritik am traditionellen Mathematikunterricht von Günther Malle gut nachvollziehen:

Kritik an traditionellem Mathematikunterricht

*„Der wahrscheinlich größte Fehler des traditionellen Mathematikunterrichts besteht darin, dass zu schnell auf eine formal-regelhafte Ebene aufgestiegen wird, bevor noch ausreichende intuitive und anschauliche Vorstellungen vom jeweiligen Stoff erworben wurden. Diesen Fehler kann man an fast allen Stoffgebieten der Schulmathematik beobachten. Die Bruchrechnung ist aber ein besonders geeignetes Studienobjekt.“*[6]

Was für Gründe gibt es nun im Einzelnen, warum Bruchrechnen so schwierig ist?

**Erster Grund: außerhalb der Mathematik**

Das Kalkül der Bruchrechnung, vor allem die Addition, passt nicht in die Umwelt des aufstrebenden Geistes: Wozu muss ein Sechstklässler den Term $\frac{1}{3} + \frac{1}{2}$ berechnen können? Der einzige Ort, wo es normal ist, $\frac{1}{3}$ Pizza + $\frac{1}{2}$ Pizza zu rechnen, ist der Mathematikunterricht. Wo taucht Hauptnennerbildung bzw. der Umgang mit Äquivalenzklassen in seiner Welt auf? Didaktisch betrachtet liegt die Addition von Brüchen für den jungen Menschen im wörtlichen Sinne daneben. Man denke etwa zum Vergleich an Themen wie „Rechnen mit Größen“, bei denen er seine Umwelt mit Zahlen erfassen und in Einklang bringen kann. Es ist die Altersstufe, in der riesige Zahlen interessant sind, in der über Unendlichkeit nachgedacht wird, in der das Maß entdeckt wird, ein Vergleich möglich wird und Modelle gebaut werden.[7]

Lebenswirklichkeit eines Sechstklässlers

*Brüche in der Küche*

Besser als um die Addition steht es um die Multiplikation: Die Malrechnung taucht in der Küche auf: Ein Rezept für sechs Personen soll auf zwei Personen „gekürzt“ werden. Statt ein halber Liter Milch wird ein Drittel von einem halben Liter benötigt. Zugegeben: Es ist

6 Günther Malle: Grundvorstellungen zu Bruchzahlen. In: Mathematik lehren, Heft 123, 2004, S. 4.

7 Vgl. Martin Kramer: Mathematik als Abenteuer Bd. I, Klett Kallmeyer Verlag, Seelze, [4]2016, Teil III, Rechnen mit Größen, S. 194 ff.

noch ein weiter Schritt vom Operator „ein Drittel von" zur Multiplikation $\frac{1}{3} \cdot \frac{1}{2}$, aber immerhin gibt es diese Rechnung in der Welt eines Sechstklässlers.

*Der Bruch als multiplikatives Konzept*
Wie kommt es zum Bruch? Man sucht zu einer vorgegebenen Zahl eine weitere, sodass das Produkt 1 ergibt. Brüche werden durch eine „umgekehrte" Multiplikation gefunden, daher ist Bruchrechnung in erster Linie also ein multiplikatives Konzept. Somit ist es natürlich bzw. genetisch[8], im Unterricht mit der Multiplikation von Brüchen zu beginnen. Dass es mit der Addition knirscht und knarzt, wundert nicht. Es wundert, dass sich ein multiplikatives Konzept überhaupt mit der Addition widerspruchsfrei verträgt.

Multiplikation vor Addition

Ich zweifle sehr daran, dass die Addition von Brüchen in der Erlebniswelt eines Sechstklässlers Sinn ergibt. Es ist fragwürdig, ob die Unterstufe für dieses Kalkül der richtige Zeitpunkt ist. Gelungene Beispiele, bei denen zwischen der Bruchrechnung und dem jungen Schüler erfolgreich vermittelt wurde, sind äußerst selten. Daher ist die Multiplikation als Erstbegegnung aus zwei Gründen viel passender als die Addition:
(1) Der Bruch ist ein multiplikatives Konzept.
(2) Brüche und deren Multiplikation gibt es in der Küche bzw. in der Alltagswelt der Schüler.

**Zweiter Grund: innerhalb der Mathematik**

Bruch als Verwandlungskünstler

Je nach Betrachtung bzw. Anwendung nimmt ein Bruch sehr unterschiedliche Rollen ein. Der Bruch ist ein Verwandlungskünstler (siehe die Tabelle rechts).
Die Verwendung von Zahnrädern, Ketten und Getrieben zeigt den Bruch anschaulich in den verschiedenen Rollen. Die Stärke dieses Lehrgangs beruht darauf, dass das Material stets dasselbe ist, sich aber dessen Rolle ändert. Es geht zwar immer um Zahnräder und Ketten – egal, ob es sich um Anteile, Verhältnisse, Zahlen oder Operatoren dreht –, aber ändert sich die Rolle, dann ändern sich der Aufbau und die Vorgehensweise in natürlicher Art und Weise. So wird beispielsweise der Operatorgedanke bzw. der Malpunkt materialisiert durch

8 „Genetisch" im Sinne von Martin Wagenschein: „von der Sache ausgehend, nicht vom Lehrer" (vgl. Martin Wagenschein: Zum Problem des genetischen Lehrens. In: Verstehen lehren, Beltz Verlag, Weinheim, S. 62).

| Rolle | Formale Beschreibung | Haptische Umsetzung |
|---|---|---|
| Anteil | Einmal bezeichnet er einen bestimmten Anteil von einer Bezugsgröße, sagen wir z. B. „ein Drittel“ von einem Kuchen. Bei einer Kurbelumdrehung hat sich die hintere Achse um ein Drittel einer ganzen Umdrehung (= Bezugsgröße) gedreht. | |
| Verhältnis | Dann kann ein Bruch für ein Verhältnis stehen. Es geht um die Beziehung zwischen den Zahnrädern bzw. zwischen den ganzen Zahlen 10 und 30. Sie stehen im Verhältnis von 1 : 3. Es ist egal, wie oft man an der Kurbel dreht, im *Verhältnis* dreht sich die hintere Achse dreimal so häufig. | |
| Zahl | Ferner ist ein Bruch eine Zahl bzw. eine Bruchzahl. Verschiedene Brüche können dieselbe Bruchzahl darstellen. Es ist nicht einfach für den Lernenden, dass der Bruch $\frac{20}{10}$ ganz anders aussieht als beispielsweise $\frac{30}{15}$ oder $\frac{40}{20}$ und dennoch „dasselbe“ sein soll. | |
| Operator | Wiederum eine andere Deutung ist die eines Operators. Ich kann drei Viertel *von* etwas nehmen, zum Beispiel drei Viertel *von* drei Halben. Ohne den Bruch mit Malpunkt „$\cdot \frac{3}{4}$“ als Operator zu deuten, wird man die Multiplikation nicht einführen können. | |

eine Zwischenachse. Der „Bruch als Operator“ lässt sich demnach als eine Übersetzung mit *einer* eingebauten Achse darstellen.

Man erkennt unmittelbar, dass der Operator etwas braucht, worauf er operieren kann. So ganz allein, ohne Aufgabe, ohne auf etwas „wirken“ zu können, wirken Operatoren seltsam. Auch ergibt ein Operator ohne eine Verknüpfung wenig Sinn. Wenn vom „Bruch als Operator“ gesprochen wird, wird stillschweigend die Verknüpfung mitgedacht. Die „Anatomie eines Bruch-Operators“ in Abschnitt 1.4 verdeutlicht die Natur eines Operators.

**Dritter Grund: unsichtbare Mathematik**

In der Küche kommen Brüche als Anteile und Operatoren vor. Die Idee des Anteils lässt sich leicht verstehen, ein Anteil ist „greifbar“. Auch der operative bzw. funktionale Gedanke („ein Drittel von“ etwas Beliebigem) lässt sich als Ursache-Wirkungs-Prinzip in einem Nacheinander anschaulich verstehen. Beispielsweise wird in Abschnitt 9.1 das Messer bzw. der Schüler zum Operator, indem er die Hälfte von etwas nimmt.

Verhältnisse und Beziehung

Abstrakter ist das Verhältnis. Da geht es um Beziehungen zwischen ganzen Zahlen statt um die konkret dargestellten ganzen Zahlen an sich: Betrachtet man z. B. den Bruch $\frac{204}{612}$, so geht es weder um die „204“ noch um die „612“ – es geht um die Beziehung der beiden Zahlen zueinander, um deren Verhältnis. Es liegt in der Natur der Sache, dass Beziehungen unsichtbar sind, sie lassen sich schlecht darstellen. Auf dem Foto habe ich die Beziehung zwischen den Rädern als blaue Kette dargestellt.

Sie als Mathematiker können mir folgen, aber der Lernende, der zum ersten Mal dieses Bild sieht, denkt wahrscheinlich, dass es um die Kette geht. Aber auch das ist nicht richtig. Die Kette ist lediglich ein Symbol, um das Verhältnis darzustellen. Bei negativen Brüchen verschwindet die Materialisierung des negativen Verhältnisses durch eine direkte Verzahnung (vgl. Kapitel 12).

Für den Lernenden wird es an dieser Stelle schwierig. Das, was gleich ist, ist unsichtbar. Das gestaltpsychologische Gesetz der Ähnlichkeit (einander ähnliche Dinge werden eher als zusammengehörig erlebt als einander unähnliche) versagt beim Bruch: $\frac{204}{612}$ sieht $\frac{-6}{-18}$ so gar nicht ähnlich und doch wird dasselbe Verhältnis beschrieben.

**Vierter Grund: Übertragung alter Konzepte**

Der junge Geist, der zum ersten Mal mit Brüchen konfrontiert wird, muss alte Vorstellungen aufgeben.

| *Was früher richtig war…* | *… ist plötzlich falsch!* |
|---|---|
| $3 + 1 = 4$<br>$5 + 4 = 9$ | $\frac{3}{5} + \frac{1}{4} \neq \frac{3+1}{5+4}$ |
| Quadrieren macht größer | $\left(\frac{1}{2}\right)^2 = \frac{1}{4}$ |
| Durch etwas teilen macht kleiner (Konzept des Aufteilens) | $3 : \frac{1}{4} = 12$ |

Übertragungsfehler

Die von Padberg gefundenen typischen Schülerfehler (vgl. den Anfang dieses Abschnitts) sind verständlich: Es wird versucht, ein altes Konzept auf eine neue Umgebung zu übertragen. Nur passt unglücklicherweise die neue Umwelt nicht zu den alten Konzepten – für manchen Schüler eine schmerzliche Erfahrung. Er versteht die Welt – genauer: die neue Umwelt – nicht mehr.

Das gestaltpsychologische Gesetz der Ähnlichkeit macht es dem Lernenden nicht leichter. Da hilft die materielle Interpretation: Eine Übersetzung ist tatsächlich etwas Neues und die Gefahr der Übertragung ist nicht mehr gegeben, wenn der Schüler ein geeignetes Modell im Kopf hat.

Modellvorstellung

Während natürliche Zahlen durch einzelne Zahnräder dargestellt werden können (vgl. auch Abschnitt 1.5 „Die verschiedenen Zahlenbereiche und ihre Modellierung"), sind Brüche ihrer Konstruktion gemäß Übersetzungen. Wer eine Modellvorstellung von einem Bruch verinnerlicht hat, wird kaum versuchen, mit Brüchen wie mit natürlichen Zahlen zu rechnen. Es ist naheliegend, dass das Rechnen mit Übersetzungen anderer Natur ist als das Rechnen mit Zahlen.

Mit dieser Modellvorstellung wundert es nicht, dass Quadrieren kleiner machen kann $\left(\frac{1}{2} \cdot \frac{1}{2} = \frac{1}{4}\right)$. Das Modell auf Seite 30 zeigt die Situation nach einmaligem Drehen an der Kurbel in mathematisch positiver Richtung (gegen den Uhrzeigersinn). Während die Kurbelstange (die nullte Achse) einmal gedreht hat, schaffte die nachfolgende erste Achse ein halbe und die zweite eine Viertelumdrehung. Die Umdrehungen bzw. die Ergebnisse sind mit einem Winker angezeigt.

## 1.2 Flächen- und Operatorkonzept

Um ein Verständnis für Zahlen bzw. Algebra aufzubauen, hilft eine mengenhafte Vorstellung von abstrakten Dingen ungemein. Die Vorstellung von der Multiplikation als Rechteck (im Bild links) ist uns vertrauter als die Hintereinanderschaltung zweier Übersetzungen. Dargestellt ist das Produkt $2 \cdot 4$ einmal geometrisch als Fläche, einmal als Hintereinanderausführung zweier Operatoren: Die Zahl „1" (1 Umdrehung der Kurbel) wird zunächst verdoppelt, das Ergebnis (2 Achsenumdrehungen) wird anschließend vervierfacht. Links ergibt sich eine Fläche mit 8 Flächeneinheiten bzw. Münzen, rechts dreht sich die durch den Winker markierte hintere Achse (auf dem Foto die Achse vorne rechts) 8-mal bei einer Kurbelumdrehung.

Möchte man zeigen, dass 2 · 4 kommutativ ist bzw. dass 4 · 2 dasselbe ergibt, werden im Flächenkonzept Zeilen und Spalten vertauscht bzw. das Rechteck um 90° gedreht. Rechts muss die Reihenfolge der Übersetzungen bzw. der Operatoren vertauscht werden. Das ist charakteristisch für das hier vorgestellte Konzept: Formal und haptisch passiert das Gleiche.

*Verschiedene haptische Modellierungen*
Mit Papier und Schere kommen Sie haptisch gesehen ganz gut durch die Bruchrechnung.[9] Doch eine weitere Veranschaulichung schadet ganz und gar nicht. Der Mensch braucht zwei oder drei Beispiele, um das Wesentliche zu erfassen.
Springt man allerdings als Gestalter von Lernumgebungen ständig hin und her, erklärt also das eine mit Papier, das andere mit Zahnrädern, dann bringt das den Lernenden völlig durcheinander, weil er ja das allgemeine Prinzip noch nicht kennt. Sie sollten also während einer Erklärung nicht zwischen verschiedenen Modellen hin und her wechseln. Aber Sie können beide Modelle *gleichzeitig* präsentieren. Das hilft sehr im Verständnis. Wer erkannt hat, dass ein Produkt ebenso als Rechteck wie auch als Hintereinanderausführung von Übersetzungen darstellbar ist, der besitzt ein wesentlich tieferes Verständnis, er kommt dem Wesen der Sache näher.

Gleichzeitigkeit mehrerer Modelle

## 1.3 Lernen in vier Dimensionen

### Gehirngerechtes Lernen

Ein Thema wie Bruchrechnen kann gehirngerecht durch ein konsequentes Nebeneinander von formaler (symbolischer) und handelnder (ikonischer und enaktiver) Repräsentationsebene[10] unterrichtet werden: Die formale Ebene verwendet abstrakte Zeichen wie Bruchstriche, Malpunkte oder Zahlen. Die handelnde Ebene arbeitet mit konkreten Dingen wie Zahnrädern und Ketten. Streng genommen zeigt die folgende Abbildung in der rechten Hirnhälfte nicht die Handlung, sondern ein Bild von der Handlung. Die bildliche (ikonische) Repräsentationsebene wird aber der handelnden (enaktiven) zugerechnet.

Repräsentationsebenen

9 Vgl. Martin Kramer: Mathematik als Abenteuer Bd. II, Klett Kallmeyer Verlag, Seelze, $^{4}$2016, z. B. S. 145 ff.

10 Zu den Begriffen „symbolisch“, „ikonisch“ und „enaktiv“ vgl. die folgenden Ausführungen unter „4D-Lernen“.

Kennzeichnend für diese Wissenskonstruktion ist das ständige Wechselspiel der Darstellungen. Es ist nicht etwa so, dass zuerst das Formale eingeführt und dann das Gelernte in der Praxis der Getriebe untersucht wird oder anders herum. Theorie und Praxis befinden sich in einem stetigen Wechselspiel. Es ist fast nicht möglich, hinterher zu erkennen, wodurch Wissen entstanden ist.[11]

Theorie und Praxis

**4D-Lernen: Brüche, Konstruktionspläne und Übersetzungen**

Bei der Umsetzung im Unterricht werden drei verschiedene Repräsentationsebenen der Vermittlung *gleichzeitig* verwirklicht:

Gleichzeitigkeit

- eine **e**naktive Repräsentationsebene (handelnde Repräsentationsebene: das Spiel mit dem Material bzw. die konkrete Verwirklichung[12] einer Maschine, also deren Zusammenbau und das Kurbeln an der Maschine)
- eine **i**konische Repräsentationsebene (bildliche Darstellung bzw. bei einer Maschine der Konstruktionsplan)
- eine **s**ymbolische (formale mathematische Schreibweise bzw. die sprachliche Formulierung mathematischer Inhalte)

11 Ob zuerst die Praxis und dann die Theorie da war oder anders herum, ist die bekannte Ei-Huhn- bzw. Huhn-Ei-Problematik. Letztendlich entscheidet sich im Schüler individuell, was den Anstoß zum Wachstumsschub gibt. Für die unterrichtliche Praxis ist es interessanterweise egal, wie Wissen wächst – auch wenn Wissenswachstum ein höchst spannendes und weitgehend unerforschtes Gebiet ist.

12 Der Begriff „Verwirklichung" ist an dieser Stelle ganz bewusst gewählt. Der unterrichtliche Gegenstand soll im Schülerhirn verwirklicht werden. Diese Verwirklichung bzw. Wissenskonstruktion geschieht individuell und autonom und kann vom Lehrer nicht diktiert oder gar erzwungen werden. Wissen wächst von selbst! Aufgabe des Lehrers ist es, zu ermöglichen, dass das mathematische Wissen wachsen kann. Er gestaltet „nur" die Lernumgebung, er bereitet den Boden. Konstruktivismus, Systemtheorie und Kommunikation sind die Werkzeuge, um eine situationsgerechte Lernumgebung zu schaffen. Vgl. hierzu Martin Kramer: *Unterricht ist Kommunikation. Der Schüler entscheidet, was gelehrt wurde.* Schneider Verlag Hohengehren, 2017, wo ein konstruktivistisches, systemorientiertes und kommunikatives Lernen praxisnah propagiert wird.

EIS-Prinzip

Das entspricht dem EIS-Prinzip[13] (vgl. die didaktische Zwischenbemerkung in Abschnitt 8.1) bzw. einem gehirngerechten Lernen. Formalisierung geschieht modellhaft in der Praxis: sowohl im Tun als auch im Kopf. Der Schüler erhält z. B. eine Vorstellung davon, warum Minus mal Minus Plus ergibt.

*Vom EIS-Prinzip zum 4D-Lernen*

Gestaltpsychologie

Die Gleichzeitigkeit der drei Darstellungen ermöglicht die Vernetzung zwischen Theorie und Praxis (das ist das gestaltpsychologische Gesetz der Gleichzeitigkeit: Dinge, die sich gleichzeitig verändern, werden als zusammengehörig empfunden). So versteht sich die zeitliche Dimension als die vierte.[14]

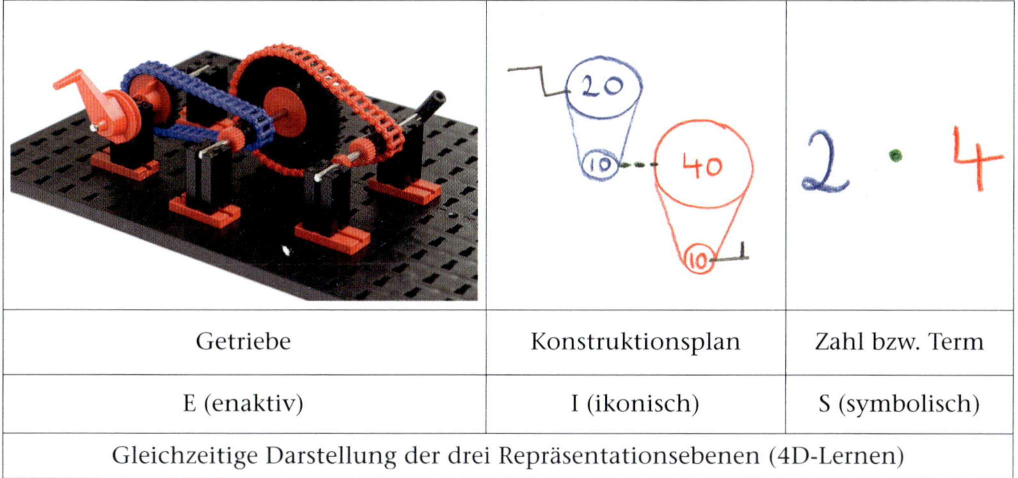


| Getriebe | Konstruktionsplan | Zahl bzw. Term |
|---|---|---|
| E (enaktiv) | I (ikonisch) | S (symbolisch) |
| Gleichzeitige Darstellung der drei Repräsentationsebenen (4D-Lernen) | | |

13 Die drei Repräsentationsebenen gehen auf das EIS-Prinzip nach Jérôme Bruner (Psychologe, geboren 1915 in New York) zurück. Bruner leistete wichtige Beiträge zur kognitiven Lerntheorie.

14 Neben dem zeitlichen Nebeneinander der Repräsentationsebenen existiert zusätzlich ein räumliches. Konkreter Aufbau, Konstruktionsplan und formale Schreibweise finden am selben Ort statt, das entspricht dem gestaltpsychologischen *Gesetz der Nähe*. Ebenso ist das Gesetz der Ähnlichkeit (z. B. bei der Farbkodierung) wirksam. Man könnte also eine fünfte und sechste Dimension hinzufügen und von einem 6D-Lernen sprechen. Da Nähe und *Ähnlichkeit* in der Praxis „naheliegend" erscheinen (wer würde denn Maschine und Konstruktionsplan an verschiedenen Tischen konstruieren?), würden mir diese Dimensionen zu sehr in den Vordergrund rücken und so sehe ich die Gleichzeitigkeit stellvertretend für alle anwendbaren Gesetze der Gestaltpsychologie.
Der interessierte Leser sei auf Martin Kramer: Unterricht ist Kommunikation – der Schüler entscheidet, was gelehrt wurde, Band I: Konstruktion von Wissen, Schneider Verlag Hohengehren, 2017, Abschnitt 3.7 verwiesen, wo das Thema ausführlich behandelt wird.

## 1.4 Ein komplettes Abbild der Bruchrechnung – und noch mehr!

Als ich anfing, mich mit der didaktischen Nutzung von Fischertechnik zu beschäftigen, war ich fasziniert, dass sich scheinbar *alles* aus der Bruchrechnung auf Ketten und Zahnräder übertragen ließ. Doch der Zauber der Faszination verblasste mit einem abstrakteren Blickwinkel, als ich nämlich bemerkte, dass sich die Übersetzungen homomorph auf die multiplikative Gruppe der Brüche abbilden lassen. Die Multiplikation entspricht dabei der Hintereinanderschaltung zweier Übersetzungen. Es handelt sich um dieselbe Struktur.

Homomorphismus

Das ist didaktisch und pädagogisch interessant: Das Arbeiten mit Ketten und Zahnrädern ist weder schwieriger noch leichter als der Umgang mit formalen Brüchen. Der wesentliche Vorteil ist „nur“: Sie können mittels Getrieben die Bruchrechnung und deren Probleme sichtbar machen.

Probleme sichtbar machen

**Gesamtübersicht über theoretische und praktische „Begriffe“**
Eine Übersicht über das Zusammenspiel[15] von Theorie und Praxis zeigt folgende Tabelle. Weiter dient sie zum Nachschlagen während eigener Bauunternehmen. Die Begriffe „Bruch“, „Bruchzahl“, „Übersetzung“, „Getriebe“ etc. werden in der Lehrgangsskizze in dieser Definition verwendet.

15 Die Formulierung „Zusammen*spiel*“ ist bewusst gewählt: Das Spiel ist die effektivste Form, um Wissenskonstruktion zu ermöglichen. Die dargestellte Didaktik basiert daher auf einem spielerischen Lernverständnis.

| symbolisch | | enaktiv | |
|---|---|---|---|
| positiver Bruch | $\frac{20}{10}$ | Übersetzung mit Kette | 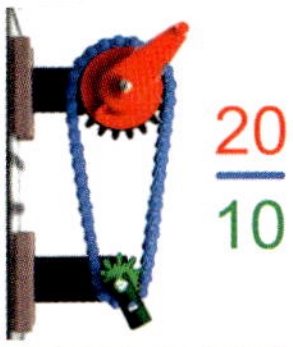  |
| negativer Bruch | $-\frac{20}{10}$ | Übersetzung mit direkter Verzahnung |  |
| Zähler | Bei einem Bruch die Zahl über dem Bruchstrich | Anzahl der Zähne am vorderen, mit der Kurbel angetriebenen Zahnrad |  |
| Nenner | Zahl unter dem Bruchstrich | Anzahl der Zähne am hinteren, von der Kette angetriebenen Zahnrad | 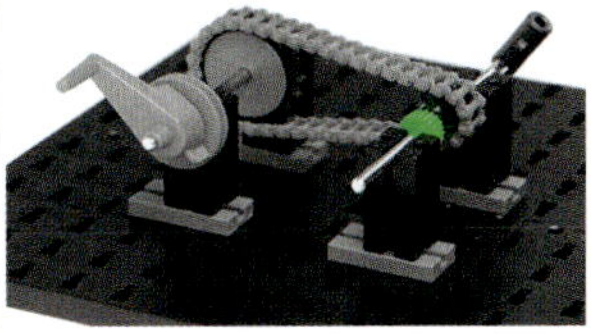 |
| Bruchzahl | | Übersetzungsverhältnis | |
| Kürzen und Erweitern | $\frac{20}{10} = \frac{30}{15} = \frac{40}{20}$ | Verschiedene Übersetzungen ergeben dasselbe Übersetzungsverhältnis |  |
| Äquivalenzklasse | $\frac{40}{20} = \frac{30}{15} = \frac{20}{10} = \ldots$ | alle Übersetzungen mit gleichem Übersetzungsverhältnis |  |
| irrationale Zahlen | | Aus Ketten und Zahnrädern werden Walzen und Bänder. |  |

| Multiplikation und Division | | | |
|---|---|---|---|
| multiplikative Verknüpfung bzw. der Malpunkt | $\cdot$ | Achse | |
| einfache Multiplikation | $\frac{30}{20} \cdot \frac{30}{40}$ | Hintereinanderausführung von zwei Übersetzungen | |
| Term bzw. Produkt | | Getriebe, d. h. Hintereinanderausführung einer oder mehrerer Übersetzungen | |
| Berechnung eines Terms | | Anzahl der Winkerumdrehungen (Umdrehungen der hintersten Achse) bei einer vollständigen Kurbeldrehung an der vordersten Achse | |
| Gleichung bzw. Gleichheit zweier Terme | $\frac{20}{10} = \frac{10}{20} \cdot \frac{30}{10} \cdot \frac{40}{30}$ | Zwei Getriebe, die mit derselben Achse starten, können auch die hinterste Achse gemeinsam benutzen. | |
| Kürzen in Produkten | $\frac{2}{3} \cdot \frac{4}{2} \cdot \frac{1}{3}$ $= \frac{4}{3} \cdot \frac{1}{3}$ | Die 20er-Räder dürfen in dem Getriebe rechts „herausgekürzt“ werden. | |
| Kommutativität der Multiplikation | $\frac{1}{3} \cdot \frac{4}{2} \cdot \frac{40}{15} \cdot \frac{1}{2}$ $= \frac{1}{2} \cdot \frac{1}{3} \cdot \frac{40}{15} \cdot \frac{4}{2}$ | Die Reihenfolge der einzelnen Übersetzungen spielt für die Gesamtübersetzung keine Rolle. | |

| | | | |
|---|---|---|---|
| Minus mal Minus ergibt Plus | $\left(\frac{-20}{10}\right) \cdot \left(\frac{-40}{10}\right) = 8$ | Die Drehrichtung ändert sich zweimal, die hinterste Achse hat also den gleichen (positiven) Drehsinn wie die Kurbel. |  |
| Kehrbruch | Zähler und Nenner werden vertauscht. | Innerhalb einer Übersetzung werden die Zahnräder vertauscht. |  |
| Division von Brüchen | Durch einen Bruch wird geteilt, indem man mit dem Kehrbruch multipliziert. | Teilen erfolgt durch Anwendung der Umkehrübersetzung. | |
| **Größenvergleich und Addition** | | | |
| Brüche der Größe nach vergleichen | $\frac{4}{3} \cdot \frac{1}{3} < \frac{1}{2} \cdot \frac{3}{4}$ bzw. $\frac{4}{9} < \frac{3}{8}$ | Mittels zweier Winker können die Übersetzungsverhältnisse ihrer Größe nach verglichen werden. |  |
| Addieren von Brüchen | Bei gleichem Nenner (Hauptnenner) können die Zähler (als ganze Zahlen) addiert werden. | Der Hauptnenner ergibt sich als kleinste Anzahl an Kurbeldrehungen, bei der die Winker erneut senkrecht nach oben zeigen. |  |

| **Potenzrechnung, exponentielles Wachstum und Funktionen** | | | |
|---|---|---|---|
| Potenzgesetze | $a^m \cdot a^n = a^{m+n}$ | |  |
| exponentielle Funktionen und exponentielles Wachstum | $f(n) = \left(\frac{1}{2}\right)^n$ | Pro Achse halbiert sich die Anzahl der Umdrehungen. |  |
| exponentieller Aufbau des Zahlensystems | Zweiersystem als Beispiel: Einer, Zweier, Vierer, Achter … | Hintereinanderschaltung von Getrieben entspricht exponentiellem Wachstum | 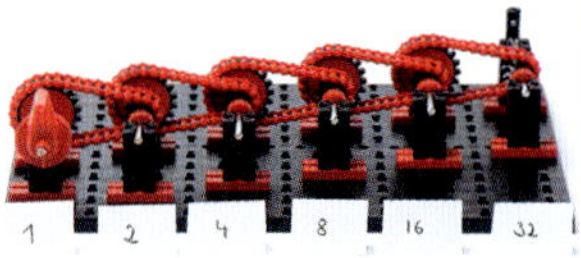 |
| negativer Exponent und die Null im Exponent | $2^0 = 1$<br>$2^{-2} = \frac{1}{4}$ | Im Aufbau stehen rechts positive Potenzen, links negative. |  |
| Lineare Funktionen | 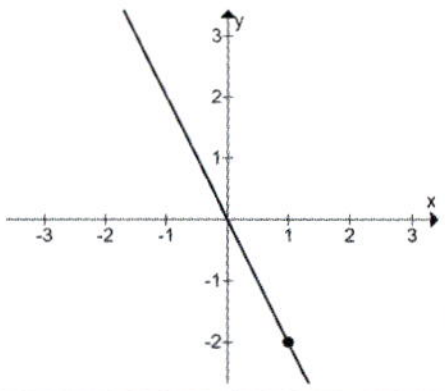 | Die Maschine „funktioniert“ nach dem Schaubild |  |
| Umkehrfunktionen | | Vertauschung von Kurbel und Winker bzw. Vertauschung der Reihenfolge des Aufbaus |  |

**Anatomie eines Bruch-Operators**

Dem Operatorgedanken kommt in diesem Buch eine besonders wichtige Rolle zu. Exemplarisch ist im Folgenden der Aufbau schrittweise gezeigt:

| | |
|---|---|
| die ganze Zahl $30 \in \mathbb{Z}$ |  |
| die ganze Zahl $40 \in \mathbb{Z}$ |  |
| Die Beziehung beider Zahlen ermöglicht den Bruch. Mit dieser „Beziehung“ wird ein neuer Zahlenbereich ermöglicht. Anders formuliert: Der Quotientenkörper $\mathbb{Q}$ wird konstruiert. |  |
| der Bruch $\frac{30}{40}$ |  |
| die multiplikative Verknüpfung bzw. der Malpunkt | 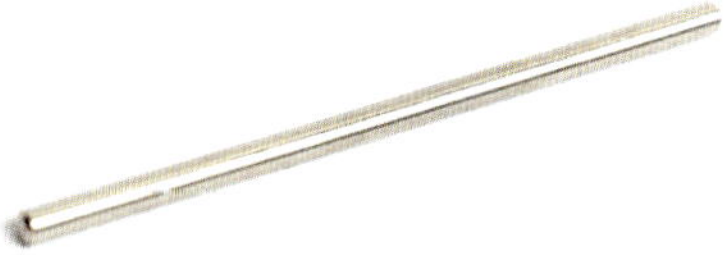 |
| der Operator „$\cdot \frac{30}{40}$“ |  |
| der Operator „$\frac{30}{40} \cdot$“ |  |

## 1.5 Die verschiedenen Zahlenbereiche und ihre Modellierung

**Konstruktion von Brüchen – materielle Klarheit**
In „Bruchrechnen als Abenteuer“ werden Brüche ausschließlich als Übersetzungen dargestellt. Eine ganze Zahl – ein einziges Zahnrad – können Sie prinzipiell nicht als Übersetzung konstruieren.

Zwar sind die ganzen Zahlen in die Bruchzahlen eingebettet, doch ist beispielsweise die ganze Zahl $2 \in \mathbb{Z}$ ein anderes Objekt als der Bruch $\frac{20}{10} \in \mathbb{Q}$. Die Menge der Brüche entsteht ja erst durch Quotientenbildung[16] ganzer Zahlen: $\mathbb{Q} = \left\{\frac{n}{m} \middle| n \in \mathbb{Z};\ m \in \mathbb{N}\setminus\{0\}\right\}$.
Auf materieller Ebene zeigt sich offensichtlich, dass der Bruch eine völlig andere Konstruktion ist als eine natürliche Zahl. Oder könnten Sie die beiden folgenden Konstrukte verwechseln?

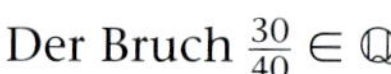

Der Bruch $\frac{30}{40} \in \mathbb{Q}$

Die natürliche Zahl $30 \in \mathbb{N}$

Da es sich um ganz unterschiedliche Modellbildungen handelt, ist die Gefahr der Übertragung alter Konzepte nicht groß (vgl. im Abschnitt 1.1 den Unterabschnitt „Vierter Grund: Übertragung alter Konzepte“).

16 Genauer wird aus dem Ring $\mathbb{Z}$ der ganzen Zahlen der Quotientenkörper *Quot* $(\mathbb{Z}) = (\mathbb{Q}, +, \cdot)$ konstruiert.

17 Die Null ist keine wesentliche Eigenschaft der natürlichen Zahlen, im Gegenteil: Sie kommt bei allen Zahlenbereichen vor und ihre Daseinsberechtigung erhält sie durch das Einbetten der Zahlen in eine (additive) Gruppenstruktur. Erst dann braucht es ein sogenanntes Neutralelement bezüglich der Addition. Die Null taucht jedoch bei den natürlichen Zahlen zum ersten Mal auf, daher steht sie hier.

18 Vgl. den Abschnitt 11.9 „Strukturverlust durch Zahlenbereichserweiterung“ bei Martin Kramer: Mathematik als Abenteuer, Bd. II, Kallmeyer Verlag, Seelze, $^4$2016.

*Unterschied Bruch und Bruchzahl*
Mit Zahnrädern können – ebenso wie mit Papier und Bleistift – nur Brüche und keine Bruchzahlen dargestellt werden. Man muss sich stets für einen Repräsentanten entscheiden, der eine ganze Äquivalenzklasse vertritt. Die folgenden verschiedenen Brüche beschreiben alle dieselbe Bruchzahl.

**Konstruktion und Veranschaulichung unserer Zahlenbereiche**
Unsere Zahlen lassen sich konstruieren. Durch den Aufbau mit Zahnrädern erhält man gleichsam einen „haptischen Einblick" in die Struktur der Zahlenbereiche. Diese werden im Folgenden Stück für Stück aufgebaut. Sie haben mehr von diesem Abschnitt, wenn Sie sich zuerst selbst in einer haptischen Interpretation versuchen. Schließen Sie also gerne für ein paar Minuten das Buch zu und spielen Sie mit den Zahnrädern, bevor Sie meine Sichtweise lesen.

| **Die natürlichen Zahlen ℕ** | |
|---|---|
| Als Beispiel sind die Zahlen 30 und 40 dargestellt. Mechanisch wird es schwierig, ein Zahnrad mit nur zwei oder keinem Zahn herzustellen. |  |
| Die „0"[16] ist uns so vertraut geworden, dass wir die damit verbundene abstrakte Leistung des Denkens für gewöhnlich einfach hinnehmen. Römische Zahlen kennen keine Null. Die Idee, dass etwas nicht da ist und trotzdem benannt wird, gelingt ausschließlich (!) in einer abstrakten Darstellung, d. h. formal bzw. sprachlich. Ein einfaches Experiment hierzu: Zeigen Sie jemand die rechte Seite in der Tabelle oder ein leeres Blatt und fragen Sie, was dort nicht abgebildet ist. | |
| Strukturverlust: Ob die natürlichen Zahlen bei 0 oder 1 oder sonst irgendwo anfangen, ist nicht entscheidend. Entscheidend ist, dass sie irgendwo anfangen bzw. dass es ein kleinstes Zahnrad gibt. Beim Übergang zu den ganzen Zahlen geht dieser Anfang verloren. Anders formuliert: Wer mit negativen und positiven Zahlen rechnen möchte, verliert den Beginn.[17] | |

<table>
<tr><th colspan="2">Die ganzen Zahlen $\mathbb{Z}$</th></tr>
<tr><td>Um negative und positive Zahlen unterscheiden zu können, braucht es ein weiteres Merkmal. Versucht man, auf materiellem Wege diese neue Unterscheidung bzw. Struktur umzusetzen, etwa mit farbkodierten Rädern, wird das schwierig. Ähnlich wie bei der Null ist es nicht möglich, etwas negativ zu denken.<br>Um negative und positive Zahlen zu unterschieden, wird die Drehrichtung betrachtet. Wir betrachten demnach nicht mehr ein Zahnrad an sich, sondern ein Zahnrad mit Vorzeichen: Dreht es sich gegen den Uhrzeigersinn, wird eine positive Zahl dargestellt, im Uhrzeigersinn eine negative.<br>Das neue Objekt ist richtungsbehaftet. So zeigt das Bild rechts ohne die Pfeile keine ganzen Zahlen, sondern nur deren Betrag.</td><td></td></tr>
<tr><td colspan="2">Strukturverlust: Beim Übergang zu den Bruchzahlen geht die Struktur der Nachfolge verloren: Die 4 hat die 5 als Nachfolger, –3 die –2, aber 34 hat keinen „Nachfolger“.</td></tr>
<tr><th colspan="2">Die rationalen Zahlen $\mathbb{Q}$</th></tr>
<tr><td>Mit der Konstruktion der Brüche bzw. des Quotientenkörpers $\mathbb{Q}$ werden Zahlen zueinander in Beziehung gesetzt. Hier gibt es zwei Möglichkeiten: Eine positive Beziehung wird mittels einer Kette erschaffen, eine negative über eine direkte Verzahnung. Mit dieser Konstruktion kommt also – ob man das will oder nicht – ein neues Vorzeichen mit auf die Welt, welches „nur“ in der Beziehung steckt. Denn die in Beziehung stehenden Räder können gleich (+) oder gegensinnig (–) rotieren. Dabei können die einzelnen Zahnräder an sich eine negative oder positive Laufrichtung einnehmen.</td><td></td></tr>
<tr><td>Im Beispiel werden die beiden Zahlen 3 und 4 zum Bruch $\frac{3}{4}$ in Beziehung gesetzt.</td><td></td></tr>
</table>

<table>
<tr><td>Durch die Konstruktion ergeben sich auf natürliche Weise unendlich viele Darstellungen (Brüche) für eine Bruchzahl. Ab jetzt wird mit Repräsentanten von Äquivalenzklassen gerechnet. Das Foto zeigt drei Elemente der Äquivalenzklasse „$\frac{1}{2}$“. Kürzen und Erweitern ist eine unmittelbare Folge der Konstruktion des Quotientenkörpers.</td><td></td></tr>
<tr><td colspan="2">Strukturverlust: Im Übergang zu den reellen Zahlen verliert man die Abzählbarkeit. Auch wenn die Nachfolgereigenschaft von den ganzen Zahlen zu den Brüchen bereits verloren gegangen ist, konnte man diese immerhin – zwar nicht der Reihe nach – z. B. mit dem Cantor'schen Diagonalverfahren abzählen.[18]</td></tr>
<tr><td colspan="2">Die reellen Zahlen $\mathbb{R}$</td></tr>
<tr><td>Eine wesentliche Eigenschaft der reellen Zahlen ist die Vollständigkeit. Mit Zahnrädern und Ketten lassen sich irrationale „Verhältnisse“ nicht mehr darstellen. Deshalb wird das Zahnrad durch eine Walze bzw. einen Zylinder ersetzt, die Kette durch ein Band (vgl. den Unterabschnitt „Irrationale Übersetzungen – rationales Denken“ im Abschnitt 11.5).</td><td></td></tr>
</table>

*Eine bestimmte Konstruktion*

Die hier beschriebene haptische Konstruktion ist lediglich eine mögliche. So kann man etwa die natürlichen Zahlen als Klötze mit entsprechender Länge darstellen, die ganzen Zahlen dann mit gerichteten Klötzen (Pfeilen), die nach links und nach rechts zeigen können. Vielleicht finden Sie einen Weg, um auch Brüche mit Pfeilen darzustellen? Man könnte auch sagen, dass die hier gezeigte Darstellung eine ganz bestimmte ist, die maßgeblich von der Idee geleitet ist, Multiplikation von Brüchen darzustellen. Ansonsten würde ich kaum ein Zahnrad mit einer natürlichen Zahl identifizieren.

19 Siehe: Martin Kramer: Mathematik als Abenteuer Bd. II, Klett-Kallmeyer in Seelze, [4]2016, Abschnitt 13.22.

*Ein philosophischer Exkurs für den Mathelehrer*

Ein bekanntes Zitat von Leopold Kronecker lautet: „Die ganzen Zahlen hat der liebe Gott gemacht, alles andere ist Menschenwerk."[20] Vielleicht wendet der ein oder andere Leser ein, dass die Null bzw. die leere Menge zur Konstruktion der natürlichen Zahlen durchaus ausreichend sei und man den lieben Gott nicht für die Erschaffung aller natürlichen Zahlen bemühen müsste[21] – wesentlich ist, dass die Zahlen vom Menschen ge- bzw. erschaffen wurden. Wenn man dieser philosophischen Haltung folgt, liegt es nahe, dass die Zahlenbereiche nicht „eingeboren", d. h. durch einen Gott oder die Natur vorgegeben, sind. Die uns so vertrauten Strukturen sind in diesem Sinne „nur" eine Möglichkeit, Zahlenbereiche bzw. Ordnungsprinzipien zu erschaffen. Es erschiene mir höchst bemerkenswert, wenn Marsbewohner, hätten sie nur die leere Menge als Ausgangspunkt, dieselben Zahlensysteme, dieselbe Mathematik erschaffen würden wie wir Menschen. Mathematik ist eine Sprache und jede Sprache versucht auf ihre Weise, die Dinge zu erfassen bzw. zu beschreiben. Manche Dinge lassen sich schlecht in eine andere Sprache übersetzen. Beispielsweise gibt es im Englischen für den Begriff „gemütlich" keine rechte Entsprechung. Irgendwie können Sie einem Engländer den Begriff „gemütlich" in etwa schon beschreiben – aber Sie werden keine exakte Übersetzung finden.

Konstruktion der Zahlen

Zurück zur Sprache der Mathematik: Es soll nicht geleugnet werden, dass es da etwas gibt, was sich strukturell beschreiben lässt, aber die Beschreibung selbst ist von Menschen erfunden. Es ist eine ganz andere Haltung dem Stoff und dem Schüler gegenüber, ob ich als Lehrer davon ausgehe, dass im Unterricht „nur" erfolgreiche Konstruktionen vermittelt werden sollen, oder ob man davon ausgeht, dass die vermittelte Darstellung die einzig mögliche und wahre ist. Ein Marsianer hätte die Sache wahrscheinlich anders beschrieben.

„nur" erfolgreiche Konstruktionen

*Die Umgebung von Zahlen: Zahlenräume*

Zahlen an sich ergeben wenig Sinn, viel bedeutsamer ist die Struktur, in der sie „leben". Erst durch die Umgebung der Zahlen, die sogenannten Zahlenräume[22], erklärt sich der Umgang mit ihnen. Daher ist die obige Darstellung der Zahlen eine stark verkürzte bzw. naive, da sie deren Verknüpfung nicht beachtet, oder anders formuliert:

20 Kronecker gilt als einer der Vorläufer des mathematischen Konstruktivismus.
21 Vgl. die Konstruktion der natürlichen Zahlen von Dedekind oder Neumann.
22 Beispielsweise ist ein Körper oder ein Ring ein Zahlenraum.

Sie beachtet nicht den Raum, in dem die jeweilige Zahl existiert. Der Begriff „Zahlensystem“ deutet bereits auf die Beziehung der Zahlen untereinander hin (deren Verknüpfung bzw. deren Addition und Multiplikation). Die isolierte Betrachtung einer Zahl ergibt wenig Sinn.

System = Objekt + dessen Umwelt

*Eine Übung für höhere Klassen?*
Die Konstruktion der Zahlen lässt sich als eigenständige Forschungsaufgabe formulieren: *„Wie lassen sich mit Ketten und Zahnrädern unsere Zahlen aufbauen bzw. veranschaulichen?“* – Das ist kein einfaches Rätsel, auch nicht für den, der mit unseren Zahlen vertraut ist. Wenn die Schüler selbst auf mögliche Umsetzungen kommen sollen, hilft als Erinnerung eine kurze Einführung in Zahlenbereiche und deren Erweiterungen, also von den natürlichen Zahlen über die ganzen Zahlen zu den Bruchzahlen bis schließlich zu den reellen Zahlen. Alternativ kann der Lehrer auch einen Vortrag halten, und die Schüler „begreifen“ mit dem Material Schritt für Schritt den Aufbau unserer Zahlen.

## 1.6 Einsatzmöglichkeiten: Unterstufe und höhere Klassen

**In der Unterstufe**
Die in Teil II beschriebenen Lernumgebungen haben Schüler im Blick, die zum ersten Mal mit Brüchen konfrontiert werden. Wissen soll gleichzeitig formal und handelnd konstruiert werden. Die Vorgehensweise ist an vielen Beispielen beschrieben, daher an dieser Stelle nur der Hinweis: Langsamer ist besser. Wissen wächst. Und: Das Gras wächst nicht schneller, wenn man daran zieht.[23]

gleichzeitig formal und handelnd

**In höheren Klassen**
Verstehen von Algebra ist etwas anderes als das formale bzw. blinde Anwenden von Rechengesetzen. Fragt man in einer 9. oder gar in einer 12. Klasse, was $\frac{3}{0}$ ergibt, erhält man häufig keinen mathematischen, sondern einen juristischen Ansatz: *„Das darf man nicht!“* Wenn aber die Formalitäten beiseitegelassen werden, wenn also nicht nach formal-regelhaftem Anwenden, sondern nach Strukturerkennung gefragt wird, scheitern viele Schüler. Denn wer kein Modell zur Verfügung hat, wer keine Struktur erlernt hat, der hat auch keine Chance

Strukturerkennung

23 Sprichwort aus Sambia

bei einer echten mathematischen Fragestellung, sondern kann lediglich wie eine Maschine Rechnungen ausführen.

umgekehrte Reihenfolge

Während bei einer Einführung z. B. in Klasse 6 zuerst eine konkrete, mengenmäßige Vorstellung geschaffen wird, um schließlich formale Gesetze abzuleiten, geht man in höheren Klassen umgekehrt vor: Die formalen Rechenregeln sind bekannt, aber Anwendungen auf Konkretes sind häufig sehr anspruchsvoll. Ein Beispiel: Dürfen in dem abgebildeten Getriebe die drei roten Zahnräder untereinander beliebig vertauscht werden, ohne dass sich die Gesamtübersetzung ändert?[24]

*Gelerntes auf die Praxis übertragen*

Wechselspiel zwischen Theorie und Praxis

In höheren Klassen können die meisten Schüler Brüche erweitern und kürzen, addieren und multiplizieren, aber sie verbinden damit keine konkrete Vorstellung. Sie haben häufig (noch) kein Modell zur Verfügung und daher kann es (noch) kein Wechselspiel zwischen Theorie und Praxis geben.

24 Sie dürfen. Rot markiert sind jeweils die „Zählerräder", und die verschiedenen Zähler dürfen bei einem Produkt untereinander vertauscht werden (ebenso die Nenner, vgl. Abschnitt 11.4).

Wenn aber das Gelernte nicht in die Praxis übertragen wird, besteht die Gefahr, dass der Schüler wie ein Roboter Prozeduren anwendet, ohne zu verstehen. Diese Prozeduren existieren dann nur in einer schulischen Wirklichkeit.

Es verblasst nicht nur der Realitätsbezug, sondern mit der Zeit auch die Rechenfertigkeit, die für sich allein keine „Substanz" mehr besitzt und höchstens innermathematisch sinnstiftend ist. Das wird vielen Schülern zum Verhängnis.

Verlust der Substanz

Damit ein vernetztes Wissen entstehen kann, müssen erst Modelle geschaffen werden. Zentral für Wissenskonstruktionen sind Warum-Fragen: *„Warum gilt die Regel: Zähler mal Zähler, Nenner mal Nenner?"* *„Warum darf man nicht durch null teilen?"* etc. Die Fragen kleiner Kinder beginnen mit „Warum". Sie fragen in ganz natürlicher Art und Weise nach der Struktur einer Sache. Entsprechend wird ein Lehrgang für höhere Klassen vorgeschlagen: Das bereits vorhandene formale Wissen wird hinterfragt.

Warum-Fragen

**Umsetzung im Unterricht**

Im Teil II wird die konkrete Umsetzung im Unterricht ausführlich dargestellt. Hier an dieser Stelle soll ein kurzes Umreißen genügen: Die Schüler erhalten zunächst eine Einführung in das in Abschnitt 1.2 beschriebene Operatorkonzept, z. B. die Deutung von 2 · 4. Achtung: Verständnis braucht Zeit. Es geht Ihren Schülern vermutlich wie Ihnen, als Sie zum ersten Mal ein Getriebe als Produkt betrachtet haben. Es müssen die Zahlen entdeckt werden, die Rolle von Zahnrädern und Übersetzungen, die Bedeutung von Kurbel und Winker, das Ablesen des Ergebnisses usw.

Verständnis braucht Zeit

„begreifen durch Begreifen"

Die Schüler sollen mit diesem Konzept die Bruchrechnung „begreifen". Viele Fragestellungen sind möglich – die besten Fragestellungen kommen sicherlich von den Schülern selbst. Die folgende Liste ist weder vollständig noch „die richtige", es soll lediglich ein Möglichkeitsraum aufgezeigt werden.

- Wie lässt sich die Multiplikation von Brüchen deuten?
- Wie die Division zweier Brüche?
- Welche Bedeutung hat ein Kehrbruch?
- Welche Zahnräder lassen sich vertauschen, ohne die Gesamtübersetzung zu beeinflussen?
- Welche Gesamtübersetzungen lassen sich mit den sechs Zahnrädern im Kasten realisieren?
- Wie lassen sich die Brüche $\frac{0}{3}$ bzw. $\frac{3}{0}$ deuten?
- Warum lassen sich keine irrationalen Zahlen mit Zahnrädern darstellen? Gäbe es auch ein Modell für irrationale Zahlen?
- Potenzgesetze: Wie lässt sich die Gleichheit $3^4 \cdot 3^2 = 3^{4+2}$ mit Übersetzungen anschaulich verstehen? Wie $\frac{3^4}{3^2} = 3^{4-2}$ ?

Kapitel 2
# Lehr- und Lernverständnis

## 2.1 Der Lehrer als Spielleiter

Wissen kann nicht eingetrichtert oder erzwungen werden, es wächst von selbst in einer geeigneten Lernumgebung. Und so fällt dem Lehrer die bedeutsamste Rolle im Unterricht überhaupt zu. Er vermittelt zwischen Wissensgebiet und Schüler. Wohlgemerkt: Er füllt nicht Wissen in die Schülerköpfe. Das ist unmöglich, da das Gehirn kein Datenspeicher, sondern ein Datengenerator ist.[25] Mit anderen Worten: Der Schüler kann nur selber denken, der Prozess der Wissenskonstruktion kann ihm nicht abgenommen werden. Mit der Wissensaufnahme verhält es sich ähnlich wie mit der Nahrungsaufnahme[26]: Die Idee, dass ein Mensch einen Apfel isst und dieser dann irgendwo im Körper gespeichert ist, wäre irrwitzig naiv. Irgendwie verwertet der Körper die Nahrung, und wie auch immer er das anstellt: Er wächst. Hingegen ist die Idee weit verbreitet, dass man Wissen verabreichen kann und dass dieses dann irgendwo im Gehirn gespeichert ist.

Wissen wächst

Ein konstruktivistischer Ansatz: Der Schüler, nicht der Lehrer konstruiert! So weit wie möglich bleibt der Lehrer mit Belehrungen im Hintergrund. Dem Schüler soll nicht das Abenteuer des Forschens genommen werden. Statt zu übernehmen und zu kopieren, soll er stolz darauf sein dürfen, selbst etwas erschaffen zu haben.

Belehrungen vermeiden

25 Das Bewusstseinssystem stellt nach Niklas Luhmann ein sogenanntes autopoietisches System dar (vgl. z. B. Niklas Luhmann: Soziale Systeme. Grundriß einer allgemeinen Theorie, Suhrkamp Verlag 2012, 15. Auflage). Autopoietische Systeme können von außen bzw. der Umwelt nicht determiniert, sondern lediglich irritiert werden. Das Bewusstsein ist strukturdeterminiert, es hat keine „direkte Schnittstelle" zur Umwelt und kann nur systemintern operieren bzw. konstruieren. Anders formuliert: Wissen kann nicht von außen, etwa von einem Lehrer, erzwungen werden. Es wächst von innen.

26 Vgl. die Parallelitätsthese in Martin Kramer: Unterricht ist Kommunikation – der Schüler entscheidet, was gelehrt wurde, Band I: Konstruktion von Wissen, Schneider Verlag Hohengehren, 2017, Kapitel 1.

Aber wenn der Lehrer nicht belehren soll, worin besteht dann seine Aufgabe? Wie kann er Begegnungen zwischen Mensch und Wissen ermöglichen?

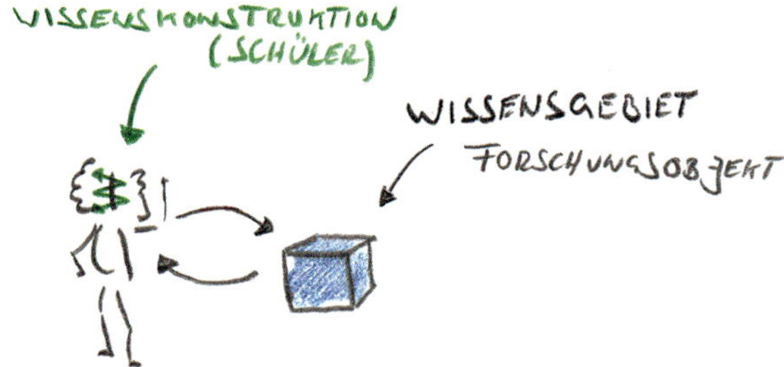


**Lernumgebung und Spielregeln**

*Indirektes Lernen über die Umgebung*

passender statt „richtiger“ Unterricht

Didaktik ist die Kunst zu lehren. Ihre Aufgabe als Lehrer liegt in der Gestaltung einer geeigneten und passenden Lernumgebung. Passend zur Klasse, passend zum Schüler und passend zu Ihnen selbst. Sie können Wissen nicht erzwingen, aber in einer passenden Lernum-

gebung gedeiht es prächtig. Noch einmal der körperliche Vergleich: Nahrung ist die Voraussetzung, dass der Körper wachsen kann. Ohne Essen und Trinken verkümmert er. Auch „schlechte“[27] oder unzureichende Nahrung ist nicht gut für die Entwicklung. Ebenso verkümmert der Geist, wenn er keine Nahrung bekommt. Ein eindrucksvolles Beispiel einer geistigen Nahrungsverweigerung ist in Stefan Zweigs „Schachnovelle“ beschrieben: *„Man hatte mir jeden Gegenstand abgenommen, die Uhr, damit ich nicht wisse um die Zeit, den Bleistift, dass ich nicht etwa schreiben könne (...). Auge, Ohr, alle Sinne bekamen von morgens bis nachts und von nachts bis morgens nicht die geringste Nahrung, man blieb mit sich, mit seinem Körper (...).“*[28]
Unterrichten bedeutet in einem konstruktivistischen Sinne, eine Umgebung zu schaffen, in der Erkenntnis wahrscheinlich wird. Der Lehrer legt die äußere Struktur, d.h. die Spielregeln und den Rahmen (Zeit, Material, Sozialform etc.), fest, in der innere Strukturen (= Erkenntnis) wachsen können.

*Das Spiel als effektivste Form des Lernens*

Spielfreude

Spiel und Spielfreude fordern dazu auf, an die Grenze des Möglichen zu gehen. Das Material appelliert und animiert, nicht der Lehrer. Es ist etwas Erstaunliches: Die Schüler haben bei fast allen beschriebenen Lernumgebungen die Möglichkeit, etwas Einfaches zu wählen oder das Lehrermodell nachzubauen, aber sie tun es nicht. Sie sind es, die mehr wollen, von sich aus. Wenn noch zwei Minuten Zeit sind, dann lieber noch eine Übersetzung dranhängen. Nicht so, wie es der Lehrer gemacht hat, nein, lieber anders, eigen, kreativ, forschend.
Das Spiel stellt eines der effektivsten Formen des Lernens dar. Von den ca. 4250 bekannten Säugetierarten haben alle eine Gemeinsamkeit: Sie spielen in ihrer Jugend. Der Mensch sogar noch im Erwachsenenalter. Wer könnte als Pädagoge oder als Didaktiker das Spiel nicht ernst nehmen? Es gibt beim forschenden Lernen kein vergleichbares Konzept, das schneller, nachhaltiger und effektiver Wissen wachsen lässt.

das Spiel ernst nehmen

27 Genauer wäre der Begriff „unpassende Nahrung“. Was für den einen Menschen gut und gesund ist, kann für den anderen unter Umständen bedrohlich sein. Die Nahrung ist nicht an sich schlecht, erst in der individuellen Wirklichkeit des Essers entscheidet es sich, ob es sich um „gute“ oder „schlechte“ Nahrung handelt.

28 Stefan Zweig: Schachnovelle, Fischer Taschenbuch Verlag, Frankfurt, April 1974, S. 49 ff.

*Klare Instruktionen, klare Regeln*
Spielerisches Lernen ist keine Spielerei. Es gilt das Paradoxon des Spieles: Keine Regel muss strenger eingehalten werden als die Spielregel. Das Spiel entsteht erst durch die Regel. Die Spieler müssen sich dem Joch der Regel unterwerfen, ansonsten gibt es kein Spiel mehr. Wenn Sie beim Schach unerlaubt ziehen, dann haben Sie zumindest aufgehört, Schach zu spielen. Ihre Rolle im Unterricht ist die eines Spielleiters: Sie legen die Regeln fest, in denen die Schüler sich frei bewegen und gestalten können.

*Ästhetik und Lernen*
Wenn die Schüler etwas konstruieren, soll es nicht nur funktionieren, es soll auch schön sein. Lernen und Ästhetik gehen Hand in Hand und die Ästhetik findet sich im Spiel, im Bau der Getriebe wieder. Man wird an die Schiller'sche Idee der „ästhetischen Bildung" erinnert: [29] Der Mensch *verwirklicht* sich im ästhetischen und spielerischen Handeln. *Verwirklichung als Wirklichkeitskonstruktion.* Das ist die *Wirkung* des Spiels. Man beachte den Zusammenhang zwischen Wirksamkeit, Wirkung, Verwirklichung und Wirklichkeit. Hinter dem „Spiel" mit der Sprache steckt eine philosophische Grundhaltung, wie der Mensch zu Erkenntnis gelangen kann. Schillers bekanntes Zitat *„Der Mensch ist nur da ganz Mensch, wo er spielt"* ist radikal: Das Spiel ist weit mehr als eine nette Ergänzung oder Ausschmückung des Unterrichts. Ohne das Spiel keine Verwirklichung und damit kein Menschsein. Wenn wir Menschen unterrichten, werden wir auf natürliche Weise zu Spielleitern.

Verwirklichung

Spielleiter

## 2.2 Kommunikation in handlungsorientiertem Unterricht

Wenn der Lehrer zwischen Wissen und Mensch vermitteln soll, dann geht es im Unterricht in erster Linie um Kommunikation. Kürzer formuliert: Unterricht ist Kommunikation. Im Folgenden sind vor allem

29 Vgl. hierzu etwa Friedrich Schillers Abhandlung: „Über die ästhetische Erziehung des Menschen" (herausgegeben von Klaus Berghahn, Reclam, 2000).

nonverbale Kommunikationstechniken bzw. -wege beschrieben, die sich in den in Teil II beschriebenen Lernumgebungen wiederfinden.

**Selbstbestimmte vs. fremdbestimmte Aufgaben**

Schüler lösen Aufgaben, die Mitschüler entworfen haben. Man kennt die Aufgabensteller. Das ist etwas ganz anderes, als wenn man im Mathematikbuch die Seite X aufschlägt und mit Rechnen beginnt. Die besten Autoren sind für die Klasse gänzlich unbekannt und da die Aufgaben offensichtlich nicht persönlich für die Schüler entworfen wurden, haben sie persönlich wenig mit ihnen zu tun. Mit einem Schulbuch kann man nicht reden, die Kommunikation des Schulbuches besteht im Diktat. Ein Gespräch zwischen Aufgabensteller und Aufgabenlöser existiert nicht.

Schulbuchdiktat

Doch jede selbst erstellte Aufgabe enthält eine Selbstkundgabe.[30] Es ist viel interessanter, sich mit einer Konstruktion zu beschäftigen, wenn man die Baumeister kennt. Ein persönlicher Bezug ist da: Die Konstrukteure werden von den anderen gesehen, ihr Objekt wird zur Schau gestellt.

Die Selbstkundgabe wirkt zusätzlich disziplinierend: Jeder sieht die nonverbale Äußerung seiner Mitschüler über das Material. Und wer gesehen wird, gibt sich Mühe.[31]

nonverbale Äußerung

**Rückmeldung über das Material**

Aber die Schüler machen nicht nur gegenseitig ihr Lernen sichtbar. Auch der Lehrer erhält über den Baufortschritt unmittelbar Hinweise über den Stand der einzelnen Gruppen (vgl. den Absatz „Rückmeldung über das Material" im Abschnitt 2.3). Und das über eine Distanz von mehreren Metern!

30 Friedemann Schulz von Thun unterscheidet vier Botschaften in einer Nachricht: Sach-, Beziehungs-, Appell- und Selbstkundgabe- bzw. Selbstoffenbarungsebene (vgl. z. B. Schulz von Thun: Miteinander Reden, Band I). Der Vorteil von Aufgaben, die Schüler selbst entworfen haben, liegt nicht nur in der Selbstkundgabe. Dass eine Aufgabe von Mitschülern interessanter als eine aus dem Schulbuch ist, liegt im Wesentlichen in der Beziehungsebene.

31 Auf den ersten Blick scheint die disziplinierende Wirkung dem Gedanken der Nicht-Bloßstellung zu widersprechen. Der Unterschied besteht im Zeitlichen in doppelter Hinsicht: Erstens ist der Zeitpunkt der Präsentation bzw. der Ausstellung zuvor bekannt und zweitens werden alle Objekte gleichzeitig ausgestellt. Es steht also nicht ein Modell allein und unvorbereitet auf der Bühne, sondern alle Bauwerke gleichzeitig zu einem vereinbarten Zeitpunkt.

## Meisterschaft durch Rollenwechsel

Obwohl Rollenzuschreibungen und -wechsel unsichtbar sind, gehören sie zu den stärksten Möglichkeiten, unterrichtliche Kommunikation zu gestalten. Denn Kommunikation geschieht zwischen Rollen. Daher ändert sich mit der Rolle die gesamte Kommunikation, insbesondere die Sichtweise.

Im Vergleich zum Schulbuchdiktat können bei selbstentworfenen Aufgaben die Schüler mehrere unterschiedliche Rollen einnehmen: Während des Baus sind sie Aufgabensteller und somit Prüfer. Sie überlegen sich, welche Aufgabentypen überhaupt möglich sind. Anschließend werden sie geprüft und zwar von den Aufgaben ihrer Kollegen. Mit dem Rollenwechsel ist auch ein Statuswechsel verbunden: Der Prüfer ist im Hoch-, der Prüfling im Tiefstatus[32]. Arbeitet der Schüler Aufgaben eines Schulbuches ab, so ist er stets im Tiefstatus, er ist nie Prüfer. Dadurch verschwindet einerseits die Lust am Lernen (wer möchte schon immer im Tiefstatus verweilen?), andererseits wechselt der Schüler nicht die Perspektive. Wer zur Meisterschaft gelangen möchte, darf nicht nur Aufgaben lösen, er muss sie auch entwerfen können. Schließlich besteht mittels Aufstellungen (jeder geht zu dem Exponat, welches ihm am schwierigsten/leichtesten erscheint) die Mög-

Prüfer

Prüfling

32 Die Begriffe „Hoch- und Tiefstatus“ stammen aus dem Theater bzw. der Theaterpädagogik. Maike Plath greift die Statuslehren von Keith Johnstone auf und zeigt in ihrem Buch „Spielend unterrichten und Kommunikation gestalten“ (Beltz Verlag, Weinheim und Basel, 2010), wie man als Lehrer Statusspieler werden kann.

lichkeit, auf einer Metaebene die Aufgaben zu reflektieren. Diese Betrachtung geht prinzipiell auch mit Schulbuchaufgaben („Welche Aufgabe erscheint dir am schwersten/leichtesten? Begründe!"). Die Aufstellung im Raum hebt zusätzlich die subjektive Betrachtung des Einzelnen hervor. Die Schüler befinden sich gleichsam in einer Prüfungskommission.

Prüfungskommission

## 2.3 Didaktik des Materials

### Rückmeldung über das Material

*Rückmeldung in Echtzeit*

Die Fischertechnik-Konstruktionen sind sichtbar und geben Zeugnis über den aktuellen Stand der Schüler. Ein handlungs- und erlebnisorientierter Unterricht gibt automatisch, ständig, offensichtlich und in Echtzeit Rückmeldung. Das, was Sie sehen, ist natürlich nicht das, was im Kopf konstruiert wird – aber zumindest haben Sie Hinweise. Der Schüler kann sich durch Mimik oder mündlich äußern, aber er muss es nicht. Über das Material äußert sich jede Schülergruppe (nonverbal) ständig, ohne dass die Arbeit unterbrochen wird, in natürlicher Selbstverständlichkeit.

Rückmeldung in Echtzeit

*Bühne und Bloßstellung*

Alle geben von sich etwas preis und doch wird keiner dadurch auf die Bühne geholt und bloßgestellt. Vergleichen Sie hierzu die Situation in einem gewöhnlichen Unterricht: Wenn sich alle gleichzeitig zu ihrem Wissensstand äußern würden, gäbe es ein wirres Durcheinander. Wenn nacheinander abgefragt wird, steht jeder kurz im Mittelpunkt bzw. auf der Bühne und so ist die Gefahr einer Bloßstellung recht hoch. Weiter wird der Arbeitsfluss unterbrochen.

„Noch Fragen?"

Natürlich können Sie im Unterricht die berüchtigte Frage stellen: „Hat noch jemand Fragen?" Erstaunlicherweise gibt es in diesen Momenten wenig Fragen. Manche trauen sich, vor allem gute Schüler, man kann sich ja durchaus mit einer Frage profilieren. Aber das ist meist nicht der Hintergrund der Frage des Lehrers. Er interessiert sich dafür, ob alle mitkommen. Jedoch sagt der schwache Schüler mit seiner Meldung nonverbal, noch bevor sich sein Mund auftut, nur dadurch, dass er den Arm hebt: „Ja, schaut alle her, ich habe es immer noch nicht kapiert!" Und, ja, es gibt Klassen, in denen ehrliche Fragen möglich sind, in denen sich jeder auf der Bühne des Nichtwissens zeigen kann – aber das hängt dann wenig mit der scheinbaren Offenheit „Hat noch jemand Fragen?" zusammen, sondern mit einer positiven Atmosphäre im Klassenraum, die Sie dann sehr wahrscheinlich mit verursacht haben.

### Material als „vierter Pädagoge"

*Schüler – Lehrer – Raum – Material*

dritter Pädagoge

Loris Malaguzzi (italienischer Pädagoge, 1920–1994) sah neben dem Lehrer die Schüler als zweiten und den Klassenraum als dritten Pädagogen. Anders formuliert: Das System „Lehrer – Schüler" besitzt den Klassenraum als Umgebung. Wegen der zentralen Bedeutung des Materials in einer handlungsorientierten Lernumgebung möchte ich das System zu „Lehrer – Schüler – Material" ergänzen. Man könnte das Material als Teil der Umgebung (also des Raumes) interpretieren, doch mit dem Begriff „vierter Pädagoge" möchte ich seiner Bedeutung gerecht werden. Das Material wird zum „vierten Pädagogen"[33]

vierter Pädagoge

33 In der modernen Systemtheorie spricht man häufig nicht von der einen Umwelt eines Systems, sondern markiert verschiedene Umwelten. Dieser Ansatz wird auch hier verfolgt: Zahnrädern und Ketten oder, allgemeiner, dem konkreten Forschungsgegenstand kommt eine andere Bedeutung als dem Raum als solchem zu. Die Grenze zwischen Material und Raum zieht letztendlich der Schüler: Sobald er Dinge aus dem Raum mit einbaut, werden sie zum Teil des Konstruktes und somit zum Material. Man kann es auch so betrachten: Material ist der Teil der Umgebung, der vom Schüler bewusst wahrgenommen und erforscht wird.

bzw. zum Didaktiker. Zum Beispiel werden Fehler direkt durch das Material erfahren.

*Rein sachlich: das Material antwortet*

Sobald die Schüler an der Kurbel drehen, wissen sie, ob ihr Aufbau richtig oder falsch ist. Das Entscheidende dabei ist: Kurbeln beantwortet die Frage und nicht der Lehrer. Es ist die eigene Konstruktion, welche lobt bzw. auf Fehler hinweist. Das Material selbst wird zum Richter. Die Schüler erhalten ihre „Belohnung" bzw. ihre „Strafe" von ihrem eigenen Tun. Somit ist die Beurteilung rein sachlich und nicht etwa durch Beziehungsaspekte gefärbt. Es ist viel stimmiger, wenn das Material selbst mit $\frac{2}{3}$ statt $\frac{3}{2}$ antwortet. Der Lehrer ist nicht in der Rolle des Prüfers: Er wird zum Coach, zum helfenden Begleiter, zum Pädagogen[34].

Antwort durch Handeln

34 Päd-agoge von griechisch „Kind" und „führen/leiten"

*Rollentrennung für Sach- und Beziehungsebene*

Sach- und Beziehungsebene sind zwischen Material und Lehrerperson aufgeteilt. Vereinfacht könnte man es so formulieren: Das Material spricht auf der Sachebene mit dem Schüler, der Lehrer in erster Linie auf der Beziehungsebene.[35]

Wie oben ausgeführt, mahnt oder straft nicht der Lehrer: Das Material äußert sich in natürlichster Selbstverständlichkeit! Ein nicht zu unterschätzender Punkt und das aus zwei Gründen:

Lehrergesundheit

(1) *Ihre Gesundheit als Lehrer:* Nicht Sie erklären, dass etwas falsch ist, nicht Sie müssen korrigieren und tadeln. Ihre Rolle ist die des Unterstützers, des Helfenden. Das Material bekommt den Ärger ab, Sie den Dank.

Bewertung

(2) *Ein konstruktivistischer Grund:* Was richtig oder falsch ist, hängt nicht von der Wirklichkeitsvorstellung des Lehrers, sondern von der eigenen Konstruktion ab. Genauer bewertet nicht das Material, sondern der Schüler selbst: Er baut etwas und es funktioniert nicht in seinem Sinne, der Winker dreht sich anders als erwartet oder das Getriebe tut nicht, was es soll. Die Irritation hat der Schüler selbst geschaffen, er kann schlecht den Lehrer dafür verantwortlich machen (vgl. Punkt (1)). Wie er letztendlich das Nicht-Funktionieren bewertet, hängt von seiner Vorgeschichte, seinem Charakter und von der jeweiligen Situation ab. Von Fluchen und Schimpfen *(„Oh nein, jetzt dreht das Ding nicht richtig!")* bis hin zu Freude *(„Ah – jetzt verstehe ich endlich!")* ist alles möglich.

### Lernen in Theorie und Praxis

*Fehler*

Fehler können – wie immer beim Forschen – theoretischer und materieller Natur sein. Sie können sowohl in der Praxis als auch in der Theorie stecken. Das ist nichts Außergewöhnliches und didaktisch gesehen sehr erwünscht: Im Alltag weiß man auch nicht, ob die neue

35 Bemerkung für den kommunikationspsychologisch geschulten Leser: Genauer betrachtet, sind beide Kommunikationswege (Material – Schüler, Lehrer – Schüler) im Sinne von Friedemann Schulz von Thun „quadratisch", sprich beinhalten eine Sach-, Selbstoffenbarungs-, Beziehungs- und Appellebene. Interessant ist, dass hier das Material zum kommunikativen Partner wird. Es stellt Fragen und gibt Antworten im Sinne eines Selbstgespräches. Da das Material als Kommunikationspartner ungewohnt erscheint, soll es hier unter das Nachrichtenquadrat von Schulz von Thun gelegt werden:

- Appell: „Fass mich an, bau mich zusammen!"
- Selbstkundgabe: „So sehe ich aus, das kannst du mit mir anstellen!"
- Beziehung: Wechselwirkung zwischen Baumaterial und Baumeister(n): Material ist positiv belegt. Es ist ein Spiel.
- Sache: der Bau von Getrieben.

Spülmaschine oder der Drucker kaputt ist oder einfach nicht funktioniert, weil man bei der Bedienung einen Denkfehler begangen hat. Der Lehrer kann das im Unterricht thematisieren, muss es aber nicht. Das Training „Umgang mit Fehlern“ findet von selbst statt.

Umgang mit Fehlern

*Theorie und Praxis in der Bruchrechnung*
Man kann den Term $2 \cdot 3$ sogar richtig gebaut (bzw. gedacht) haben und trotzdem dreht sich die Kurbel nicht 6-mal. Meist sind die Muttern an Kurbel und Zahnrädern nicht richtig festgezogen, sodass wegen der Reibung die vollen sechs Umdrehungen nicht erreicht werden. In der Umsetzung können sowohl technische Fehler als auch reine Denkfehler entstehen. In der Beobachtung scheint die Handlung unmittelbarer als das Denken zu sein: Funktioniert etwas nicht, werden zuerst alle Schrauben festgezogen. Klappt es dann immer noch nicht, wird nachgedacht.

*Kompetenzentwicklung*
Eine Selbstverständlichkeit: Theorie und Praxis sind unterschiedliche Dinge. Diese Einsicht ist ein wichtiges Bildungsziel: Wer forscht und konstruiert, findet trotz richtigem Denken nicht immer sofort zum Ziel. Ja, es scheint vielmehr, als sei das anfängliche Scheitern ganz normal. Der Umgang mit dem „Scheitern“ lässt sich als personale Kompetenz formulieren: Durchhaltevermögen (vgl. den Abschnitt 2.4 zur Kompetenzorientierung).

„Scheitern“

**MINT: themen- und fächerübergreifender Unterricht**

*Binnendifferenzierende und fächerübergreifende Eigenschaft des Materials*
Die Schüler erhalten in den meisten Lernumgebungen eine klar definierte Zeitspanne, um eine Aufgabe zu erstellen. Schnelle Gruppen werden komplexere Aufgaben entwerfen, je nachdem, was sie bereits können bzw. wissen. Das gilt ganz allgemein: Der Umgang mit Material ist prinzipiell binnendifferenzierend, fächer- und themenübergreifend. Im vorliegenden Fall lassen Zahnräder das Projekt „Bruchrechnen als Abenteuer“ in andere Themenfelder vordringen: Potenzgesetze, Stellenwertsysteme, Funktionen und exponentielles Wachstum, die Kettenlinie – diese Themen werden in den Teilen II und III als Beispiele gezeigt. Volumen, Kreisgeometrie, Projektion einer Kreisbewegung (Sinus und Kosinus)[36] sind weitere Beispiele, die in diesem Buch nicht behandelt werden.

Binnendifferenzierung durch Schüler

36 Vgl. Martin Kramer: Mathematik als Abenteuer, Bd. III, Klett Kallmeyer Verlag, [4]2016, Kapitel 24, S. 153 ff.

*Material als Bedeutungsträger*

Material hat die Eigenschaft, dass es Inhalte transportiert. Der Schüler lädt quasi das Material mit Bedeutung auf und trägt diese mit in seinen Alltag. Er wird gleichsam selbst zum „Bedeutungsträger“. So wird beispielsweise die Fischertechnik-Übersetzung aus dem Unterricht mit Inhalten der Bruchrechnung „aufgeladen“ und dieser Inhalt „wandert“ zum eigenen Fahrrad – weil dort Zahnräder Verwendung finden. Ein hoher Gang entspricht einer hohen Bruchzahl. Wo Zahnräder sind, gibt es jetzt auch Bruchrechnung!

Mathematik „wandert“

*MINT*

Wer sich mit Zahnrädern und Getrieben beschäftigt, lernt mehr als nur Mathematik. Diese fächer- und themenübergreifende Eigenschaft des Materials ist eine zentrale Idee von MINT, der Vernetzung von **M**athematik, **I**nformatik, **N**aturwissenschaft und **T**echnik. In „Bruchrechnen als Abenteuer“ werden zwei bzw. drei Buchstaben von „MINT“ umgesetzt: Da die Bruchrechnung im Vordergrund steht, geht es offensichtlich um Mathematik (M); Ketten und Zahnräder sind ein Symbol für Technik (T) schlechthin und wenn Sie z. B. daran denken, dass Sie wegen der Reibung nicht beliebig hohe Übersetzungen bauen können oder dass Drehmomente fühlbar werden, dann sind Sie in der Naturwissenschaft (N).

### Methodische Hinweise

*„Hände in die Hosentaschen!"*

Wer kennt das nicht? Sobald etwas vor einem liegt, wird damit gespielt. Material besitzt für die meisten Menschen einen Appellcharakter: „Fass mich an!", „Begreife mich!" So wundert es nicht, dass sich der Aufmerksamkeitsfokus auf das Material richtet. Ich möchte an dieser Stelle noch etwas genauer sein: Die Aufmerksamkeit richtet sich auf das, was man mit dem Material tun kann. Es geht um die Handlung mit dem Material – oder systemtheoretisch gedacht: um die Beziehung zu dem Material. Es ist also nicht der Bleistift an sich, sondern das Herumkauen auf dem Bleistift, nicht das Geldstück, sondern das Spiel damit.

Appellcharakter des Materials

Wenn Sie etwas zu den Schülern sagen möchten, wenn das Material bereits ausgeteilt ist, dann stört nicht das Material an sich, sondern die Beziehung Schüler – Material. „Alle Hände in die Hosentaschen!" unterbricht diese „Beziehung" unmittelbar.

*Zeitpunkt der Materialausgabe*

Wie soeben dargestellt, geben Sie mit der Ausgabe des Materials gleichzeitig die Aufmerksamkeit ab. Daher ist es generell sinnvoll, zuerst den Arbeitsauftrag bzw. die Aufgabenstellung bekannt zu geben.

## 2.4 Kompetenzorientierung

Die vorgestellten Lernumgebungen bringen von sich aus eine Kompetenzorientierung mit sich – ohne dass der unterrichtende Lehrer oder die Schüler daran denken müssen.

x Merkmal vorhanden
(x) Merkmal schwach ausgeprägt
xx Merkmal stark ausgeprägt

| Sozialkompetenz | | | Methodenkompetenz | | | | Personale Kompetenz | | | | Kognitive Basiskompetenz | | | |
|---|---|---|---|---|---|---|---|---|---|---|---|---|---|---|
| Kommunikationsfähigkeit (auch nonverbal) | Kritik- und Konfliktfähigkeit | Teamfähigkeit | Planungsfähigkeit | Problemlösefähigkeit | Präsentationsfähigkeit | Informationstechnische Fähigkeit | Durchhaltevermögen | Selbstständigkeit | Ordentlichkeit | Verantwortungsfähigkeit | Konzentrationsfähigkeit | Räumliches Vorstellungsvermögen | Merkfähigkeit | Schlussfolgerndes Denken |
| xx | x | x | xx | xx | (x) | | x | x | x | x | x | xx | (x) | xx |

Unausweichlichkeit von Kompetenzen

Der Leser mag vielleicht die Kreuzchen für die Merkmalausprägungen anders setzen, doch geht es hier nicht um das einzelne Merkmal. Vielmehr soll damit gezeigt werden, dass, sobald Schüler selbst gestalten dürfen, Kompetenzen unausweichlich den Unterricht prägen. Wie könnte eine Kleingruppe eine Aufgabe lösen, ohne dabei ihre Kommunikationsfähigkeit, ihre Kritik- und Konfliktfähigkeit, ihre Teamfähigkeit, ihre Planungsfähigkeit, ihr schlussfolgerndes Denken etc. zu schulen? Und wer für Material verantwortlich ist, kommt nicht umhin, sich in Verantwortungsfähigkeit und Ordentlichkeit zu trainieren.

Kapitel 3

# Logistik des Materials

In den in Teil II beschriebenen Lernumgebungen kommen dem Material zwei zentrale Bedeutungen zu:

(1) Die erste ist didaktischer Natur und wahrscheinlich haben Sie sich deswegen für „Bruchrechnen als Abenteuer" entschieden. Ketten und Zahnräder ermöglichen ein gehirngerechtes Lernen: Formale Strukturen (Zahlen, Produkte, Gleichungen) werden haptisch erlebt (Übersetzungen, Getriebe, Parallelschaltung von Getrieben). Das entspricht der Vernetzung beider Gehirnhälften – oder weniger neurodidaktisch formuliert: der Verbindung von Theorie und Praxis.

(2) Die zweite Bedeutung wird häufig zu spät und als Ärgernis wahrgenommen: Teile fehlen oder sind kaputtgegangen; nach der Übung findet sich der Lehrer selbst beim Aufräumen wieder, ob-

Kompetenzschulung

wohl er am wenigsten konstruiert hat. Der richtige Umgang mit Material ist einerseits für den Lehrer entlastend, auf der anderen Seite ermöglicht er eine Kompetenzschulung für die Schüler (vgl. Abschnitt 2.4 über Kompetenzorientierung). Die Verantwortung über das Material zu übernehmen, ist eine personale Kompetenz.

Dieses Kapitel möchte in erster Linie eine Hilfe für die Praxis im Umgang mit dem Material sein. Die grundlegenden Regeln sind vor der ersten Materialausgabe zu klären.

## 3.1 Anzahl und Bestellung der Kästen

Zweiergruppen

Die Fischertechnik-Getriebe eignen sich besser für Partner- als für Einzelarbeit, da dann über die Aufgaben gesprochen und diskutiert wird. Für einen Unterricht, in dem die Schüler wirklich konstruieren dürfen, benötigen Sie daher pro Zweiergruppe einen Kasten und einen weiteren für Sie selbst. Um dies zu ermöglichen, wird von Fischertechnik ein Satz von 16 Kästen angeboten (siehe Bestellmöglichkeit hinten im Buch). In den meisten Schulen ist es eine Entscheidung des Fachbereiches, ob und in welcher Anzahl das Material beschafft wird. Die Kosten für einen Klassensatz liegen bei ca. 30 €.
Falls Sie eine ungerade Anzahl an Schülern haben, ist es sinnvoll, dass sich ein Schüler alleine mit einem eigenen Kasten einer Zweiergruppe anschließt. Diese drei Schüler bauen zwar die Modelle doppelt auf, aber dafür kann jeder auch Hand an das Material anlegen. Bei zu vielen Arbeitern käme keiner recht zum Konstruieren.

Wer als Lehrer „nur" eine Veranschaulichung des Umkehrbruches, der Äquivalenzrelation oder der Multiplikationsregel sucht, d. h., wer lediglich ein Demonstrationsobjekt benötigt, dem genügt natürlich ein Exemplar.

## 3.2 Vollständigkeit und Ordnung

**Vollständigkeit schützt vor Verlust**
Achten Sie auf stets vollständige Kästen. Vollständigkeit ist am einfachsten zu überprüfen und wirkt weiterem Verlust entgegen. Ist ein Baukasten unvollständig, ist dieses „unvollständig" nicht exakt definiert und somit kann schlecht Verantwortung übertragen werden.

Der angebissene Apfel auf dem folgendem Foto soll die Bedeutung der Vollständigkeit illustrieren: Der Unterschied zwischen einem angebissenen Apfel und einem *noch mehr angebissenen Apfel* ist im Vergleich zu einem vollständigen Apfel nicht groß. Es geht zuerst darum, ob etwas fehlt und erst im zweiten Schritt darum, wie viel fehlt.

unmittelbares Ersetzen

Ersetzen Sie daher fehlende oder unbrauchbare Teile sofort. Nutzen Sie notfalls – falls Sie keinen Ersatzteilkasten haben – einen vollständigen Kasten als Materialergänzungslager.

**Materiallogistik als System**

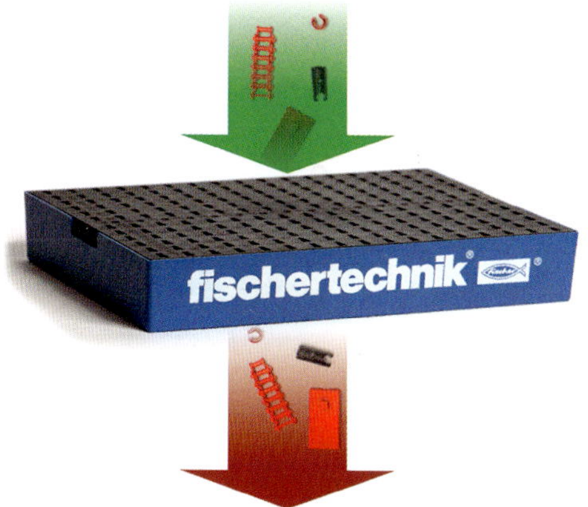


Die Vorstellung, dass Zustände wie „Vollständigkeit“ oder „Ordnung“ immer erhalten bleiben, wenn sie einmal erreicht wurden, ist naiv. Stattdessen existiert ein Materialfluss: Auf der einen Seite nutzen sich Teile ab oder gehen verloren, auf der anderen Seite wird aufgefüllt. Ein Teilchenstrom „fließt“ gewissermaßen durch das Baukastensystem.
Um Zustände wie „Vollständigkeit“ oder „Ordnung“ aufrecht zu erhalten, bedarf es einer äußeren Energie. Chaos entsteht von selber.[37]

*Äußere Energie*

Irgendwoher muss die Energie kommen, die das Material vollständig und ordentlich hält. Häufig ist es der Lehrer, der Kasten für Kasten nach oder vor dem Unterricht überprüft. Leider, denn weder ist das Kontrollieren an sich eine angenehme Tätigkeit, noch ist die ein-

37 Jeder stationäre Zustand benötigt (in der Systemtheorie) Energie zu seiner Erhaltung. Die Dinge sind nicht einfach so da, weil sie irgendwann einmal erschaffen wurden. Fritz B. Simon schreibt dazu: *„Der Status quo bedarf immer der Erklärung“*. Und an anderer Stelle: *„Voraussetzung für die Konstanz und vermeintliche Statik der zu beobachtenden Strukturen* [hier die Materialkästen] *ist eine charakteristische Dynamik; und das ist hier wie auch bei Lebensprozessen (unter anderem) die Zuführung von Energie.“* Aus: Fritz B. Simon, *Einführung in Systemtheorie und Konstruktivismus,* Carl Auer, Heidelberg, [6]2013, S. 114 und S. 23.

genommene Rolle des Kontrolleurs im Klassenraum anstrebenswert. In der Regel führt es dazu, dass nicht (mehr) mit Material gearbeitet wird, weil es (vermeintlich) zu viel Arbeit mit sich bringt.

Ordnung

Viel geschickter ist es, wenn der Baukasten Teil eines größeren Systems ist, welches sich von selbst ordnet und vervollständigt. Nicht die Lehrer, sondern die Schüler als Baumeister sorgen für die Ordnung. Allerdings gelingt das selten als Selbstläufer, für das Gelingen braucht es eine Struktur. Zentral sind dabei die im nächsten Abschnitt beschriebenen Rollendefinitionen der Schüler und das Delegieren von Verantwortung.

## 3.3 Verantwortung personifizieren: Materialwart und Zeitmanager

„Diffusion der Verantwortung"

Eine Gruppe als Ganzes kann schlecht Verantwortung übernehmen. Fragen Sie, warum ein Bauteil nach der Stunde fehlt, war es in der Regel keiner. In der Psychologie spricht man von der „Diffusion der Verantwortung" innerhalb einer Gruppe. Mit anderen Worten: Verantwortung kann nur auf einzelne Personen, aber nicht auf Gruppen übertragen werden.

*Materialwart*

Eine mögliche Lösung besteht darin, pro Gruppe einen Materialwart zu bestimmen. Fehlt hinterher ein Teil, wird er dafür geradestehen. Die Schüler finden das im ersten Moment mitunter ungerecht, aber jedes Gruppenmitglied kann ja seinen Teil dazu beitragen, dass das Material nicht durch die Gegend fliegt, sondern hinterher an seinen Platz kommt. Es ist erstaunlich: Ist die Regel eingeführt, liegt nach der Stunde nichts auf dem Boden. Die Nicht-Diffusion der Verantwortung hat die Nicht-Diffusion der Bauteile zur Folge.

*Rollentausch*

Es besteht die Gefahr, dass der Materialwart zum „Depp vom Dienst" oder zum „Materialfuzzi" wird. Die Rolle sollte in jeder Stunde neu vergeben werden, ansonsten wird mit der Zeit die Rolle „Materialwart" mit der Person, dem Schüler, gleichgesetzt.

*Zeitmanager*

Es ist hilfreich, neben dem Materialwart eine zweite Rolle zu vergeben: Den Zeitmanager. Er blickt regelmäßig auf die Uhr und ist dafür verantwortlich, dass das Modell zum gegebenen Zeitpunkt fertig ist. Denn die Gefahr besteht, dass man sich bei Konstruktionen zu sehr ins Detail verliert oder zu große Projekte plant, die nicht mit der Zeitvorgabe kompatibel sind.

Ist eine Zweiergruppe nicht rechtzeitig fertig, fragt der Lehrer den Zeitmanager, was los ist, und nicht das Team. Sie müssen hier meistens nicht streng sein: Allein die Tatsache, dass die Verantwortung jetzt von einem Schüler allein getragen wird (personalisiert ist) und nicht undefiniert und ungeklärt im Zweierteam verschwindet, schafft hohe Verbindlichkeit.

**Konkrete Umsetzung**

Pro Kasten werden ein Materialwart und ein Zeitmanager bestimmt. Der Materialwart ist für die Vollständigkeit bei der Abgabe verantwortlich. In jedem Kasten befindet sich ein Blatt, in dem sich der Materialwart einträgt. Die Rolle des Materialwarts wird jedes Mal getauscht.

Unterschrift mit Datum

| Kasten überprüft und vollständig erhalten: | | |
|---|---|---|
| Datum | Name des Materialwarts | Unterschrift |
| | | |
| | | |
| | | |
| | | |

Zur schnellen Materialüberprüfung eignet sich ein Prüfblatt auf dem Kastenboden (kostenfreier Download im Downloadbereich von www.unterricht-als-abenteuer.de):

Verbindlichkeit

Durch die Unterschrift des Materialwarts wird Verbindlichkeit erreicht. An dieser Stelle wird die Regel eingeführt, was passiert, wenn ein Bauteil (bei der Prüfung durch die Nachfolger in der kommenden Stunde) kaputt oder nicht auffindbar ist. Beispielsweise kann gefordert werden, dass das Teil nachbestellt wird. Wichtig ist, dass die gegebene Unterschrift Bedeutung besitzt: Der Unterzeichner sorgt für Ersatz. Die meisten Bauteile kosten Centbeträge. Wenn Sie eine Verbindlichkeit im Unterricht erzeugen möchten, lassen Sie bei Verlust die Schüler den Warenwert bezahlen. Allein die Ankündigung bewirkt eine Klärung der Verantwortlichkeit bzw. wer im Verlustfall haftet.

Klärung der Verantwortlichkeit

Ob der Materialwart dabei alleine dafür aufkommt oder ob es eine andere Lösung gibt, ist ein anderes Thema. Seien Sie zu Beginn konsequent. Es braucht nur zwei bis drei Beispiele, um eine Regel der Ausnahme einzuführen ... Und dann herrscht statt einer Regel schnell Willkür und Chaos: „Aber der hat doch auch ..."

### Vollständigkeit abwiegen

Eine präzise Waage kann einen Hinweis auf Vollständigkeit geben. Eine digitale Küchenwaage gibt es für wenige Euro und ermöglicht eine sehr schnelle und praktische Überprüfung, vor allem bei größeren Mengen an Material. Dennoch halte ich wenig davon, Beziehungsprobleme technisch zu lösen.

*Kontrolle ist gut, Vertrauen ist besser*

Kontrolle mag gut sein, doch für soziale Systeme ist Vertrauen besser. Wenn Sie Schüler kontrollieren, unterstellen Sie stillschweigend, dass Sie nicht vertrauen. Ob Sie es wollen oder nicht: Sie schreiben ihnen eine negative Rolle zu. Vielleicht meinen Sie es anders, aber das liegt nicht in Ihrer Hand, was der Schüler fühlt und denkt, wenn er kontrolliert wird.

Entscheidend ist die Rolle, die der Schüler einnimmt: Wenn er die Waage als Werkzeug für seine eigene Kontrolle nutzt, dann ist das eine ganz andere Geschichte.

soziale Systeme

Hinweis: Man muss sich gegenseitig erst kennen, um vertrauen zu können. Daher existiert Vertrauen nur innerhalb sozialer Systeme. Wenn Sie das Material ohne persönlichen Kontakt oder Bezug ausleihen (etwa an eine andere Einrichtung), kann das Abwiegen sehr hilfreich sein.

### Funktionsunfähige Teile

Wenn ein Bauteil nicht zu 100% funktioniert, wird es ersetzt.[38] Am besten wirft es der Materialwart selbst in den Mülleimer. Es geht um zwei Dinge: Erstens ist volle Funktionsfähigkeit leichter zu überprüfen als „mehr oder weniger funktionsfähig". Äußerungen wie „Das war doch schon halb kaputt" verlieren an Bedeutung. Der zweite und wichtigere Aspekt liegt in der Bedeutung für die Konstruktion. Wenn ich mit fehlerhaften Teilen arbeite, die manchmal funktionieren und manchmal nicht, erschwert sich die Fehlersuche bei einem aufgebauten Getriebe. Es geht dann nicht mehr darum, die Lage und Wirkung der einzelnen Teile zu untersuchen. Jetzt muss ich mich auch noch darum kümmern, ob der Fehler am Bauteil liegt. So kann eine schlecht laufende Stange falsch montiert oder verbogen sein.

Fehlersuche

Die häufigsten zu ersetzenden Teile sind hier abgebildet. Von links nach rechts:

- Der **Sockel** zum leichteren Verschieben der Übersetzungen (Baustein 15 x 30 x 5 rot mit Nuten und Zapfen, Artikelnummer: 35049) kann am oberen Zapfen durch gewaltsames Verdrehen geknautscht werden, sodass eine rechtwinklige Montage unmöglich wird.
- Die **Klemmbuchse** (Artikelnummer: 37679) wird zur Fixierung der Achsen verwendet. Innen befindet sich ein Spanndraht, der mitunter verrutscht. Dieser kann mit einem Schraubendreher wieder hineingedrückt werden. Noch größer ist die Wahrscheinlichkeit des Verlustes des kleinsten Teiles im Baukasten.
- Der **Winker** (genaue Bezeichnung: „Rastadapter schwarz – Artikelnummer 36227) wird zum Abzählen von Achsendrehungen benötigt. Er sitzt nicht mehr fest auf einer Metallstange, wenn er einmal mit Gewalt auf diese gedrückt wird. Die Montage erfolgt durch Aufschieben auf das Stangenende und (im Gegensatz zur Klemmbuchse) nicht durch Anclipsen bzw. Anklemmen.

38 Alle Einzelteile können bei Fischertechnik nachbestellt werden: http://www.fischertechnik.de/home/info/Einzelteilservice.aspx

**Störungen haben Vorrang**

Wenn es Probleme in der Kleingruppe bzw. in der Klasse gibt, beispielsweise weil Mitschüler bewusst Material verstecken, damit es hinterher der Materialwart ausbaden muss, dann zeigen sich die Probleme in der Rollenbelegung; erzeugt werden sie dadurch nicht! Wenn es zu Störungen kommen sollte, haben diese Vorrang und müssen zuerst geklärt werden. Aber wenn die Störungen sehr massiv und häufig sind, dann eignet sich der Einsatz von Fischertechnik (noch) nicht für diese Art von Unterricht für diese Klasse. Das Material ist didak-

kein Allheilmittel

tisch wertvoll, aber kein Allheilmittel. In diesem Falle sind Sie als Pädagoge und nicht als Didaktiker gefragt.

## 3.4 Häufige handwerkliche Schwierigkeiten

Vor der Materialausgabe ergibt es Sinn, den Schülern folgende materielle Schwierigkeiten und deren Lösung vorzuführen:

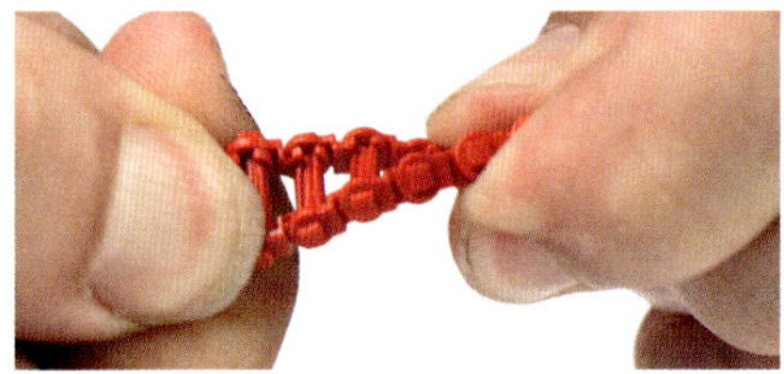

*Kette teilen*

Um eine Kette auseinanderzubrechen, verdrillt man sie. Je schneller die Bewegung, desto besser. Es fühlt sich fast so an, als ob sie dabei kaputtgehen würde, aber das passiert sehr selten, und selbst in diesem Fall betrifft es nur ein einziges Kettenglied.

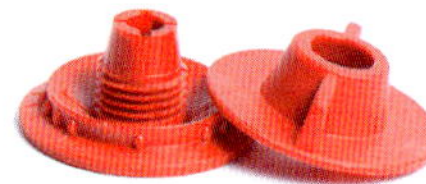

*Flügelschrauben festziehen*

In allen Zahnrädern und Kurbeln ist eine Flügelschraube zum Festschrauben integriert.

Vor allem bei Termen, die hohen Übersetzungen entsprechen ($2 \cdot 3$ ist schon recht hoch), müssen Zahnräder und Kurbel fest an die Achsen geschraubt werden. Ansonsten drehen sie durch und die formale Rechnung ($2 \cdot 3 = 6$) entspricht nicht der haptischen Umsetzung (6 Umdrehungen der hinteren Achse).[39]

Damit also die Übersetzung bei Bauabschluss funktioniert, muss sichergestellt sein, dass alle Zahnräder fest auf die Achsen geschraubt sind. Am besten kontrolliert man die Festigkeit, indem man versucht, zu kurbeln, und das erste Zahnrad festhält. Falls sich die Kurbel dennoch drehen lässt, ist die Kurbel locker. Man sucht weiter, in-

39 Vergleiche hierzu im Abschnitt 9.3 die pädagogische Bemerkung: *Verantwortlich an die Grenze gehen.*

dem man das nachfolgende zweite Zahnrad festhält. Dreht jetzt die Anordnung durch, ist das zweite nicht fest genug montiert usw. Es hilft, diese Technik den Schülern einmal vorzuführen.

*Kettenspannung*
Die roten „Schienen“ am Boden sollen in Kettenrichtung zeigen. Auf ihnen lassen sich Bausteine verschieben, sodass die Kettenspannung variabel wird.

Die Ketten müssen somit nicht genau die richtige Länge besitzen, es kann noch nachjustiert werden. Die Kette sollte wie in der Abbildung leicht durchhängen, damit das Getriebe leicht läuft.

*Justage des Fünfzehnerrades*
Das Fünfzehnerrad benötigt zur Fixierung auf der Achse vier Bauteile:

Die beiden größeren, roten Bauteile werden vorerst leicht zusammengeschraubt und zusammen mit dem Zahnrad auf die Stange geschoben. Die Fixierung erfolgt auf der einen Seite durch Festziehen der Schraube und auf der anderen durch einen Clip, damit das Zahnrad nicht verrutscht.

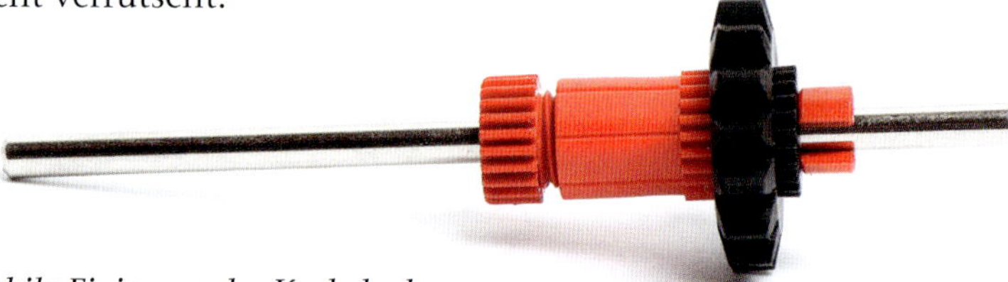

*Stabile Fixierung der Kurbelachse*
Bei extremen Belastungen ist es sinnvoll, die Kurbelachse stärker zu fixieren. Z. B. wird in Abschnitt 9.1 über eine Stunde lang an der Kurbel gedreht.

Im obigem Bild wurden vorne rechts mit Hilfe des roten Bauteils[40] zwei Bausteine kompakt verbunden (siehe Bildfolge).

40 Das rote Bauteil ist nicht im Baukasten enthalten, da für alle Schüler nur ein einziges Exemplar benötigt wird. Falls keiner Ihrer Schüler dieses Bauteil besitzt und Sie sehr lange kurbeln möchten, können Sie es separat bestellen (Artikelnummer FI-31061).

## 3.5 Exkurs I: Fermiaufgabe und Kettenbau

Fischertechnik liefert die Ketten in einzelnen Gliedern. Mit diesem Abschnitt wird gleichzeitig eine pädagogische und eine pragmatische Idee verfolgt: Im Unterricht gibt es wieder und wieder Aufgaben, die schlichtweg erledigt werden müssen, bevor es um die eigentliche Aufgabenstellung geht. Zum Beispiel müssen einzelne Kettenglieder zuerst aneinandergefügt werden oder es müssen Tische und Stühle umgestellt werden. Natürlich kann man diese Voraufgaben einfach maschinell abarbeiten, aber es ist viel schöner, wenn die Dinge, die zu tun sind, gleichzeitig für sich einen Sinn ergeben. Die pädagogische Idee besteht darin, den Dingen eine Form zu geben. Aber es gibt auch eine pragmatische Komponente: Ich habe viele Lehrer erlebt, die für ihre Schüler bis tief in die Nacht hinein arbeiten. Auch wenn Sie nicht selbst bereits die Kettenglieder aneinanderfugt haben, kennen Sie vermutlich vergleichbare Beispiele aus Ihrem Lehrerleben.

pragmatische Komponente

Aber die Schüler werden Ihnen die Nacht- oder Freiarbeit nicht danken – nicht weil sie prinzipiell undankbare Geschöpfe sind, sondern weil Ihre Tätigkeit im Verborgenen geschieht. Die Nachtarbeit erledigen Sie alleine, ohne Schüler! Wertschätzung benötigt einen Bezug zur Sache, z. B. dadurch, dass selbst Hand angelegt wird. Somit lautet die Aufgabe für den Lehrer bzw. den Künstler der Lernumgebung, eine Form zu finden, die einerseits für sich Sinn ergibt und andererseits Sie nicht die ganze Arbeit machen lässt. In diesem Sinne ist die vorgeschlagene Fermiaufgabe in einer 6. Klasse exemplarisch zu verstehen.

Wertschätzung benötigt Bezug

**Phase 1: Fragestellung und Schätzen**

Zuerst werden alle Kettenglieder in einem Behälter gesammelt. Dann werden entsprechend der Anzahl der Kästen Kleingruppen bzw. Paare gebildet. Jede Kleingruppe versucht unabhängig von den anderen, Folgendes abzuschätzen:

1. Wie lange dauert es, bis die gesamte Klasse aus allen Einzelteilen eine einzige lange Kette „geschmiedet" hat?
2. Wie lang ist diese Kette?

Jede Gruppe bestimmt einen Materialwart, der zur besseren Abschätzung genau 10 Kettenglieder holen darf. Man muss das Material erst einmal in der Hand halten und zwei oder drei Glieder zu verbinden, um ein Gespür für die Schwierigkeit und die Zeitdauer zu bekommen. Der Lehrer darf gerne dazu auffordern, sich umzusehen, wer alles in der Klasse ist, wer wie schnell arbeiten kann. Der Fokus wird so auf die Gruppe gelenkt. Es geht nicht darum, wie schnell der Einzelne Kettenglieder zusammenfügen kann; die Frage ist, wie lange die Gruppe braucht.

Gruppendynamik

Die Aufgabenstellung muss so klar wie möglich gestellt werden. Am besten fragen Sie hinterher, ob es noch Fragen zur Aufgabenstellung gibt. Ich habe es noch nie geschafft, dass es keine Fragen gegeben hätte: *„Darf man bei den anderen Gruppen mithelfen, wenn man seine Kettenglieder bereits verbraucht hat?" „Gehören die aus den 10 Gliedern bereits montierten Kettenstücke zur Länge dazu? Werden die mit eingebaut?" „Dürfen wir uns vorher absprechen, wer das Material verteilt?"* Und so weiter. Es ist ziemlich egal, was Sie antworten bzw. festlegen. Wichtig ist, dass vollkommene Klarheit herrscht, ansonsten werden sich die Schätzer nach Ablauf der Übung ungerecht behandelt oder veräppelt vorkommen. Je mehr nachgefragt wird, desto spannender wird die Aufgabe.

Fragen zur Aufgabenstellung

Die Kleingruppen erhalten ca. 5 Minuten Zeit, um ihre Schätzwerte in eine vom Lehrer vorbereitete Tabelle an die Tafel zu schreiben. Geschickt ist es, einen Zeitpunkt anzuschreiben, bis wann alle Schätzwerte eingetragen sein müssen.

| Gruppenname bzw. -logo | | | | | | | | | |
|---|---|---|---|---|---|---|---|---|---|
| Zeit | | | | | | | | | |
| Länge | | | | | | | | | |

**Phase 2: Durchführung**

Sobald ein Schüler ein Kettenglied berührt, läuft die Zeit. Man hört überall ein geschäftiges Knacksen im Raum.

**Phase 3: Noch mehr Schätzen**

Statt dass die benötigte Zeit sofort verraten wird, kann jeder Schüler für sich abschätzen, wie lange der gesamte Bau nun gedauert hat. Hierzu müssen natürlich vor dem Zusammenbau alle Uhren in den Hosentaschen verschwinden, keiner darf zwischendurch nach der Uhrzeit schielen. Wer für sich einen Schätzwert gefunden hat, zeigt das durch Armeverschränken an. Sind alle bereit, werden die Werte mit den Fingern angezeigt. Ein Finger entspricht dabei einer Minute, zwei Finger zwei Minuten usw. Sollen mehr als 10 Minuten angezeigt werden, werden die Arme entsprechend der römischen Zehn zu einem „X" überkreuzt. Zwölf Minuten werden also mit überkreuzten Armen und zwei Fingern angezeigt.

nonverbale Abfrage

Ebenso lässt sich vor dem Abmessen durch einen Zollstock die Länge der Kette schätzen. Hier steht ein Finger z. B. für einen Meter.

**Phase 4: Erweiterungsmöglichkeiten: Antiproportionalität und Modellieren**

„Wie lange hättet ihr zusammen mit der Parallelklasse für den Zusammenbau gebraucht? Wie lange bräuchte eine andere Anzahl von Personen?" Mit dieser Modellierungsfrage lässt sich das sogenannte antiproportionale Wachstum beschreiben. Angenommen, beide Klassen hätten zusammen die doppelte Schülerzahl, dann würden sie in erster Näherung nur die Hälfte der Zeit benötigen: doppelte Klassen-

Modellierungsfrage

stärke, halbe Zeit. Man stellt fest, dass das Produkt „Zeit mal Anzahl der Mitarbeiter“ eine Konstante darstellt, und damit ist die Hyperbel mit im Raum. Aber die Frage, wie lange eine andere Personenanzahl gebraucht hätte, ist viel offener gestellt. Die Hyperbel gilt nur in erster Näherung. Eine einzige Person (minimale Personenanzahl) würde vermutlich länger als die errechnete Konstante brauchen, weil irgendwann der Daumen so schmerzt, dass man nach 1000 Gliedern nicht mehr weiterbauen möchte (wie es Ihnen nach Ihrer Nachtarbeit ergangen wäre). Ebenso würden 1000 Arbeiter nicht sehr viel weniger Zeit als eine Schulklasse brauchen. Das Produkt aus „Zeit“ mal „Anzahl der Mitarbeiter“ als Konstante anzusehen, ist für einen weiten Bereich sehr gut, aber ab gewissen Arbeiterzahlen fragwürdig. Ein gutes Training: Einerseits wird modelliert, andererseits erfährt der Schüler auch die Grenzen einer Modellierung.

## 3.6 Exkurs II: Kombinatorik des Materials

**Kombinatorik**

*Einführende Frage: Eine erste Begegnung*

Die Schüler schließen die Augen. Jeder erhält einen kleinen, schwarzen Baustein (15 mm x 15 mm) zum Ertasten und soll herausfinden, wie viele Anbaumöglichkeiten es gibt. Es ist für manchen die erste Begegnung mit Fischertechnik. Wer möchte, kann die Augen zur Hilfe hinzunehmen. Als Leser haben Sie es etwas schwerer. Sie können diese und die folgende Aufgabe nicht „begreifen“.

Nicht einfach! Offensichtlich gibt es sechs Seiten, an denen angebaut werden kann, aber wer nicht weiß, was alles angebaut werden kann, wer sozusagen die Umwelt des Bausteins nicht kennt, der wird kaum zwischen der Verbindungsart zwischen einem weiteren Stein und der Verbindung mit einer Metallstange unterscheiden.

So gezählt gibt es mindestens 11 mögliche Anbaumöglichkeiten: 6 für Steine und 5 für Stangen. Vielleicht gibt es noch weitere. Die Frage lässt sich erst beantworten, wenn das gesamte System (der Baukasten) bekannt ist.

*Interessante Frage*
Die Schüler erhalten zusätzlich einen roten Baustein. Wie viele Möglichkeiten gibt es, mit diesen zwei Bausteinen verschiedene Objekte herzustellen?

Eine einfache Frage: Es gibt unendlich viele Möglichkeiten. Bereits beim Aufschieben gibt es unendlich viele Positionen.
Eine geschicktere Formulierung für das Rätsel: Wie viele Kombinationsmöglichkeiten gibt es, wenn nur in einem Raster von 15 mm x 15 mm gebaut werden darf?

Kombinationsmöglichkeiten

*Umsetzung nach dem Ich-Du-Wir-Prinzip*
Jeder Schüler denkt zuerst selbst über die Aufgabe nach (Ich-Phase). Nach ein paar Minuten bespricht er sich mit seinem Nachbarn (Du-Phase). Nach 10 Minuten versammelt sich die Klasse um einen Tisch, dabei nimmt jeder seine beiden Bausteine mit. Zuerst wird die Anzahl der gefundenen Möglichkeiten mit den Fingern angezeigt. Dabei steht je ein Finger für eine Kombinationsmöglichkeit. Möchte man mehr als 10 Möglichkeiten anzeigen, verschränkt man die Arme zu einem X, um die römische Zahl 10 anzudeuten. Mit der Summe aus X und der Anzahl der gezeigten Finger lassen sich 20 Möglichkeiten anzeigen. Wer mehr gefunden hat, äußert sich verbal.

Zug-um-Zug-Prinzip

Nach dem Zug-um-Zug-Prinzip werden die Möglichkeiten offengelegt. Hierzu legt ein Schüler eine seiner Kombinationen auf den Tisch. Ein zweiter konstruiert eine unterscheidbare und legt diese daneben. Wenn sich alle sicher sind, dass sich die neu hinzugelegte Möglichkeit von allen anderen unterscheidet, kommt der Nächste an die Reihe. Auf diese Weise werden sehr wahrscheinlich alle 14 Möglichkeiten realisiert.[41]

## Didaktische Bemerkungen

*Weniger ist mehr*

Die erste Begegnung gibt es nur einmal. Der Schüler bekommt in dieser Übung nicht sofort den ganzen Baukasten, er bekommt einen einzigen Stein. Alle Aufmerksamkeit wird diesem einen geschenkt. Würde der ganze Kasten sofort ausgeteilt werden, gäbe es diese Betrachtung nicht. Die Idee dahinter liegt in der Wertschätzung des Materials. Weniger ist mehr – zumindest am Anfang. Wer genau hinschaut, sich über die Möglichkeiten Gedanken macht, dem bedeutet auch das Material mehr. Die blinde Erstbegegnung unterstreicht den ersten Kontakt.

*Handelndes Denken, denkendes Handeln*

Man kann durch eine einfache Intervention den Schülern den Wert von Modellen leicht vergegenwärtigen: Der kleine, einfache Baustein wird durch einen großen, doppelten ausgetauscht. Allerdings darf jetzt kein Baustein mehr berührt werden. Wie viele Kombinationsmöglichkeiten gibt es jetzt? Unmittelbar wird „begreiflich“, welchen Wert es für das Denken hat, wenn man das Material wirklich in den Händen hält.

Denken mit Material

41 Für den Fischertechnik-Ungeübten ist die Unterscheidung der 14 Möglichkeiten allein durch das Bild nicht einfach. Es ist leichter, wenn Sie das Material in die Hand nehmen und tatsächlich „begreifen“.

## 3.7 Der Baukasten als Fermi-Problem

Ein Fermi-Problem bezeichnet eine quantitative Abschätzung, bei der auf den ersten Blick keine oder nur wenig relevante Daten zur Verfügung stehen. Bereits drei Bausteine ermöglichen – trotz der starken Forderung, dass nur im Raster und nicht beliebig angebaut werden darf – eine enorme Komplexität und Vielfalt (siehe Abschnitt 3.6).

enorme Komplexität

*Wie groß ist der Gestaltungsraum, d.h. die Menge an Möglichkeiten, die sich mit einem Baukasten umsetzen lassen?*

**Eine mögliche Lösung**

Vorab: Sobald der Lehrer seine Lösung zeigt, wird von den meisten Beobachtern diese Lösung nicht als *eine* Lösung, sondern als *die* (richtige) Lösung verstanden. In der Situation befinde ich mich gerade selbst! Damit Sie mir nicht blind nachfolgen, gibt es zwei Möglichkeiten: erstens, Sie überblättern meine Lösung, oder zweitens: Sie schlagen das Buch zu und versuchen sich selbst an der Aufgabe. Die Gefahr ist groß, dass Sie beim einfachen Weiterlesen meinen Ansatz als „den richtigen" verstehen …

Hier eine mögliche und subjektive Vorgehensweise für eine Abschätzung: Zu den zwei Steinen von vorhin kommt ein weiterer hinzu. Mit den hinzukommenden Möglichkeiten multipliziert sich der Gestaltungsraum. Eine mögliche Konstruktion ist angezeigt.

*Exponentielles Wachstum?*

Auf den ersten Blick könnte man ein exponentielles Wachstum unterstellen, etwa in dieser Art: $n \mapsto 24^{n-1}$. Mit $n$ wird die Anzahl der Steine bezeichnet, die 24 steht für die durchschnittliche Anzahl der Möglichkeiten, einen weiteren Stein anzubauen. Für den ersten Anbau bzw. für den zweiten Stein gibt es nur 14 Möglichkeiten (siehe Abschnitt 3.6), aber das scheint nur ein Problem des Anfangs zu sein. Bei zwei Bausteinen gibt es Symmetrien und Drehungen, die die Anzahl reduzieren. Sobald mehrere Steine verbaut sind, ist es sehr unwahrscheinlich, zwei Konstruktionen zu finden, die mittels Drehungen auseinander hervorgehen.

*Schneller als exponentiell?*

Auf den zweiten Blick wird klar, dass die Möglichkeiten des Anbaus mit zunehmender Größe des Objektes wachsen. Die Oberfläche des aktuellen Konstrukts ist ein Maß für die potentiellen Anbaumöglichkeiten, d. h. die Möglichkeiten wachsen schneller als exponentiell, da die Basis (im Beispiel die „24") von Stein zu Stein größer wird. Ein neuer Versuch in Anlehnung an die Fakultät:

Maß für Anbaumöglichkeiten

$n \mapsto 24 \cdot (24 + 1) \cdot (24 + 2) \cdot (24 + 3) \cdot \cdots \cdot (24 + n) = \prod_{k=0}^{n}(24 + k)$

*Wie schnell wachsen die Faktoren?*

Aber wie genau vergrößert sich die Basis? Sicherlich nicht wie oben angegeben $(24 + n)$. Prinzipiell kann nur an der Oberfläche angebaut werden, damit ist diese ein Maß für die Anbaumöglichkeiten. Ein Problem ist, dass deren Vergrößerung schlecht angegeben werden kann, da die Form unbekannt ist. Wenn wir ganz, ganz grob sind, dann unterstellen wir, dass bei den meisten Bauwerken irgendetwas Geballtes herauskommt. Anders formuliert: Dass sich alle Bausteine möglichst in einer langen Reihe auffädeln, erscheint unwahrscheinlich. Die kompakteste Ballung wäre eine Kugel. Ganz so ideal wird es nicht sein, also nehmen wir – weil es einfach zu rechnen und nicht ganz so kompakt ist – einen Würfel. Wie gesagt, das ist eine sehr, sehr grobe Näherung und stellt eher eine untere Grenze dar. Selbst in der geballten Konstruktion würde es Lücken geben, wo weiter angebaut werden könnte.

Die Menge an Teilchen $n$ entspricht dem Volumen. Wie hängt die Oberfläche eines Würfels von seinem Volumen ab? Das Volumen eines Würfels (mit der Kantenlänge $a$) beträgt $V = a^3$. Die Oberfläche beträgt $O = 6 \cdot a^2$. Setzt man in die Gleichung für $a = \sqrt[3]{V}$ ein, erhält man die Oberfläche in Abhängigkeit des Volumens

$$O(V) = 6 \cdot \left(\sqrt[3]{V}\right)^2 = 6 \cdot V^{\frac{2}{3}}$$

Das Volumen ist proportional zur Anzahl der Bauteile $n$. Damit ergibt sich

$$O(n) \mathrel{\hat{=}} 6 \cdot \left(\sqrt[3]{n}\right)^2 = 6 \cdot n^{\frac{2}{3}}$$

wobei in dieser Darstellung das Volumen in Einheiten von Bauteilen gemessen wird. Weiter soll angenommen werden (vorsichtige Schätzung), dass ein neues Bauteil mit der Nummer $n$ an derselben Stelle in zwei verschiedenen Orientierungen angebaut werden kann. Damit ergeben sich für den Anbau des *n-ten* Teilchens

$$2 \cdot O(n-1) = 2 \cdot 6 \cdot \left(\sqrt[3]{n-1}\right)^2 = 12 \cdot (n-1)^{\frac{2}{3}}$$

Möglichkeiten. Und damit besitzt nach dieser Näherung der Gestaltungsraum

$$\prod_{k=1}^{n-1} \left(12 \cdot k^{\frac{2}{3}}\right)$$

Realisierungen, wenn alle $n$ Teilchen verbaut werden. Für $n = 3$ Bausteine erhält man nach der Näherungsformel

$$\prod_{k=1}^{3-1} \left(12 \cdot k^{\frac{2}{3}}\right) \approx 12{,}00 \cdot 19{,}05 \approx 228{,}59$$

mögliche Konstrukte.

Die Tabelle zeigt die Kombinationsmöglichkeiten von Bauklötzen bis zu 32 Bausteinen[42].

| Anzahl der Bausteine *n* | Anbaumöglichkeiten des *n*-ten Bausteins | Gestaltungsraum mit *n* Bausteinen (Menge an Kombinationsmöglichkeiten bei *n* Bausteinen) |
|---|---|---|
| 1 | 0 | 1 |
| 2 | 12 | 12 |
| 3 | 19 | 229 |
| 4 | 25 | 5706 |
| 5 | 30 | 172530 |
| 6 | 35 | 6053786 |
| 7 | 40 | 239869929 |
| 8 | 44 | 10533088826 |
| 9 | 48 | 505588263654 |
| 10 | 52 | 26250640416290 |
| 11 | 56 | 1462136153177260 |
| 12 | 59 | 86782239210599900 |
| 13 | 63 | 5458411357952580000 |
| 14 | 66 | 362139926862563000000 |
| 15 | 70 | 25243118888556700000000 |
| 16 | 73 | 1842404976941710000000000 |
| 17 | 76 | 140382508730339000000000000 |
| 18 | 79 | 11137648978250500000000000000 |
| 19 | 82 | 917958629805332000000000000000 |
| 20 | 85 | 78434431973859400000000000000000 |
| 21 | 88 | 6934918031271950000000000000000000 |
| 22 | 91 | 633435075469474000000000000000000000 |
| 23 | 94 | 59680411368396900000000000000000000000 |
| 24 | 97 | 5792040786147210000000000000000000000000 |
| 25 | 100 | 578300656402639000000000000000000000000000 |
| 26 | 103 | 59332812743751500000000000000000000000000000 |
| 27 | 105 | 6248729837471940000000000000000000000000000000 |
| 28 | 108 | 674862822446969000000000000000000000000000000000 |
| 29 | 111 | 74673889170492000000000000000000000000000000000000 |
| 30 | 113 | 8458279176832660000000000000000000000000000000000000 |
| 31 | 116 | 979965450871533000000000000000000000000000000000000000 |
| 32 | 118 | 116046792179323000000000000000000000000000000000000000000 |

Schon bald lassen sich die Zahlen nicht mehr aussprechen, geschweige denn vorstellen. Für 32 Bausteine gibt es grob geschätzt *einhundertsechzehn Nonillionen sechsundvierzig Oktilliarden siebenhundertzweiundneunzig Oktillionen einhundertneunundsiebzig Septilliarden dreihundertdreiundzwanzig Septillionen* Realisierungen.

Das entspricht ungefähr der geschätzten Masse des Universums in Gramm!

Bei einem Baukasten mit 100 Teilen erhält man $6{,}6 \cdot 10^{210}$ Möglichkeiten.

42 Die Kombinationsmöglichkeiten wurden mit dem Programm „Excel" berechnet, daher sind alle Werte auf die 15. Stelle gerundet.

*Noch mehr Möglichkeiten – nicht alle Teilchen werden verbaut*

Man muss allerdings nicht alle Teilchen verbauen. Damit ergeben sich neue Möglichkeiten, genauer werden die Möglichkeiten aufaddiert. Dabei muss man beachten, dass es genau $n = \binom{n}{1}$ Möglichkeiten gibt, einen Baustein wegzulassen. Lässt man zwei Bausteine weg, gibt es dafür $\binom{n}{2} = \frac{n(n-1)}{2!}$ Möglichkeiten. Insgesamt ergeben sich

$$\binom{n}{n}\prod_{k=1}^{1}\left(12 \cdot k^{\frac{2}{3}}\right) + \binom{n}{n-1}\prod_{k=1}^{2}\left(12 \cdot k^{\frac{2}{3}}\right) + \ldots + \binom{n}{1}\prod_{k=1}^{n-2}\left(12 \cdot k^{\frac{2}{3}}\right) + \binom{n}{0}\prod_{k=1}^{n-1}\left(12 \cdot k^{\frac{2}{3}}\right)$$

Möglichkeiten.

*Berücksichtigung von Grundbedingungen*

Nicht alle Bausteine haben eine Schnittstelle zueinander. So lassen sich die Bauteile auf dem rechten Foto nicht miteinander verbinden.

Bei Rädern vervielfältigen sich die Möglichkeiten nur sehr bedingt. Daher verringert sich in dem Baukasten die Zahl der Möglichkeiten. Dennoch kann sich durch ein weiteres Bauteil alles ändern. Durch eine Metallstange zusätzlich zu den drei abgebildeten Bauteilen entstehen plötzlich sehr viele Kombinationsmöglichkeiten – dort, wo es bisher gar keine gab. Die Bauteile können in unterschiedlicher Reihenfolge eingefädelt werden. Bei drei Bausteinen gibt es 3! = 6 Möglichkeiten. Hinzu kommt die Orientierung: Beim Zahnrad (links auf dem Foto) und bei der Nabe (rechts auf dem Foto) gibt es je zwei Richtungen und der schwarze Baustein kann auf fünf verschiedene Arten eingefädelt werden (zwei Längsseiten in je zwei verschiedenen Richtungen). Insgesamt gibt es also 120 verschiedene Möglichkeiten, die drei Bauteile auf die Stange zu stecken.

Aus Symmetriegründen (der gesamte Aufbau kann umgedreht werden) gibt es durch die Stange neue 60 Konstruktionen – und das „nur" durch das Hinzufügen einer Stange. Dabei wurde bei dieser Rechnung nicht einmal die Verteilung auf der Stange beachtet. Es macht ja einen Unterschied, ob die drei Bauteile nahe beieinander oder durch eine Lücke getrennt voneinander sitzen.

## Didaktische Bemerkungen zum fächerübergreifenden Unterricht

*Bezug zur Chemie – MINT*

„Baukasten der Natur"

Die Übung mit den Bausteinen passt in den Chemieunterricht. Mit ungefähr 100 verschiedenen Arten von Bauteilen (den Atomen im Periodensystem) lassen sich alle uns bekannten Verbindungen beschreiben. Allein in der organischen Chemie, der Chemie der Kohlenstoffverbindungen, sind über 40 Millionen Verbindungen bekannt. Dazu gehören unter anderem die Bausteine des bekannten Lebens.

*Bezug zu Ethik und Religion – Mensch und MINT*

Die Chemie lehrt uns ein Baukastensystem, welches die materielle Bedingung für Leben ist: den „Baukasten Leben".

Vernetzung MINT

MINT ist weit mehr als die Summe der Buchstaben M-I-N-T, ähnlich wie der Begriff „WORT" etwas anderes als die Summe der Buchstaben W-O-R-T beschreibt. MINT ist die *Vernetzung* der mathematisch-naturwissenschaftlichen Teildisziplinen.

Aber das vernetzende Prinzip muss über die mathematisch-naturwissenschaftlichen Disziplinen hinaus gedacht werden, schließlich ist der Mensch weit mehr als eine auf Kohlenstoff basierende Lebensform. Mathematik, Informatik, Naturwissenschaft und Technik haben erheblichen Einfluß auf unser soziales Miteinander in dieser Welt, und folgerichtig kann die technische Entwicklung nicht unabhängig von der sozialen Entwicklung betrachtet werden. Wird MINT vom sozialen Kontext abgespalten, wird das technische System also nicht mehr von seiner Umgebung „Mensch" angeregt und irritiert, dann besteht die Gefahr, dass etwas „Unmenschliches" entsteht. Wenn wir unsere Schüler nur lehren, wie man Roboter baut, aber nicht, welche Wirkung es auf die soziale Struktur hat; wenn soziale Verantwortung nicht mitgelehrt wird, sondern Inhalte und Ziele von der Technik bestimmt werden, nur weil sie möglich sind – dann entscheidet das System Technik und nicht mehr das System Mensch.

neue Fragen

Mit MINT werden wir mit Themen und Fragen konfrontiert, die zutiefst unser Menschsein betreffen. Wir schauen auf Entscheidungsfragen, die es in der Menschheitsgeschichte noch nie gab. Wie soll ein selbstfahrendes Auto im Extremfall über Menschenleben entscheiden? Sollen die Insassen oder diejenigen außerhalb geschützt werden? Gilt Alter vor Schönheit oder anders herum?

## 3.8 Bauanleitung für das „erste Produkt“ (vgl. Kapitel 5)

Die Bauanleitung kann auch als pdf-Datei im Downloadbereich von www.unterricht-als-abenteuer.de kostenfrei heruntergeladen werden.

fischertechnik

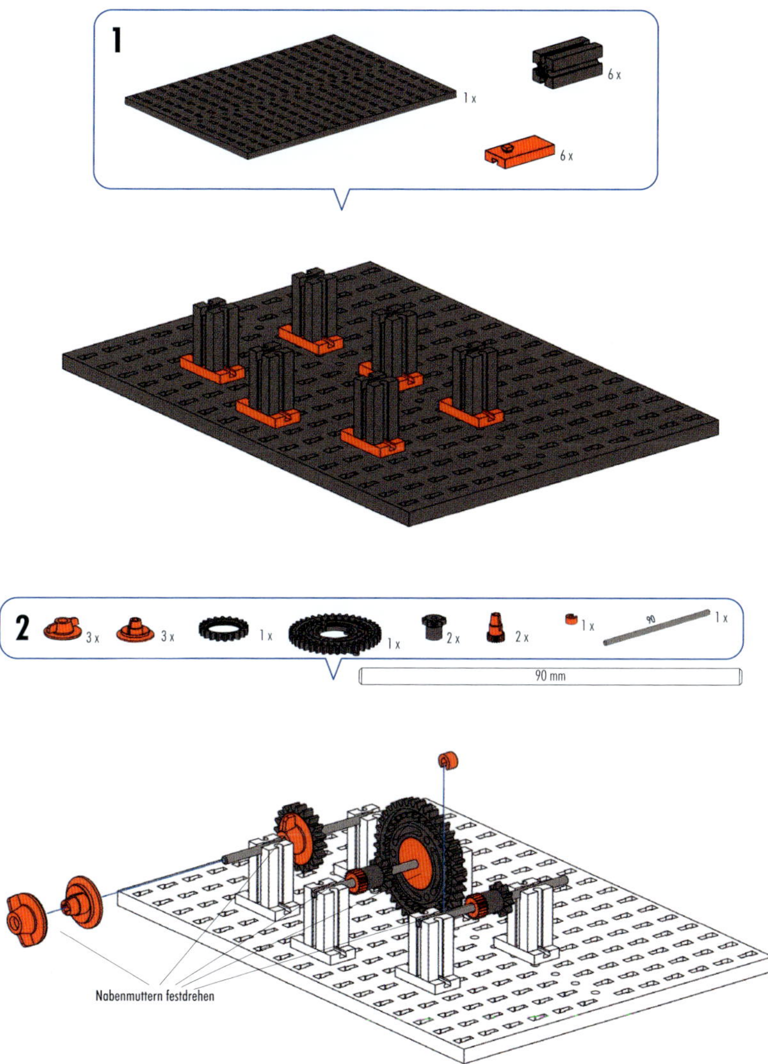

fischertechnik

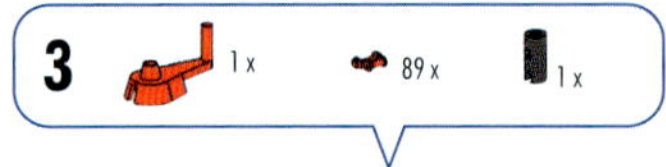


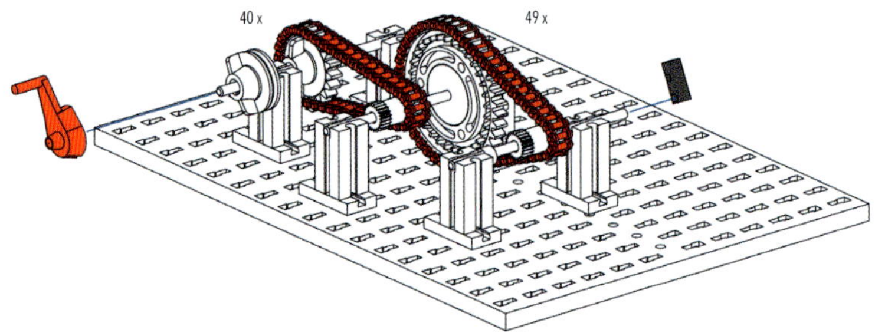

Teil II:

# Lehrgang zur Bruchrechnung

## Kapitel 4
# Grundlegendes zu Reihenfolge und Inhalt

## *4.1 Ein Gang durch den Wald*

viele Wege

Auf den folgenden Seiten finden Sie eine mögliche Anordnung der Inhalte, die als „Lehrgang" bezeichnet ist. Nun gibt es sehr, sehr viele Wege, um ein Wissensgebiet für sich zu erobern. Wenn Sie einen Spaziergang durch den Wald mit Ihren Kindern unternehmen, so gehen diese nicht immer auf dem „gemütlichen", aus Ihrer Sicht vielleicht geschickten und zielführenden Weg. Sie nehmen Umwege in Kauf, kämpfen sich durch das Gestrüpp, bleiben im Spiel zurück, um Sie dann plötzlich zu überholen. Die Kinder machen es ein bisschen anders und so wird es zu ihrem eigenen Weg. Und obwohl es tausende von Möglichkeiten gibt, durch einen Wald zu gehen, bleiben die Kinder in Ihrer Nähe. Sie beobachten Sie und sie freuen sich, wenn sie von Ihnen gesehen werden.

Die Ketten und Zahnräder entsprechen dem Wald. Bereits bei der ersten eigenen Konstruktion (vgl. Abschnitt 6.2) werden die Schüler eigene Wege gehen. Obwohl der Auftrag lautet, dass nur natürliche Zahlen repräsentiert werden sollen, wird es fast immer vorkommen, dass echte Brüche gebaut werden. Bewusst oder unbewusst wird etwas gebaut und anschließend ist es im Raum. Das liegt daran, dass die Schüler auf das ganze Material zugreifen können.[43] So ist es nicht der Lehrer, der allein bestimmt, wohin der nächste Schritt geht, ob ein kleiner Umweg eingebaut wird, ob etwas anderes herausgefunden werden will – das Material spielt hier mit! Und doch bestimmt der

Lehrer als Reiseleiter

Lehrer, wohin die Reise geht. Es wäre ungut, wenn Sie auf der Wan-

43 Mit der Konstruktion des Zahnradmodells ist alles vorhanden, was es zu erforschen gibt. Es ist vergleichbar mit der Konstruktion der Brüche selbst, genauer, mit der Konstruktion des Rechenbereiches der Brüche: dem Quotientenkörper der ganzen Zahlen. Alles kann aus dieser Konstruktion abgeleitet werden, jedoch wird der Schüler selten mit den abstrakten Dingen, d. h. mit Ziffern und Bruchstrichen, spielen. Dagegen fordert das Material an sich geradezu dazu auf, eigene Wege zu gehen.

derung ständig einem Schüler hinterherlaufen, zumindest, wenn Sie ein Ziel im Auge haben.

**MINT unterrichten**

Wer sich für MINT interessiert, der hört früher oder später den Namen Frank Oppenheimer. Er hat das erste moderne Science Center der Welt gebaut. In seinem *Exploratorium* gibt es einen Wald von Exponaten, in dem sich der Besucher frei bewegen darf und kann. Es gibt keinen Plan und kein Programm, wie und in welcher Reihenfolge der Wald zu begehen ist. Es gibt auch keine „richtige" Reihenfolge. Die Bäume stehen auch da, wenn jemand seinen eigenen Weg nimmt. Das Bild vom Waldspaziergang habe ich von Frank Oppenheimer entliehen.

Frank Oppenheimer

Und doch ist es wichtig, einen Kontakt, eine Beziehung zwischen Besucher und Exponat herzustellen. Das gelingt über Ästhetik. Nicht umsonst geht es im Exploratorium um Wahrnehmung und Kunst. Alles Lernen beginnt mit Wahrnehmung und in allen Beziehungen spielt Ästhetik eine große Rolle. Beispielsweise geben sich Menschen Mühe, um einen „schönen" Abend zu erleben.

Ästhetik

Was immer Ihre Schüler lernen, Sie können es nicht garantieren. Das Lehren ist damit ein „unmöglicher Beruf"[44] – unmöglich deswegen, weil dem Lehrenden eine Verantwortung für etwas zugesprochen wird, was den Lernenden betrifft. Es gibt keine Sicherheit, dass im Kopf des Schülers das gelernt wird, was er (nach Auffassung des Lehrers) lernen sollte.

Aber auch wenn der Lehrer es schlussendlich nicht in der Hand hat, was der Schüler lernt, so fällt ihm doch eine außerordentlich wichtige Rolle und Aufgabe zu: Ihm obliegt die Aufgabe der Ästhetik, der Gestaltung. Er ist für das Indirekte zuständig. Er ist der Gastgeber des Lernens und der Spielleiter der Forschung – aber er selbst isst nicht mit und spielt auch nicht mit. Seine Rolle ist die eines Schiedsrichters beim Fußball. Sicherlich läuft er die ganze Zeit mit, aber er spielt nicht mit. Das ist der Unterschied! Sogar wenn er angespielt wird, wird das nicht gezählt. Er gilt als Luft, als nicht vorhanden, selbst wenn durch seine Anwesenheit bedingt ein Tor fallen würde. Sie sehen, das Lehrersein ist – obwohl Sie umringt von vielen jungen Menschen sind – eine einsame Tätigkeit. Der Schiedsrichter ist kein Teil einer Mann-

Spielleiter der Forschung

44 Zitat von Fritz B. Simon aus: Martin Kramer: Unterricht ist Kommunikation. Band I: Der Schüler entscheidet, was gelehrt wurde, Schneider Verlag Hohengehren, 2017, Geleitwort.

schaft, er ist nicht (im Spiel) „drin“, er verkörpert das Außen, hütet die Regel und schützt das Spiel. „Bruchrechnen als Abenteuer“ ist somit kein Programm, es ist ein Leitfaden, eine Möglichkeit, eine Sichtweise und eine Hilfestellung. Wenn Sie einen programmierten Unterricht suchen, in dem die einzelnen Schritte exakt vorbestimmt sind, in dem die Schüler genau das Lehrerdiktat erfüllen müssen – dann haben Sie das falsche Buch in der Hand!

kein Programm

Es ist sehr entlastend zu wissen, dass Sie für die Wissenskonstruktion nicht in direkter Weise verantwortlich sind. Dies geschieht im Schülerkopf oder auch nicht. Verantwortlich sind Sie für die Umgebung, für die Kommunikation im Unterricht, für die Ästhetik, für das Design. Mit dem Wissen von Kommunikationsmodellen und mit ästhetischen Betrachtungen können Sie die Beziehungsarbeit zwischen Mensch und Wissensgebiet unterstützen. Mit anderen Worten: Sie können die Wahrscheinlichkeit für Wissenswachstum erhöhen, aber Sicherheit gibt es nicht, auch keine „Ergebnissicherung“.

Beziehungsarbeit

## 4.2 Bruchrechnen als Abenteuer

Auf den folgenden Seiten gibt es kein Abenteuer. Ein Abenteuer braucht Menschen, die es erleben. Fassen Sie das Buch „Bruchrechnen als Abenteuer“ als eine Art Landkarte[45] für einen Waldspaziergang und nicht als starren Plan auf. Der vorgestellte Lehrgang ist nicht *der* Weg, sondern lediglich *ein* möglicher.

Mit anderen Schülern hätte ich wahrscheinlich eine andere Reihenfolge gewählt und Schwerpunkte anders gesetzt. Und Sie haben nicht nur andere Schüler, sondern sind auch noch eine andere Lehrperson. Also: Machen Sie es ein bisschen anders, verändern Sie, lassen Sie etwas weg, fügen Sie an anderen Stellen hinzu, gestalten Sie die passende Lernumgebung für Ihre Schüler und für Sie selbst. Nur Mut! Es wäre etwas komisch, wenn Sie ein konstruktivistisches Lernverständnis nach einem Diktat umsetzen würden.

Verändern Sie!

45 *„Die Landkarte ist nicht die Landschaft, aber wenn die Landkarte brauchbar ist, ist sie der Struktur der Landschaft ähnlich.“* (Alfred Korzybski, 1879–1950; das bekannte Zitat stammt aus seinem Hauptwerk: Science and Sanity, Institute of General Semantics, 1994)

*Wachstum folgt keinem Zeitdiktat*

Für das Thema „Bruchrechnen“ wird in den meisten Curricula insgesamt ca. ein knappes halbes Schuljahr Zeit vorgegeben. Bewusst habe ich auf Zeitangaben der einzelnen Unterthemen verzichtet, da Wachstum nicht einem Zeitdiktat folgt. Die beschriebenen Lernumgebungen sind so gestaltet, dass sie jeweils in einer Doppelstunde (90 Minuten) durchführbar sind. An einigen Stellen wird es schneller gehen, an anderen langsamer, manche Themen (z. B. Potenzgesetze, irrationale Zahlen) können übersprungen werden. Wissenskonstruktionen im Schülerhirn erfolgen effektiv durch zentrale Beispiele und nicht durch das „vollständige“ Durchnehmen eines Stoffes in einer bestimmten Reihenfolge.

keine Zeitangaben

*Ein möglicher Weg*

Der Versuch, den Verlauf eines systemisch-konstruktivistischen Unterrichts darzustellen, ist an sich ein paradoxes Unterfangen. Es ist ja gerade die Eigenheit der Systemtheorie, dass sie sich nur schwer linear, etwa im Sinne eines Programms, abbilden lässt. Trichtereingang – Trichterausgang. Unterricht zu denken, ohne an konkrete Schüler und Lehrer zu denken, ist wie ein Gespräch zu planen, von dem man die Gesprächspartner noch nicht kennt. Es ist also wesentlich, dass Sie mit Ihren Schülern einen eigenen Weg durch den Wald finden. Betrachten Sie den Lehrgang nur als eine Möglichkeit, als eine Anregung. Weichen Sie ab, verändern Sie die Reihenfolge, wenn ein anderer Weg besser passt. Es geht um die Erforschung des Waldes und nicht um einen „richtigen“ Weg. Mit anderen Worten: Der Verlauf eines systemisch-konstruktivistischen Unterrichts kann nur durch Sie selbst mit Blick auf Ihre Schüler real werden.

individueller Lehrgang

Kapitel 5

# Ein erstes Produkt

In diesem Kapitel wird nur ein einziger Fischertechnikkasten und kein Klassensatz benötigt. Die Schüler kennen bereits den Bruch als Anteil. Sie haben bereits eine mengenhafte Vorstellung[46] von z. B. $\frac{1}{2}$, $\frac{3}{4}$ oder $\frac{2}{5}$.

**Modellvorstellungen brauchen Zeit – Mut zum Tiefgang!**
Dieses Kapitel ist grundlegend für die Entwicklung von Schülervorstellungen. Eingeführt wird in ein haptisches Modell für Brüche und deren Verknüpfung. Das in Abschnitt 5.2 vorgestellte Rätsel ist alles andere als einfach, auch wenn es auf den ersten Blick vielleicht so erscheint: Der Schüler muss in dieser Übung Zahnräder zueinander ins Verhältnis setzen (vgl. die verschiedenen Rollen eines Bruches im Abschnitt 1.1) und dazu noch die Hintereinanderausführung zweier Übersetzungen als Multiplikation deuten!

Anders formuliert: Der Schüler lernt hier nicht lediglich die Darstellung der Multiplikation $2 \cdot 4$ im Modell – im Grunde erschafft er Bruchzahlen und deren multiplikative Verknüpfung. Da es um (Übersetzungs-)Verhältnisse geht, schwingt hier bereits die unterschiedliche Darstellung gleicher Bruchzahlen mit $(\frac{20}{10} = \frac{30}{15} = \frac{40}{20})$ und damit das Kürzen und Erweitern von Brüchen (vgl. Abschnitt 8.1). Auch die Multiplikationsregel (Zähler mal Zähler, Nenner mal Nenner) ist schon fast sichtbar (vgl. den Beweis in Abschnitt 11.3).

In der ersten Begegnung mit einem Getriebe ist bereits alles angelegt. So leistet der Schüler in dieser Übung sehr viel. Daher Martin Wagenscheins Appell insbesondere bei dieser Übung: Mut zur Langsamkeit!

46 Hierzu eignet sich z. B. das lebendige Domino oder das Aufteilen des eigenen Vespers. Vgl. Martin Kramer, Mathematik als Abenteuer Bd. II, Klett Kallmeyer Verlag 2016, 4. Auflage, Abschnitte 13.2 und 13.3.

Mut zur Gründlichkeit

Mut zur Gründlichkeit! Mut zum Tiefgang! Wenn Ihre Schüler glauben zu verstehen, gehen Sie nicht gleich weiter! Modellbildung ist viel zu wichtig, um schnell darüber hinweg zu gehen. Halten Sie inne und fragen Sie nach, ob sie sich wirklich sicher sind. Ob das Herausgefundene immer gilt oder ob es sich hier nur um einen Spezialfall handelt. Modelle wachsen langsamer effektiver und verwurzeln stärker.

## 5.1 Ein Test ohne Bewertung

Jeder Schüler soll auf einem Blatt folgende Fragen für sich alleine beantworten und beschreiben, warum ihm die Antwort leicht bzw. nicht leicht fällt. Der Test wird am Ende der Unterrichtseinheit ohne Korrektur des Lehrers wieder ausgeteilt. Dann kann jeder für sich feststellen, ob ihm das Arbeiten mit Ketten und Zahnrädern im Verständnis weitergeholfen hat oder nicht.

1. Was ergibt $\frac{1}{2} \cdot \frac{1}{3}$ ?
2. Erkläre, warum du Aufgabe 1 so rechnest.
3. Warum gilt $2 \cdot 3 = 3 \cdot 2$?
   (Bemerkung des Lehrers bei der Aufgabenstellung: Natürlich kommt hier auf beiden Seiten 6 heraus. Die Frage könnte also auch lauten: Lässt sich bei allen Malrechnungen die Reihenfolge umkehren? Und wenn ja, warum?)
4. Was ergibt $\frac{0}{10}$, $\frac{20}{0}$ und $\frac{0}{0}$? Ergeben diese Brüche überhaupt einen Sinn?

Wer länger als fünf Minuten darüber nachdenken möchte, kann auch noch in der nächsten Mathematikstunde seine Gedanken abgeben. Die anderen schreiben ihren Namen aufs Blatt. Die meisten Schüler werden sich mit den Aufgaben sehr schwer tun, selbst wenn das Bruchrechnen bereits behandelt wurde. Sie haben ja noch keine (modellhafte) Vorstellung von einem Bruch als Operator bzw. als Verhältnis.

Die Fragen des Tests werden in den folgenden Lernumgebungen durch das Modell bzw. Material interaktiv beantwortet.

## 5.2 Erste Begegnung mit einem Getriebe

Der Lehrer zeigt das fertig aufgebaute Getriebe[47] seinen Schülern (vgl. das Foto).

Die Frage lautet: *„Wie oft dreht sich das letzte Zahnrad (auf dem Foto das rechteste), wenn man die Kurbel links einmal dreht?"*
Der Lehrer dreht einmal an der Kurbel: Das hintere Zahnrad bzw. der aufgesteckte schwarze Winker auf der hinteren Achse rotiert zu schnell für das Auge. Daher soll die Anzahl der Umdrehungen geschätzt werden. Wer sich festgelegt hat, verschränkt zum Zeichen die Arme. Auf ein Signal des Lehrers wird der eigene Schätzwert mit den Fingern schweigend angezeigt: Ein Finger steht für eine Umdrehung der hinteren Achse bzw. des Winkers. Der Lehrer fordert die Schüler auf, sich umzusehen, wer welchen Wert anzeigt. Während der ganzen Übung wird nicht gesprochen.

**Didaktisch-methodischer Hintergrund**
Mit dem Schätzen wird der Schüler ein bisschen „in die Pflicht" genommen. Er muss sich festlegen, er macht eine Aussage, die auch von seinen Mitschülern wahrgenommen wird. Durch diese kleine Intervention

47 Die Bauanleitung hierzu finden Sie im Abschnitt 3.8 oder als kostenfreie pdf im Downloadbereich von www.unterricht-als-abenteuer.de. Wer noch nie mit Fischertechnik Getriebe gebaut hat, dem sei fürs erste Aufbauen das Kapitel 3 „Logistik des Materials" empfohlen, besonders 3.6 „Häufige handwerkliche Schwierigkeiten" und in 3.2 der Unterabschnitt „Funktionsunfähige Teile".

wird das Thema zu seiner eigenen Sache. Das ist die Grundlage für eine lebendige Diskussion.

## 5.3 Das Material als Datengenerator

Wie oft dreht sich nun die hintere Achse? Kann die Antwort ohne Experiment gefunden werden?

Datenkonstruktion

Die Schüler dürfen alle Daten über den Aufbau erfragen, die ihrer Meinung nach zur Berechnung der Umdrehungen erforderlich sind. Der Lehrer gibt stets Auskunft, ohne diese zu bewerten. Er lässt sich nicht anmerken, ob die Daten seiner Ansicht nach lösungsrelevant sind oder nicht. Die Frage nach der Länge der Metallachsen wird ebenso ernsthaft beantwortet wie die Frage nach der Anzahl der Zähne der einzelnen Räder. Bei mir fragten die Schüler beispielsweise nach den Längen der Ketten.

**Didaktische Bemerkung: Was wird vorgegeben?**
Es gibt drei verschiedene Möglichkeiten, Aufgaben zu stellen:

*I) Puzzle*
Der Lehrer gibt genau die Daten an, die (in seiner Wirklichkeit und nach seiner Vorstellung) zur Lösung betragen. Diese Form der Fragestellung findet man im schulischen Alltag weit verbreitet, auch

wenn sie nichts mit wirklichem Forschen gemein hat. Vielmehr gleicht sie einem Puzzlespiel: Alle Daten(teilchen) werden so zusammengefügt, dass es zu einer Lösung kommt.

*II) Zu viele Daten*

Alternativ kann der Schüler mehr Daten erhalten, als zur Lösung der Aufgabe notwendig sind. Welche müssen überhaupt verwendet werden, welche lenken eher ab? Um der Frage nach der Lösungsrelevanz (zumindest implizit) im Unterricht oder bei Tests gerecht zu werden, könnten beispielsweise in einem Test zu viele Informationen gegeben werden. Der Schüler muss dann geeignet auswählen, möchte er die Aufgabe lösen.

Aber auch diese Vorgehensweise deckt sich nicht mit der realen Forschungssituation: Der Lehrer hat vor-ausgewählt, er lässt dem Schüler einen bestimmten Datensatz zukommen, aus dem dieser wiederum auswählt. Man könnte dem Lehrer vorwerfen, dass er den Schüler bewusst in die Irre führt. Vielleicht sind Tests mit zu vielen Daten etwas näher an der Praxis, aber es haftet der Sache etwas Unnatürliches und vielleicht auch etwas Hinterhältiges an, wenn der Lehrer im Test *absichtlich* unwichtige Informationen angibt. Man kann verstehen, dass der ein oder andere Schüler hinterher das Gefühl hat, er wurde veräppelt bzw. absichtlich irregeleitet.

*III) Forschen*

Schüler trägt Verantwortung

Wer wirklich forscht, muss sich Daten selbst erschaffen[48] bzw. konstruieren. Er weiß dabei nicht, ob der Datensatz, den er erstellt, zur Lösung ausreicht oder nicht. Vielleicht fehlen sogar wichtige Informationen, vielleicht sind welche überflüssig. Jetzt trägt der Schüler die Verantwortung. Niemand ist da, der ihn in die Irre führt, höchstens das Material selbst. Aber das liegt dann in der Natur der Sache bzw. im Forschen an sich. Der Lehrer ist in diesem Fall weder hinterhältig noch leitet er in die Irre.

48 Die Natur selbst kennt keine Daten. Daten werden stets (z. B. durch Messungen) von einem Bewusstseinssystem erzeugt.

## *5.4 Standpunkte einnehmen – Schüler diskutieren*

Wenn es keine Fragen mehr gibt, soll jeder für sich eine Lösung finden. Das Exponat darf dabei nicht berührt werden, sonst könnte die Antwort ja im Versuch gefunden werden. Nach etwa 2 min Bedenkzeit machen die Schüler Lösungsvorschläge. Der erste Schüler meint z. B., dass 4 die richtige Anzahl sei, und geht mit seiner Meinung in eine Raumecke. Wer sich ebenfalls für 4 entschieden hat, folgt ihm. In meiner Klasse gab es insgesamt drei unterschiedliche Lösungsvorschläge: 4, 6 und 8. Entsprechend verteilten sich die Schüler auf drei verschiedene Raumecken.

Das Ziel der anschließenden Diskussion ist, dass sich alle auf eine Raumecke einigen. Es gibt folgende Kommunikationsregeln:

klare Kommunikationsregeln

*§1*

*Es darf nur der sprechen, der das Modell in der Hand hat. Flüstern und Tuscheln ist nicht erlaubt. Jeder hört dem Sprecher zu. Wer die Regel bricht, geht für eine Minute vor die Tür.*

*§2*

*Jeder darf jederzeit schweigend seinen eigenen Standpunkt wechseln.*

*§3*

*Nach jedem Beitrag übergibt der Redner das Modell einem weiteren Diskussionsteilnehmer aus einer anderen Ecke.*

*§4*

*Die Kurbel am Exponat darf nicht gedreht werden. Die Lösung darf nicht haptisch gefunden werden.*

Die Gruppe mit der geringsten Teilnehmerzahl beginnt. In meiner Klasse war die Kette bei der Datenerhebung entfernt worden. Auf diese Weise wurde die haptische Lösungsfindung auf mechanischem Weg verhindert.

**Weitere optionale Regeln**

*Die Mitte*

Es gibt Schüler, die sich zu Beginn nur schwer entscheiden können. Auch der Hinweis, dass es sich nur um eine vorläufige Entscheidung handelt und jederzeit der eigene Standpunkt geändert werden kann, hilft mitunter wenig. Um den Druck der sofortigen Entscheidung zu nehmen, kann die Mitte des Raumes zu Beginn zugelassen werden: Wer noch nicht weiß, wohin, darf sich erst jeden Standpunkt sozusagen aus gleicher Entfernung anhören. Nachdem jede „Ecke" ein Argument für ihren Standpunkt dargelegt hat, beziehen auch die Schüler in der Mitte Stellung.

*Junge gibt Mädchen, Mädchen gibt Junge*
Beginnt in einer 6. Klasse ein Junge mit der Diskussion, so wird das Modell häufig auch wieder an einen Jungen weitergegeben. Und so besteht in vielen Klassen die Gefahr, dass während der gesamten Übung kein Mädchen mehr an die Reihe kommt. Entsprechend können die Jungen außen vor bleiben, wenn ein Mädchen den Anfang macht. Hier schafft die Regel der gegengeschlechtlichen Weitergabe Abhilfe.

*Freie Diskussion*
Manchmal ist die Diskussion so intensiv, dass es den Schülern schwerfällt, zu einer Äußerung eines Redners nicht spontan auch mit Worten Stellung zu nehmen. Es scheint, als behindere §1 den Diskurs. Auf der anderen Seite kann nicht „wüst" argumentiert werden: Wenn jeder seinen Kommentar abgibt, wann er es gerade für nötig hält, gibt es keine Diskussion mehr, sondern Chaos.
Dem Drang der Schüler, sich „Luft zu verschaffen" und frei reden zu dürfen, kann eine Form gegeben werden: Die Deckenbeleuchtung im Klassenzimmer wird ausgeschaltet. Solange es „dunkel" ist, darf frei diskutiert werden. Der Lehrer kann gerne seine Schüler dazu auffordern, Überzeugungsarbeit in den jeweils anderen Ecken zu leisten. Wenn er das Licht wieder anschaltet, wird erneut Position bezogen. Meist ändern sich die Verhältnisse. Mit dem Licht treten wieder die bereits eingeführten Regeln in Kraft.

Deckenbeleuchtung

## Methodische Hinweise

*Einhaltung von Regeln*
Ihre Rolle in diesem Diskussionsspiel besteht darin, die Regeln zu hüten. Sie sind der Schiedsrichter, die Schüler die Akteure. So paradox es ist: Ohne Regel gibt es kein Spiel. Stellen Sie sich ein Fußball-

spiel vor, bei dem die Regeln unscharf sind! Gerade die klare Regel, die Unnachgiebigkeit ermöglicht das Spiel. Ja, sie ermöglicht nicht nur das Spiel, sondern gibt ihm auch seinen Wert. So besteht die Aufgabe des Lehrers darin, einen Rahmen zu schaffen, in dem die Schüler das Wort führen. Es geht darum, die Diskussion zu schützen, und nicht darum, einen Schüler wegen einer Regelmissachtung zu strafen. In diesem Sinne: Kündigen Sie die Regeln klar an und sehen Sie zu, dass der erste, der dagegen verstößt, 10 Sekunden später vor der Tür steht. Führen Sie ihn einfach nonverbal hinaus. Wenn die Regeln nicht klar eingefordert werden, wird die Diskussion zerredet und statt einer ernsthaften Debatte entsteht ein Gelaber. Dass Sie den Regelbrecher nach wenigen Sekunden wieder hereinholen, um ihn nicht auszugrenzen, macht Sie in Ihrer Schiedsrichterfunktion nicht unglaubwürdig.

Diskussion schützen

Sehr wahrscheinlich werden Sie gleich zu Beginn jemanden vor die Tür stellen. Wenn Sie unmittelbar agieren, ist die Regel damit bestätigt und vermutlich müssen Sie im weiteren Verlauf nur selten als Regelhüter oder als Schiedsrichter eingreifen.

*Kommunikationspsychologische Bemerkung*

Wenn Sie eine Regel formuliert haben und Sie deren Einhaltung nicht gewährleisten, wird stillschweigend eine neue Regel eingeführt: *„Wenn der Lehrer etwas sagt, brauche ich mich nicht danach zu richten!“* Falls es Ihnen beim zweiten oder dritten Regelverstoß doch zu bunt wird, dann wird es schwierig, die erste Regel des Schweigens aufrechtzuerhalten, da Sie einen Präzedenzfall geschaffen haben. Der später gemaßregelte Schüler wird sich auf die „heimliche Regel“ berufen und wie in der Rechtsprechung einen Vergleich anstreben („Aber der durfte auch reden!“) und wird es vermutlich persönlich nehmen, da es von der Handlung ja keinen wahrnehmbaren Unterschied gibt. Dass es insgesamt zu laut geworden ist, dass „irgendwann das Maß voll ist“, das ist für den Betroffenen meist unsichtbar.

heimliche Regeln

Sie haben als Lehrer also nur ein einziges Mal die Chance, eine Regel zu bestätigen, ohne dass es persönlich genommen wird: das allererste Mal!

Auf der anderen Seite können Sie eine Diskussion auch dadurch zerstören, dass Sie jede kleinste Kleinigkeit ahnden. Plötzlich geht es dann nicht mehr um die Diskussion, sondern um Regeleinhaltung. Eine paradoxe Situation, die Sie als Lehrperson bzw. als Spielleiter nur situativ lösen können.

*Unsichtbarer Lehrer*

Fast immer sehen die Wortführer zum Lehrer. Sie sind es gewohnt, vom Lehrer Rückmeldungen zu bekommen: Mache ich es richtig? Wie sieht er meinen Standpunkt? Habe ich mich klar genug ausgedrückt? Dabei besteht doch die Aufgabe nicht darin, den Lehrer zu überzeugen. Er ist sogar der einzige, der nicht mitspielt. Es ergibt überhaupt keinen Sinn, ihn anzusprechen. Es bringt rein gar nichts, im Fußball dem Schiedsrichter den Ball zuzuspielen. Die anderen „Ecken" sollen überzeugt werden! Aber hier bringt Vernunft und Logik wenig. Es ist schlichtweg so: Ist der Lehrer im Raum, schauen die Schüler auf den Lehrer. Ist er nicht da, schauen sie sich gegenseitig an. In der Tat stört der Lehrer die Diskussion empfindlich. Also verstecken Sie sich, soweit es möglich ist. Bleiben Sie nicht stehen; sitzend sind Sie kleiner. Platzieren Sie Ihren Stuhl unter dem Türrahmen oder hinter einer Schülergruppe.

Lehrer als Störer

*Anfängliche Stille aushalten*

Diskussionen wachsen

Es gibt Fälle, in denen die beschriebene Diskussionsmethode nur langsam anläuft. Auch wenn es schwerfällt, nichts zu sagen: Vertrauen Sie darauf, dass die Diskussion in wenigen Minuten sehr lebendig wird! Greifen Sie nicht ein, lassen Sie den Schülern das Wort.
In der konkreten Übung wurde bewusst zu Beginn eine Schätzung eines jeden Schülers eingefordert. Damit hat jeder – wenn auch nicht räumlich, so zumindest gedanklich – Stellung bezogen.

*Schülerfehler aushalten*

„Bitte nicht helfen – es ist auch so schon schwer genug!"

Es fällt vielen Lehrern schwer, Irrläufer bzw. Falschaussagen von Schülern auszuhalten. Ich habe es in Seminaren und Fortbildungen, in Vorlesungen und in Unterrichtsbeobachtungen wieder und wieder erlebt, dass Lehrer helfen wollen, indem sie Dinge richtigstellen. Es ist schwer, die Rolle des Stoffvermittlers ernsthaft aufzugeben und den Fokus auf die Strukturierung des Unterrichts, auf die Kommunikation zu richten. Die Schüler wissen sehr wohl, dass nicht alles, was gesagt wird, auch richtig ist. Es muss nicht vom Lehrer korrigiert werden. Auch sollte man sich in einem konstruktivistischen Sinne fragen, ob die vermeintlich „falsche"[49] Aussage wirklich so fehl am Platz ist und nicht vielleicht ein Schritt in Richtung der (Schüler-)Lösung ist.

*Wertschätzung von Minderheiten*

ohne Gegenpol keine Diskussion

Es ist nicht leicht, allein oder nur zu zweit in einer Ecke zu bleiben, während der Rest der Klasse sich quasi auf einen Standpunkt geeinigt hat. Es fallen (wie auch außerhalb der Schule) Bemerkungen wie: „Jetzt kommt endlich 'rüber, dann können wir weitermachen!" – „Stellt euch doch nicht so an!" – Auch wenn solche Kommentare nicht direkt geäußert werden, so liegen sie dennoch nonverbal in der Luft. Der Lehrer kann das gerne an geeigneter Stelle thematisieren. Es ist nicht nur so, dass die Minderheit „Recht" und die entscheidende Idee zur Weltrettung haben könnte. Selbst wenn die Minderheit falsch liegt, macht sie eine Diskussion erst möglich und schafft den Nährboden für die richtigen Fragen, für Konkretisierung, für ein tieferes Verständnis. Als Pädagoge möchte ich die Einsicht der Mehrheit, dass gerade durch andere Meinungen, durch Vielfalt Verstehen möglich wird. Anders formuliert: Wo nicht diskutiert, angezweifelt und konstruktiv gestritten wird, wächst schwerlich Wissen.

49 Die Begriffe „richtig" und „falsch" ergeben nur subjektiv bzw. innerhalb eines Systems einen Sinn. Objektiv gibt es keine Bewertung im Sinne von „richtig" oder „falsch".

## 5.5 Die Auflösung: das Getriebe als Modell für 2 · 4

Bevor die Lösung haptisch durch Ausprobieren gefunden wird, kann die Frage gestellt werden, wie sicher sich der einzelne ist. Wer zu 100 % sicher ist, zeigt das mit 10 Fingern an, wer nur 30-prozentige Sicherheit in der Diskussion erlangt hat, zeigt drei Finger.

Sicherheit anzeigen

Danach findet das Experiment statt: Der Winker zeigt an, dass sich die hintere Achse 8-mal dreht. Der Test scheint also der Vermutung von 8 Umdrehungen recht zu geben. Aber sind es *exakt* 8 Umdrehungen und nicht etwa 8,0000001 oder 7,9999999? Diese Frage lässt sich nur durch Nachdenken lösen: Wird die Kurbel und somit das Zwanziger-Zahnrad (in der Abbildung links) einmal gedreht, dreht sich das kleine, nachfolgende offensichtlich genau zweimal, weil es nur halb so viel Zähne hat. Die blaue Übersetzung stellt somit die Multiplika-

exakte Lösung

tion (der Kurbelumdrehungen) mit der Zahl 2 dar bzw. steht für den Operator „· 2". Die nachfolgende rote Übersetzung vervierfacht jede Umdrehung der mittleren Achse und stellt die Multiplikation mit der Zahl 4 dar. Damit werden (bei **einer** Kurbelumdrehung) **1 · 2 · 4** Umdrehungen des Winkers gezählt, was dem Produkt 2 · 4 entspricht. Oder anders erklärt: Es werden 4 und noch einmal 4 Umdrehungen gezählt, in formaler Sprache: 4 + 4 Umdrehungen, was nichts anderes als 2 · 4 ist. Damit lässt sich die Multiplikation zweier Zahlen als Getriebe darstellen, welches aus der Hintereinanderschaltung zweier Übersetzungen besteht.

Multiplikation als Getriebe

*Vertauschbarkeit der Faktoren: Kommutativität*

Die Reihenfolge der Übersetzungen lässt sich umkehren. Dann würde viermal die blaue Übersetzung von der roten angetrieben werden, was 2 + 2 + 2 + 2 + 2 bzw. 4 · 2 entspricht.

Es gilt: 2 · 4 = 4 · 2. Da die Wahl der Zahnräder beliebig war, gilt die Vertauschbarkeit und damit das Kommutativgesetz für beliebige Getriebe: Die Reihenfolge der Übersetzungen spielt keine Rolle.

Kommutativgesetz

Kapitel 6
# Erste Schülerkonstruktionen

## 6.1 Eine erste Konstruktion: 2 · 3

Die Schüler sollen im Anschluss zu Kapitel 5 einen zu 2 · 4 leicht veränderten Term wie 2 · 3 oder 3 · 2 in Zweiergruppen aufbauen. Dabei steht das Lehrermodell (2 · 4) zur Orientierung auf dem Pult, sodass jeder jederzeit nachschauen kann.

Der erste Arbeitsauftrag, z. B. der Aufbau des Terms 2 · 3, besteht näher betrachtet aus zwei Aufgaben: (1) die direkt formulierte Aufgabe und (2) die implizit gestellte Hauptaufgabe: sich mit dem Material vertraut machen. Das Letztere braucht Zeit. Die Schüler lernen hier auf fachlicher Ebene nicht (nur) Bruchrechnen, sondern ebenfalls Funktionsweise und Bau von Getrieben.

zwei Aufgaben

## Didaktische Bemerkungen

*Hinweis zum Umgang mit dem Material*
Im Kapitel 3 finden Sie grundlegende Hinweise zur Materiallogistik: Erster Kontakt mit dem Material, Vollständigkeit der Kästen, Einteilung von Materialwart und Zeitmanager, häufige handwerkliche Schwierigkeiten etc.

*Verallgemeinerung durch zwei bis drei Beispiele*
Mit dem Beispiel 2 · 3 erhalten die Schüler ein zweites Modell einer Multiplikation. Für manche ist der Transfer von 2 · 4 nicht selbstverständlich. Mitunter bauen Gruppen 3 · 2 auf, aber auch solche Modelle bzw. Terme finden sich immer wieder in Klassen:

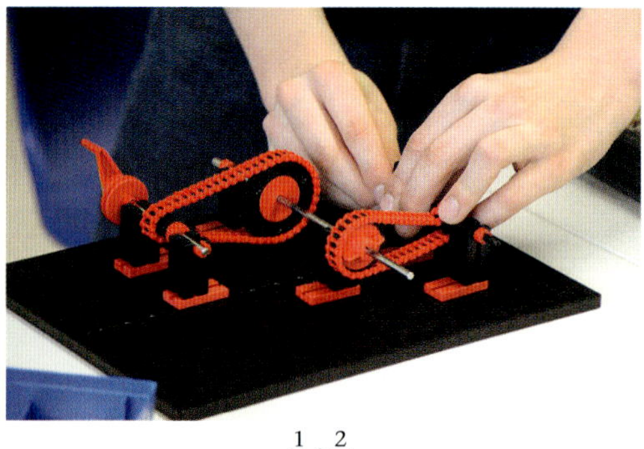

$\frac{1}{3} \cdot \frac{2}{1}$

$\frac{3}{2}$

zwei bis drei konkrete Beispiele

Das Gehirn braucht zwei bis drei konkrete Beispiele, um zu abstrahieren. Das heißt konkret: Solange es nur das Lehrermodell (2 · 4) gibt, ist die Multiplikation noch nicht auf Getriebe übertragen bzw. verallgemeinert worden. Häufig denkt der Lernende, dass er die Sache verstanden hat, und plötzlich fällt ihm auf, dass es doch noch einen weiteren Unterschied gibt, den er bisher gar nicht wahrgenommen hat.[50] Erst durch ein zweites Beispiel lässt sich erkennen, was gleich bleibt und was sich verändert. Unterschiede *erkennen* bzw. Nicht-Unterschiede *erkennen* bedeutet im wörtlichen Sinne *Erkenntnis*.

Erkenntnis

50 Für mich selbst gibt es kein Thema, von dem ich sagen könnte, ich hätte es (in einem abschließenden bzw. vollständigen Sinne) „verstanden“. Mit einigen Dingen bin ich vertraut, aber es gab bisher kaum einen Unterricht, in dem ich nicht selbst hinzugelernt hätte. Unterricht ist nicht ein Ort, wo nur die Schüler lernen. Vielmehr bin ich der Ansicht, dass es erst spannend wird, wenn ich selbst etwas dazulerne.

*Rückmeldung über das Material*

Der Umgang der Schüler mit dem Material gibt dem Lehrer unmittelbar einen Einblick bzw. eine Rückmeldung, wo die Schüler stehen. Verständnis wird sichtbar. Was in einem „normalen" Unterricht unsichtbar bleibt, wird hier automatisch materiell.

Verständnis wird sichtbar

*Konkrete Beispiele statt Merksätze*

Es handelt sich hier um etwas Grundlegendes: Das Gehirn braucht zur Erkenntnis Unterscheidungen. Das bedeutet, dass ein vom Lehrer oder Schulbuch übernommener allgemeiner Merksatz keine gute Strategie ist, um Wissen wachsen zu lassen. Zwei, drei konkrete Beispiele sind viel wichtiger als ein allgemeiner Merksatz. Letzterer ist nicht für das Verstehen bzw. Begreifen (was fast nur im Konkreten möglich ist) gedacht, sondern wurde vom Wissenden (Autor, Lehrer) hingeschrieben, vielleicht vom Wunsch beseelt, gleich die ganze Wahrheit aufzuschreiben. Aber das Verallgemeinern kann niemand so gut wie das eigene Gehirn in seiner Rolle als autonomer Datengenerator, besser als jeder Schulbuchautor oder unterrichtende Lehrer. Wissen muss im Schüler selbst entstehen und kann nicht fertig verabreicht werden. Aber Sie können den Schüler nach zwei, drei Beispielen gerne dazu auffordern, einen eigenen Merksatz, das Allgemeine also, in seinen eigenen Worten (in seiner eigenen Struktur) aufzuschreiben.

Verallgemeinerung durch Beispiele

*Störung des Lernprozesses durch den Lehrer*

Achtung: Stören Sie nicht den Lernprozess, intervenieren Sie nicht zu früh, indem Sie „helfend" eingreifen wollen, um den Schüler auf den „richtigen" Weg zu bringen. Es ist viel stimmiger, wenn das Material selbst mit $\frac{2}{3}$ bzw. $\frac{3}{2}$ (siehe die Fotos) statt wie erwartet mit 6 antwortet. Beim Forschen und Experimentieren dürfen und müssen Fehler gemacht werden. Es geht in erster Linie darum, dass Wissen wächst, und nicht darum, dass das Modell hinterher fertig auf dem Tisch steht. Tatsächlich kann der Lehrer mit wenigen Worten das Abenteuer des Forschens empfindlich stören oder im schlimmsten Fall sogar zerstören.

Fehler als Wachstumspotential

## 6.2 Eigene Produkte erfinden und lösen

Um das Produkt 2 · 3 aus vorigem Abschnitt darzustellen, benötigen Schüler unterschiedlich viel Zeit. Die einen haben sich gerade erst mit dem Material vertraut gemacht, andere sind bereits mit dem kompletten Aufbau fertig. Die in diesem Abschnitt vorgestellte Lernumgebung lässt jedes Zweierteam in seiner eigenen Geschwindigkeit arbeiten und ermöglicht einen fließenden Übergang zum ersten eigenen Produktentwurf.

individuelle Arbeitsgeschwindigkeit

**Eigene Aufgaben entwerfen**

*Voraussetzung*

Nicht jedes Zweierteam muss das Produkt 2 · 3 richtig aufgebaut haben. Voraussetzung ist nur, dass jeder im Raum mit dem Material vertraut geworden ist und prinzipiell den Aufbau von Produkten versteht.

Materialvertrautheit

*Arbeitsauftrag*

Die Schüler sollen eigene Produkte erfinden. Wie würde beispielsweise der Term $4 \cdot 3$, $\frac{1}{2} \cdot 3$, $\frac{1}{2} \cdot \frac{1}{3}$ oder $\frac{1}{3} \cdot 4$ aussehen? Auch „Quadrate“ wie $2^2$, $3^2$ oder $\left(\frac{1}{2}\right)^2$ können ihre Form finden. Weiter sind Produkte mit mehr als zwei Faktoren möglich. Die einzige Bedingung ist, dass die Baumeister ihr Kunstwerk formal beschreiben können. Das heißt, sie müssen das Ergebnis herausfinden können.

„Quadrate“

komplexe Produkte

Bemerkung: Die Regel „Zähler mal Zähler, Nenner mal Nenner“ ist noch nicht thematisiert, trotzdem kann man durch Überlegung herausfinden, was z. B. $\frac{1}{2} \cdot \frac{1}{3}$ ergibt, etwa im Vergleichen mit dem Aufbau zur Rechnung von $2 \cdot 3$. Manche Dinge sind jedoch noch kniffig, etwa die Berechnung von $\frac{4}{3} \cdot \frac{2}{3}$. Diese Übung dient in erster Linie zum Kennenlernen des Materials, es braucht Zeit, bis man manche Fallstricke der Haptik erkannt hat. Falls Terme wie $\frac{4}{3} \cdot \frac{2}{3}$ entstehen sollten, so bleibt – möchte man an dieser Stelle noch auf die Multiplikationsregel verzichten – das Berechnen mit der Maschine. Gerne kann dann ein Taschenrechner zur Hilfe genommen werden, der ja für den Benutzer auch eine Rechenmaschine darstellt: Man gibt etwas ein (Aufbau des Getriebes), drückt die Ausgabetaste (kurbelt einmal) und liest das Ergebnis (Anzahl der Umdrehungen des Winkers) ab, ohne zu verstehen, was im Inneren vor sich geht.

Rechenmaschine

Zu einem festgelegten Zeitpunkt (ca. in einer halben Stunde) sollen die Modelle fertig gebaut und sowohl der zugehörige Term als auch der skizzierte Aufbau auf einem Blatt notiert sein, welches als Lösung (versteckt) in den Kasten des Exponats gelegt wird. Der Lehrer zeigt das Vorgehen an dem von ihm gebauten Beispiel (2 · 4).

*Zeitmanager*

Der Zeitmanager (vgl. den Abschnitt 3.3) ist für die Unterrichtsstruktur sehr wichtig. Einerseits geht es darum, dass neben dem individuellen Forschen überhaupt ein gemeinsames Plenum stattfinden kann, andererseits um Verbindlichkeit von Absprachen.

Verbindlichkeit von Absprachen

*Darstellung von* $\frac{1}{2} \cdot 3$

Meistens kommen die Schüler von alleine auf die haptische Darstellung der Brüche $\frac{1}{2}$, $\frac{1}{3}$ oder $\frac{1}{4}$. Sie als Lehrer entscheiden, ob Sie eine Starthilfe geben möchten oder nicht. Falls ja, können Sie den Term $2 \cdot 4$ zu $\frac{1}{2} \cdot 4$ umbauen, indem Sie die Zahnräder der ersten Übersetzung vertauschen.

Auf dem folgenden Foto ist als Beispiel der Bruch $\frac{1}{2}$ dargestellt. Hält man den Aufbau senkrecht, ergibt sich unmittelbar die Parallelität zwischen haptischem Aufbau und formaler Schreibweise.

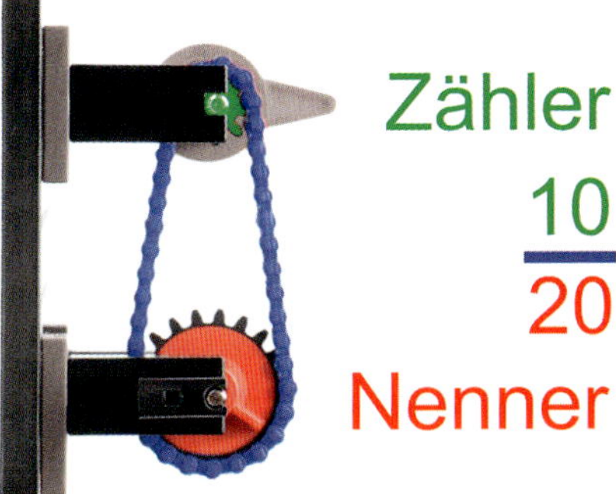


Die Idee des Übersetzungsverhältnisses haben die Schüler bereits in der Übung 5.2 „Erste Begegnung mit einem Getriebe" diskutiert. Dort gab es allerdings noch keine Entsprechung von „Zählerrad" und „Nennerrad". Mit der Darstellung eines echten Bruches rückt diese Entsprechung in den Vordergrund. Das kann bereits an dieser Stelle thematisiert werden. In Abschnitt 7.1 wird dieser Zusammenhang am Fahrrad diskutiert, in 8.1 in der Unterscheidung zwischen Bruch und Bruchzahl.

*Produkte von hohem Betrag*

Je höher das Ergebnis der Multiplikation, desto schwerer lässt sich die Kurbel drehen und desto eher rutscht unter der Reibung ein Zahnrad auf der Achse durch. Das ist einerseits erfreulich, weil dem Betrag[51] eine konkrete und anschauliche Bedeutung zukommt, anderseits ist die Umsetzung schwerer. Die Schüler tun also gut daran, hohe Produkte zu vermeiden. Falls Sie zu einer Gruppe kommen, die beispielsweise $2 \cdot 3 \cdot 4$ aufbauen wollte und bei der sich nun die hinterste Achse nicht 24-mal pro Kurbelumdrehung dreht, dann können Sie dem Team den Vorschlag machen, Kurbel und Winker zu vertauschen. Der Umkehrbruch als solches muss an dieser Stelle noch nicht thematisiert werden. Nichtsdestotrotz habe ich schon Getriebe mit einer Gesamtübersetzung von 64 einwandfrei funktionieren sehen.[52] Auf

Umkehrbruch

51 Vgl. auch Kapitel 12: Negative Brüche

52 Mitunter ist das Erkunden der Grenze des Materials eine beliebte Forschungsaufgabe. Aber da ich ein bisschen Mitleid mit dem Material habe, wenn z. B. die Muttern auf den Achsen dermaßen „angeknallt" werden, forciere ich den Gedanken, nicht an die Grenzen des Materials heranzukommen.

dem Foto ist das Produkt 4 · 4 · 3 aufgebaut. Man kann den Winker aufgrund der hohen Drehzahl nur noch erahnen.

Betrag als Drehmoment

Die Tatsache, dass ein Getriebe mit einer hohen Gesamtübersetzung eine höhere Kraft auf die Kurbel benötigt, wird am eigenen Fahrrad noch deutlicher und in gewisser Weise unmittelbar erfahren (vgl. den Abschnitt 7.1). Aus didaktischer Sicht ist es hübsch, dass hier dem Betrag der Bruchzahl ein Drehmoment zugeordnet werden kann.

**Fremde Aufgaben lösen**

Die Bauwerke werden ausgestellt. Auf jedem Tisch steht dabei nur das Exponat, alles Sonstige verschwindet in den Schultaschen, bis auf das Matheheft und das Mäppchen.

Jede Zweiergruppe sucht sich ein fremdes Bauwerk aus und versucht, den zugehörigen Term herauszufinden. Dabei darf das Exponat nicht berührt, geschweige denn an der Kurbel gedreht werden, bevor nicht der zugehörige Term formal aufgeschrieben wurde! Stimmt die Rechnung mit der haptischen Überprüfung (Umdrehungen des Winkers zählen) überein, wird das Bauwerk im Sinne des EIS-Prinzips (vgl. den Abschnitt 1.3 über das 4D-Lernen) tabellarisch notiert: Links der (farblich kodierte) Konstruktionsplan (ikonische Darstellung), rechts die zugehörige formale Rechnung (ebenfalls farblich kodiert). Anschließend wird mit der innenliegenden Lösung der Baumeister verglichen.

haptische Überprüfung

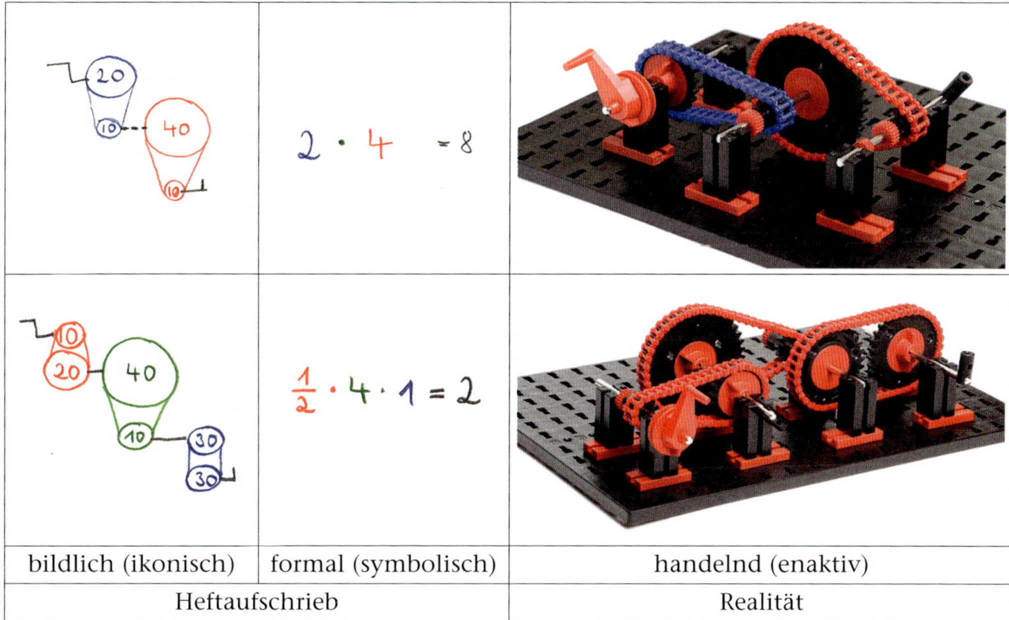


**Didaktische Bemerkungen**

*Wie viel Struktur?*

Um zu lernen, braucht der Mensch Sicherheit. Hat der Schüler keinen Plan, ist er planlos. Erhält er einen Plan, der bereits alles vorgibt, ist er verplant. Beides ist nicht gut. Ganz ohne Struktur ist man verloren im weiten Kosmos der Möglichkeiten, zu viel an Struktur lässt das Abenteuer und die Handlungsfreiheit schwinden.

Freiheit und Struktur

Mit jeder Hilfe, die Sie Ihren Schülern geben, nehmen Sie ihnen auch etwas. Es gibt kein vorgeplantes Abenteuer, kein bereits erforschtes Forschen. Es ist ein Spagat: Freiheit ohne Struktur verkommt zu Chaos und Orientierungslosigkeit, Struktur ohne Freiraum verkommt zum Diktat der Inhalte. Sie entscheiden, wie viel Struktur die Klasse in der jeweiligen Situation benötigt.

*Konstruktivistische Vorgehensweise*

In dieser Übung konstruieren die Schüler zuerst eine eigene Aufgabe, bevor sie die Aufgaben ihrer Mitschüler lösen. Das ist leider immer noch eine untypische Vorgehensweise. Herkömmlich löst der Schüler zuerst einfache (vom Lehrer oder Schulbuch gestellte) Aufgaben, die nach und nach immer schwieriger werden. Die eigene Konstruktion einer Aufgabe ermöglicht aber ein Verständnis aus einer neuen Perspektive. Der Rollenwechsel vom Aufgabensteller zum Aufgabenlöser trägt viel zum Verständnis bei.

Rollenwechsel

*Persönliche Aufgaben: Selbstkundgabe und Verantwortung*

Mit dem Entwurf einer eigenen Aufgabe geben die Baumeister – ob sie wollen oder nicht – auch etwas von sich preis. Das Exponat wird ausgestellt, alle Mitschüler können es betrachten. Das ist etwas Besonderes. Da möchte man es recht machen, es schön machen. Und vor allem soll kein Fehler in der Aufgabe sein! Die Verantwortung tragen die Schüler. Für die Gestaltung von Lernumgebungen ist diese Herangehensweise genauso typisch wie zentral: Der Lehrer delegiert so viel wie möglich der Verantwortung an seine Schüler, gleichzeitig bestimmt er die Situation.

*Landkarte und Realität*

Der Konstruktionsplan im Heft entspricht nicht immer der realen Anordnung der Zahnräder. Mitunter wird aus Platzgründen „rückwärts" gebaut. Das ist technischer Alltag. Am Heftaufschrieb ist noch eine zweite Sache interessant: Von den drei Repräsentationsebenen (enaktiv, ikonisch, symbolisch; vgl. Abschnitt 1.3 „4D-Lernen") können nur zwei notiert werden. Im Sinne von Alfred Korzybski[53] kann prinzipiell nur die Landkarte, nicht die Realität aufgezeichnet werden. Der Schüler lernt im Erleben die Struktur, und diese „Landkarte" kann er aufzeichnen. Diese Strukturbildung ist nichts anderes als Bildung, und die Struktur selber lässt sich als Wissen bezeichnen.

technischer Alltag

53 „Die Landkarte ist nicht die Landschaft, aber wenn die Landkarte brauchbar ist, ist sie der Struktur der Landschaft ähnlich." Vgl. die Einleitung zu Teil II.

Kapitel 7

# Brüche am Fahrrad – der Bruch als Verhältnis

Als nächstes wird nur eine Übersetzung betrachtet. Wenn der vordere Kranz 20 und das hintere Ritzel 10 Zähne besitzt, ergibt sich ein Übersetzungsverhältnis von $\frac{20}{10}$ bzw. von **2**.

Um mit Übersetzungen vertraut zu werden und um die Bedeutung im Alltag aufzuzeigen, werden die Übersetzungsverhältnisse der Gangschaltung am eigenen Fahrrad untersucht.

## *7.1 Mein kleinster und größter Gang am Fahrrad*

**Einführung**

Wir befinden uns in der Vergangenheit, die Gangschaltung ist noch nicht entdeckt. Der Lehrer baut eine für diese Zeit typische Übersetzung auf: Kettenblatt[54] 20 Zähne, Ritzel 10 Zähne. Man erkennt ein

ohne Gangschaltung

54 Kettenblätter befinden sich am Tretlager, die kleinen Zahnräder am Hinterrad werden Ritzel genannt.

Pedal (Kurbel) und die Kette. Für eine Bergfahrt ist diese Übersetzung zu groß, für die Ebene zu klein.

Wenn sich das vordere Kettenblatt mit 20 Zähnen einmal dreht, dreht sich das hintere Ritzel bei 10 Zähnen genau zweimal. Ein Schüler erklärt das so: „Die vorderen 20 *verteilen* sich auf die hinteren 10.“ Deswegen kann man die Umdrehungen des Ritzels mittels 20 : 10 berechnen. In Bruchschreibweise: $\frac{20}{10} = 2$. Wenn die Schüler im Folgenden ihr eigenes Fahrrad untersuchen, werden die Verhältnisse vermutlich nicht mehr ganzzahlig, sie werden im Allgemeinen „krumm“ sein.

**Aufgabenstellung**

Wenn das Prinzip der Übersetzung verstanden wurde, kommen Fahrräder an die Reihe. Es werden kleine Gruppen so eingeteilt, dass in jeder mindestens ein Fahrrad mit Kettenschaltung vorhanden ist.

genügend Fahrräder

Am besten kündigen Sie die Forschung vorher an, damit genügend Schüler mit dem Fahrrad in die Schule kommen. Zu einem fest vereinbarten Zeitpunkt (15 Minuten später) soll jede Gruppe das größte und das kleinste Übersetzungsverhältnis von dem jeweils untersuchten Fahrrad an die Tafel geschrieben haben.

typische Übersetzungen

Typische Maximalwerte liegen zwischen drei und vier, Minimalwerte knapp unter eins. Entlassen Sie Ihre Schüler nicht zu schnell in die Suche nach dem kleinsten und größten Gang, es besteht die Gefahr, dass sie überfordert sind. Den Schülern ist häufig nicht klar, dass es grundsätzlich zwei verschiedene Möglichkeiten gibt, die Übersetzung zu verändern. Es hilft, zuerst die Wirkung der einzelnen Zahnräder am Modell zu besprechen: „Wie viele Zähne muss das Kettenblatt besitzen, wenn sich das Hinterrad (das hintere Ritzel) doppelt so schnell wie vorher drehen soll?“ „Wie müsste man das hintere Ritzel verändern, damit dasselbe Übersetzungsverhältnis erreicht wird?“

Dass eine Verkleinerung (des Ritzels) eine größere Übersetzung verursacht, kann auf den ersten Blick seltsam wirken.

$\frac{20}{10}$

*Zwischenbemerkung*

Ob das Verhältnis kleiner oder größer wird, wenn man das hintere Ritzel verkleinert, entspricht auf formaler Ebene exakt folgender Frage: Vergrößert oder verkleinert sich der Bruch, wenn man den Nenner verkleinert? Ist beispielsweise der Bruch $\frac{20}{10}$ größer oder kleiner als $\frac{20}{9}$?

*Hilfestellung*

Das Zählen der einzelnen Zähne gestaltet sich einfacher, wenn einer mit einem Stück Kreide markiert wird. Es hilft, wenn man das Vorgehen am Modell zeigt. Jede Gruppe bestimmt einen Materialwart, der eine Kreide mitnimmt, einen Protokollanten, der an Stift und Heft denkt, und einen Zeitmanager, der die Uhr im Auge behält. Die Rollenverteilung wird mittels Rollenkarten noch verbindlicher.[55]

55 Zum Hintergrund der Rollenverteilung auf einzelne Gruppenmitglieder vgl. die Bemerkung im Abschnitt 3.3 zu Materialwart und Zeitmanager. Rollenkarten für Zeitmanager, Gesprächsleitung, Materialwart und Protokollant finden Sie als Kopiervorlage kostenfrei im Downloadbereich von www.unterricht-als-abenteuer.de. Benutzen Sie für den Ausdruck Papier in der Stärke von Karteikarten.

*Überprüfung der Übersetzungsverhältnisse bzw. der Brüche*

Selten kommt einem Bruch eine so alltägliche Bedeutung zu: Bei einer Umdrehung mit dem Pedal dreht sich das Hinterrad mit Umdrehungen entsprechend der Übersetzung bzw. dem errechneten Bruch. Aber es ist etwas ganz anderes, ob man mit Fischertechnik eine Übersetzung aufbaut oder direkt am Rad die Übersetzung bestimmt. Im Unterricht zählte eine Gruppe bei der kleinsten Übersetzung am Kettenblatt 14 Zähne und am Ritzel ebenfalls 14 Zähne. Jetzt wollten die Schüler kontrollieren, ob sie auch richtig gezählt hatten. Hierzu wurde eine Markierung am Reifen angebracht und einmal gekurbelt. Damit sich das Hinterrad nicht weiterdreht, wurde leicht gebremst. Vielleicht ist es für den beobachtenden Lehrer selbstverständlich, dass das Hinterrad exakt eine Umdrehung beschreibt. Für die Schüler jedoch ist es ein Erlebnis, durch abstraktes Verstehen der Übersetzung $\frac{14}{14}$ die Umdrehungen des Hinterrades (bzw. der Hinterachse) vorauszusagen. Eine Kreidemarkierung oder das Ventil hilft beim Zählen der Radumdrehungen.

**Bedeutung in der eigenen Wirklichkeit**

Nach Vermessung der Räder stehen von jedem Fahrrad jeweils zwei Parameter an der Tafel.

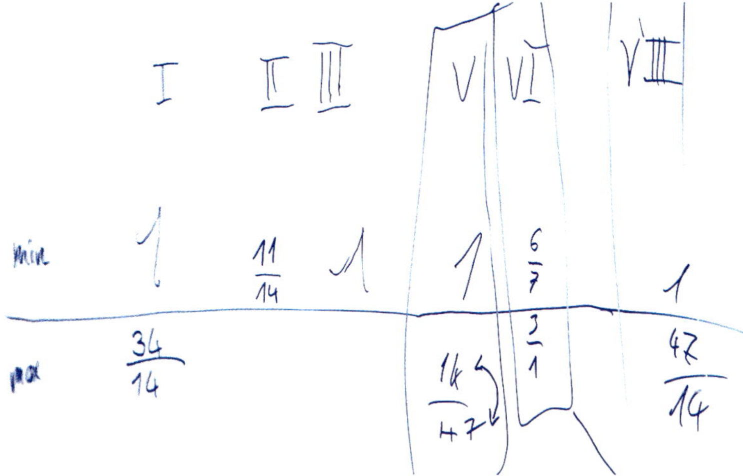


Natürlich hat ein Fahrrad sehr viele Parameter bzw. Eigenschaften und die Kenntnis von kleinstem und größtem Gang ist nur *ein* Kriterium, das beim Kauf oder Nichtkauf eine Rolle spielt. Trotzdem ergibt die folgende Frage Sinn: *„Wenn du nur diese beiden Daten hättest, für welches Rad würdest du dich entscheiden? Welches ist für dich das beste?"* Wer für sich eine Antwort gefunden hat, verschränkt die Arme. Wenn alle so weit sind, wird diskutiert. Häufig wird das Rad für das beste gehalten, welches den höchsten und den niedrigsten Gang hat, aber das muss nicht so gesehen werden: Jeder urteilt für sich. Jeder urteilt anders. Ziel des Unterrichts bzw. der Mathematik besteht nicht im Urteil oder in der Bestimmung, welches das beste Rad ist. Das kann nur jeder für sich entscheiden. Vielleicht möchte einer keine zu kleinen Gänge, weil diese ihm „eh nichts bringen" und er daher eine dichtere Verteilung in höheren Übersetzungen bevorzugt. Vielleicht, vielleicht auch nicht. Es gibt nicht *das* beste Fahrrad für alle, für jeden ist ein anderes richtig. Aber es ergibt dennoch Sinn, die Bedeutung der höchsten und der kleinsten Übersetzung zu kennen, wenn man ein Rad kaufen möchte. Ansonsten kauft man – bezüglich dieser beiden Parameter – blind ein. Das Nachdenken, die Mathematik liefert „nur" eine Datengrundlage, die Deutung bzw. Bedeutung bestimmt jeder in seiner eigenen Wirklichkeit.

das beste Fahrrad

### Weitere Forschungsaufträge

*Übung: Brüche vergleichen*

Welches Rad hat den höchsten Gang? Das mit $\frac{47}{14}$ oder das mit $\frac{42}{13}$ ? Mittels zwei Rädern können Brüche verglichen werden. Beide werden umgedreht, die Ventile beider Räder sind nach oben ausgerichtet und zeigen damit „null Umdrehungen“ an. Nach einer Pedalumdrehung wird verglichen, welches Ventil weiter oben ist. Damit das Hinterrad nicht weiterdreht, wird während des Kurbelns leicht gebremst. Mit $\frac{47}{14} \approx 3{,}36$ Umdrehungen ist der Gang bzw. der Bruch größer als bei den $\frac{42}{13} \approx 3{,}23$ Umläufen.

*Eine zweite Übung*

Wie oft müsste man an der Kurbel drehen, damit beim Gang bzw. der Übersetzung $\frac{42}{13}$ das Ventil wieder exakt oben steht?

Experiment erfreut

Was formal klar ist ($\mathbf{13} \cdot \frac{42}{13} = \mathbf{42}$)[56], erfreut trotzdem nach erfolgreichem Experiment. Und was einmal geklappt hat, darf gerne am eigenen Rad mit einem beliebigen Gang untersucht werden. Ich glaube, die Freude rührt daher, dass das theoretische Wissen plötzlich real wird.

reale Bedeutung

Ein didaktisch hoher Wert: Der Mathematik kommt eine reale Bedeutung zu: Ich kann mit Hilfe einer formalen Rechnung reale Dinge berechnen!

56 Die Farbkodierung entspricht der Verwendung der in Teil III eingeführten Funktionen: Eingabe (Input) $\mapsto$ Ausgabe (Output) bzw. $x \mapsto f(x)$.

*Eine dritte Übung*[57]

Von einem Fahrrad mit Kettenschaltung werden alle möglichen Übersetzungen bestimmt. Bei drei Kettenblättern und sieben Ritzeln sind das insgesamt 21. In welcher Reihenfolge müssen die Gänge durchgeschaltet werden, damit die Übersetzungen immer höher werden? Die Übung in Abschnitt 7.2 geht noch einen Schritt weiter und untersucht die Anzahl der effektiven Gänge.

Gänge nach Größe sortieren

**Grenzwertbetrachtungen**

Versteht jeder, wie man einen möglichst hohen und wie einen möglichst niedrigen Gang (bzw. eine Übersetzung) konstruiert, liegt es nahe, die Grenzfälle zu betrachten. Was würde passieren, wenn das Ritzel hinten null Zähne hätte? In der Praxis ergibt das natürlich keinen Sinn (wie auch der Bruch $\frac{20}{0}$), man kann ein solches Zahnrad nicht bauen. Aber wir könnten statt der Kette ein Gummiband benutzen und die Metallstange (die Achse) direkt antreiben.

Je dünner die Achse gewählt wird, desto schneller rotiert sie. Und im technisch nicht mehr zu realisierbaren Grenzfall einer unendlich dünnen Achse würde die Drehzahl gegen unendlich streben. Damit haben die Schüler eine Vorstellung davon, was $\frac{20}{0}$ bzw. $\frac{2}{0}$ bedeutet. Mit Hilfe des Modells können sie jetzt auch die Frage beantworten, was $\frac{0}{10}$ bedeutet: Je kleiner das vordere Kettenblatt, desto langsamer dreht sich die hintere Achse. Im Grenzfall würde sie sich gar nicht drehen. Es gilt $\frac{0}{10} = 0$.[58]

infinitesimale Achse

57 Die Idee der Übung habe ich von Peter Gallin in einem Vortrag im didaktischen Seminar an der Universität Freiburg kennengelernt.

58 Vgl. die vierte Frage im Test in Abschnitt 5.1.

**Didaktisch-systemischer Exkurs zu Stimmigkeit**[59]

Gangschaltung als didaktisches Modell

Man kann die Gangschaltung als didaktisches Modell verstehen. Eine feste Übersetzung steht selten in einem stimmigen Verhältnis zur Landschaft. Wer die Gänge wechselt, passt sich der Landschaft an. Mehr Gänge sind deswegen für den einzelnen besser, weil er sich damit genauer der Umgebung anpassen kann.

Idee der Stimmigkeit

individuelle Förderung

Betrachtet man die Landschaft z. B. als mathematische Umgebung, dann ist ein vorgegebenes „durchschnittliches" Vorgehen oder Tempo nicht förderlich. Besser geht es individuell. Dahinter steckt die Idee der Stimmigkeit zwischen Lernumgebung (dem stofflichen und emotionalen Gehalt der Situation) und dem lernenden Menschen. Individuelle Förderung ist in diesem Kontext die Suche nach einer passenden Gangschaltung im Unterricht. Ob es nun um das Fahrrad oder den Unterricht geht: Es ist keine leichte Aufgabe. Die über ein halbes Jahrhundert andauernde technische Entwicklung am Fahrrad erscheint mir aus zwei Gründen einfacher als die heute angestrebte individuelle Förderung: Erstens lässt sich eine Gangschaltung anfassen und zerlegen. Zweitens ist die „Landschaft" klar definiert. Doch Unterricht lässt sich sicherlich nicht auf eine Landschaft der fachlichen Inhalte reduzieren. Ein Fahrrad ist lediglich eine Maschine; der Mensch hingegen ein höchst komplexes Phänomen. Und sicherlich ist die Idee des linearen, gleichmäßigen und eindimensionalen Stoffeintrichterns eine veraltete. Das Modell des Radfahrens bzw. der Gangschaltung passt sehr gut zu Lernumgebungen bzw. Erlebnisräumen: Dem Schüler wird nichts eingetrichtert – er fährt selbst mit der ihm eigenen Geschwindigkeit. Da gibt es Stellen, wo er mehr „Kraft" hat, wo er schnell vorankommt, und es gibt Stellen, wo er schieben oder sogar verweilen muss. Und er entscheidet, was im Augenblick „passt".

59 Ich verwende den Begriff der „Stimmigkeit" im Sinne von Friedemann Schulz von Thun. Einerseits geht es um die eigene Authentizität, andererseits um die äußere Situation. Situationsgerechtes Handeln betrachtet diese beiden Wahrheiten, die gleichzeitig erfüllt sein wollen. Glückt dies, dann ist das „stimmig". Konstruktivistisch betrachtet, passt das „System" (der Handelnde) dann zur „Umwelt" (Situation).

## 7.2 Vertiefende Übung: Brüche auf dem Zahlenstrahl

Wie viele Gänge besitzt eine 21-Gang-Schaltung effektiv?[60] Und wie sind diese verteilt? Um das eigene Fahrzeug besser untersuchen zu können, werden alle möglichen Übersetzungsverhältnisse in einem Zahlenstrahl eingetragen.

das eigene Fahrzeug

Im Beispiel besitzen die Kettenblätter 24, 32 und 42 Zähne, die Ritzel 13, 15, 17, 19, 21, 24 und 28.

Die vorderen Kettenblätter übernehmen die Rolle der Zähler, die Ritzel am Zahnkranz die verschiedenen Nenner. Die möglichen Übersetzungen des kleinsten Kettenblattes sind in Grün, die des mittleren in Blau und die des größten in Rot dargestellt. Bei einer 21-Gang-Schaltung entstehen entsprechend 3 · 7 Brüche. Ohne dass es erwähnt werden muss, ist schnell klar, dass man Brüche besser in Dezimalzahlen umwandelt, wenn man sie der Größe nach anordnen will.

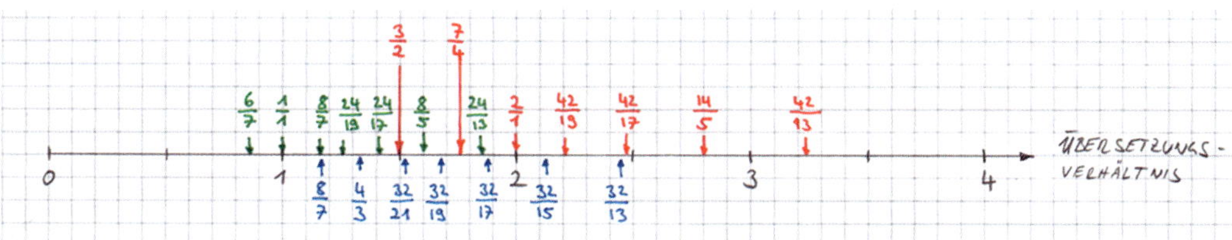


Die Übung eignet sich gut als Hausaufgabe. Falls keine Kettenschaltung vorhanden ist, kann auch eine Nabenschaltung untersucht werden. Dort können zwar keine Zähne gezählt werden, aber das Hinterrad dreht sich bei einer vollen Kurbelumdrehung unterschiedlich oft, so dass auch hier das Verhältnis bestimmt werden kann. Das Verfahren ist etwas aufwendiger, aber bei einer Nabenschaltung gibt es auch weniger Gänge.

Es ist interessant, wie sich die Übersetzungen bei einer Kettenschaltung verteilen. Wünschenswert ist für viele eine äquidistante Aufteilung. Bei einer 21-Gang-Schaltung überlagern sich die Übersetzungen. Für eine äquidistante Einteilung bräuchte man demnach weniger Gänge, bei der hier vorgestellten 21-Gang-Schaltung wären es ca. 13.

äquidistante Aufteilung

60 Dieser Abschnitt ist großteils entnommen aus: Martin Kramer, Mathematik als Abenteuer Bd. II; Klett Kallmeyer Verlag, Seelze, [4]2016

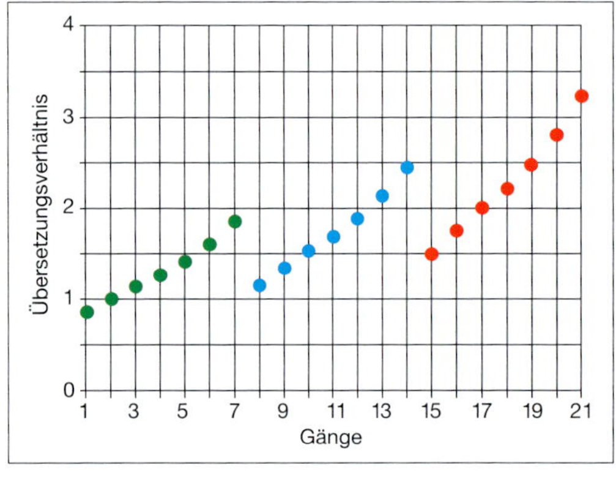


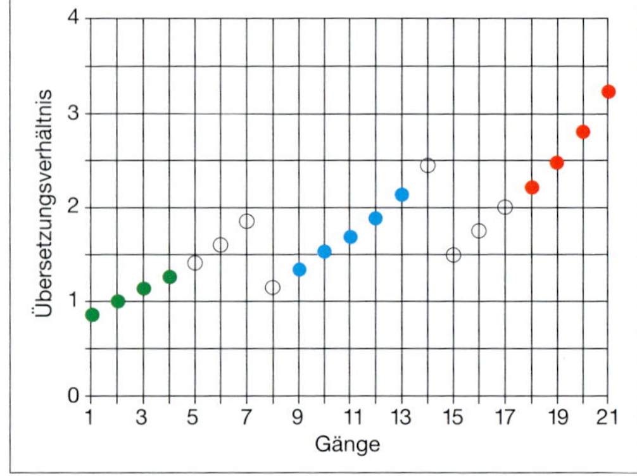


Es kommt also nicht nur auf eine hohe Anzahl von Gängen an, sondern auch darauf, wie diese verteilt sind. Im rechten Bild sind die „doppelten" Gänge entfärbt.

*Alternative: das Fahrrad auf dem Zahlenstrahl*

Bruchzahl abfahren

Statt die Brüche abstrakt in einen Zahlenstrahl einzutragen, ist es viel direkter und beeindruckender, wenn das Rad selbst die Bruchzahl abfährt.

Durchführung: Mit einer Schnur und Kreide wird eine Strecke (= Zahlenstrahl) von ca. 4 Radumdrehungen abgespannt und markiert. Das Rad wird so positioniert, dass das Ventil an der Stelle null ganz unten ist. Zuerst werden mit Weiß die Einheiten am Zahlenstrahl markiert, also jeweils ganze Umdrehungen. Das heißt, jedes Mal, wenn das Ventil die tiefste Stelle erreicht hat, wird auf dem Zahlenstrahl die Einheit aufgetragen.

Anschließend werden die Gänge abgetragen: Beginnend bei null wird nach einer Kurbelumdrehung das Übersetzungsverhältnis als Bruch auf dem Zahlenstrahl eingetragen. Zur späteren Unterscheidung werden Brüche mit gleichem Kettenblatt (Zähler) in einheitlicher Farbe geschrieben.

*Weitere Übung*

Streckenmessung

Mit dem Fahrrad soll eine aus dem Alltag bekannte Strecke abgemessen werden, zum Beispiel der Heimweg von der Schule. Der Schüler entscheidet sich für einen Gang und zählt die Anzahl der Kurbelumdrehungen mit. Achtung: Leerlauf muss durch eventuelles Bremsen verhindert werden. Mit Hilfe des Radumfangs wird die gefahrene Länge bestimmt. Möchte man diese Längenmessung im Alltag verwenden, empfiehlt sich ein hoher Gang.

## Didaktische Bemerkungen

*Das eigene Fahrrad*

Die Untersuchung des *eigenen* Fahrrads ist zentral. Es geht nicht darum, irgendeine fremde Aufgabe aus einem Schulbuch zu lösen, nein, es geht um das, was im wörtlichen Sinne selbst „erfahren" wird. Je größer das Verhältnis bzw. der Bruch, desto höher der Gang und desto mehr Kraft brauche ich zum Treten.

*Mathematik hilft in der Bewertung von Gangschaltungen*

sinnvolle Gangschaltung

Natürlich ist es für mich interessant, ob mein Fahrrad eine sinnvolle Gangschaltung besitzt. Und natürlich möchte ich wissen, ob ich im Falle einer Nabenschaltung wirklich weniger Gänge benötige. Mathematik ist nicht losgelöst von den Dingen, sondern besitzt eine konkrete Bedeutung. So macht mein Rad bei einer Kurbeldrehung im kleinsten Gang $\frac{6}{7}$ bzw. ca. 0,86 und im höchsten $\frac{42}{13}$ bzw. ca. 3,23 Umdrehungen.

Kapitel 8

# Erweitern und Kürzen, Bruch und Bruchzahl, Brüche vergleichen

Wenn man am Fahrradpedal einmal dreht, dreht sich der hintere Zahnkranz zweimal, falls das Verhältnis der Zähne 2:1 bzw. $\frac{2}{1}$ beträgt (vgl. Kapitel 7). Um diesen Fall zu erreichen, kann z. B. ein Kettenblatt mit 42 Zähnen und ein Ritzel mit 21 Zähnen genommen werden[61]. Es gibt viele mögliche Kettenblatt-Ritzel-Kombinationen, um einen bestimmten Gang umzusetzen. Aber da es bei der Übersetzung (dem Fahrradgang) nur auf das Verhältnis ankommt, schreiben wir kürzer und einfacher $\frac{2}{1}$ statt $\frac{42}{21}$.

## 8.1 Bruch und Bruchzahl

Positioniert man die Übersetzung so, dass das „Kettenblatt" mit der Kurbel oben und das „Ritzel" unten ist, erkennt man unmittelbar den Zusammenhang mit einem Bruch. Um Kettenblatt und Ritzel miteinander „ins Verhältnis" zu setzen, wird eine Kette verwendet. Statt die Übersetzung (bildlich) zu skizzieren, darf gerne auch „abstrakt" die formale Darstellung als Bruch verwendet werden.

Bruchstrich

Beziehung zwischen den Rädern

*Didaktische Zwischenbemerkung: Visualisierung eines Verhältnisses*
Der Bruchstrich steht für die hergestellte Beziehung bzw. das hergestellte Verhältnis, nicht für die Kette an sich. Die Kette ist *eine* Möglichkeit, eine Beziehung zwischen den Rädern herzustellen, eine andere besteht in der direkten Verzahnung. Der Unterschied ist an dieser Stelle im Unterricht recht abstrakt und es stört auch nicht, wenn die Schüler den Bruchstrich vorerst „materiell" als Kette denken, das ist nur natürlich. Erst wenn man um eine weitere Möglichkeit für eine Übersetzung weiß, lässt sich davon abstrahieren (vgl. Kapitel 12: Negative Brüche).

61 Kettenblätter befinden sich am Tretlager, die kleinen Zahnräder am Hinterrad werden Ritzel genannt.

### Einführung

Um den Bruch $\frac{20}{10}$ darzustellen, wird ein 20er- und ein 10er-Rädchen benötigt. Angenommen, wir hätten zwei 10er- und zwei 20er-Rädchen zur Verfügung, wie viele unterschiedliche Brüche ließen sich damit aufbauen? Wie viele unterschiedliche (Übersetzungs-)Verhältnisse lassen sich damit realisieren?

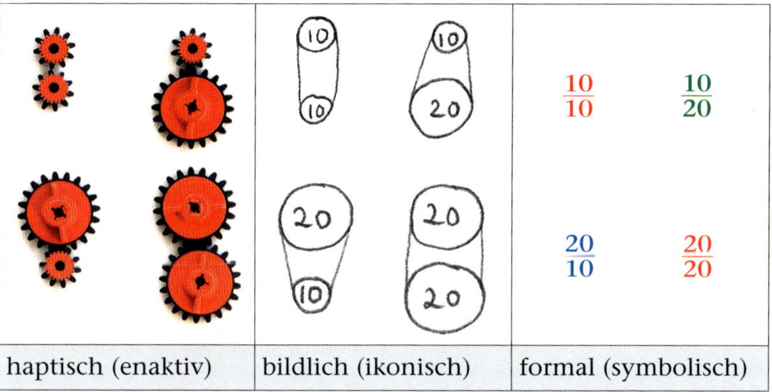


Offensichtlich gibt es vier verschiedene Brüche bzw. Übersetzungen, aber nur drei unterschiedliche Übersetzungsverhältnisse. Jedes unterschiedliche Verhältnis bekommt eine eigene Farbe bzw. wird in einer anderen Art hervorgehoben.

**Didaktische Zwischenbemerkung: Drei Ebenen der Repräsentation**

Es kommen alle drei Repräsentationsebenen (enaktiv, ikonisch und symbolisch) gleichzeitig zum Einsatz. Die verschiedenen Ebenen des **EIS**-Prinzips nach Bruner wurden bereits in Abschnitt 1.3 vorgestellt:

EIS-Prinzip

- **S**ymbolisch bzw. sprachlich formal: Rechnen mit Brüchen
- **I**konisch bzw. bildhaft: Konstruktionspläne
- **E**naktiv bzw. handelnd: Bau des Getriebes

Die drei Repräsentationsebenen sind absichtlich nicht durchnummeriert. Es soll kein Gedanke an eine etwaige Hierarchie aufkommen. Eine Ebene ist nicht besser oder wertvoller als eine andere. Viel hilfreicher ist die Vorstellung, dass die drei Repräsentationsebenen in drei unterschiedlichen Dimensionen wirken und damit ein „dreidimensionales Lernen“ ermöglicht wird. Fehlt eine Dimension, wird Lernen oberflächlich. Eine handlungs- und erleb-

keine Hierarchie

dreidimensionaler „Bruner-Raum"

nisorientierte Didaktik ist somit in doppeltem Sinne dreidimensional. Erstens in natürlicher Weise, denn wer handelt und erlebt, tut das materiell in drei Dimensionen, und zweitens in einem abstrakteren Sinne, weil mit der handelnden Dimension nicht nur die flächenhafte Schulbuchwirklichkeit (ikonisch und symbolisch), sondern der ganze dreidimensionale „Bruner-Raum" (enaktiv, ikonisch und symbolisch) zur Vermittlung genutzt wird.

**Konkrete Aufgabenstellung**

- Wie viele unterschiedliche Brüche lassen sich mit dem Baukasten (jeweils zwei 10er-, 20er-, 30er-, 40er- und ein 15er-Zahnrad) herstellen?
- Wie viele unterschiedliche Übersetzungsverhältnisse lassen sich realisieren?

gleiche Übersetzungsverhältnise

Auf dem Foto die noch nicht vollständige Lösung einer Schülerin. Es wurde vereinbart, dass Brüche mit gleichem Übersetzungsverhältnis (gleiche Bruchzahlen) verbunden werden und das Verhältnis so einfach wie möglich beschrieben wird. Das Beispiel zeigt $\frac{10}{10} = \frac{20}{20} = \frac{30}{30} = \frac{40}{40} = \frac{1}{1}$. Der Bruch $\frac{15}{15}$ wurde durchgestrichen, weil er mit nur einem 15er-Rädchen im Baukasten nicht realisierbar ist.

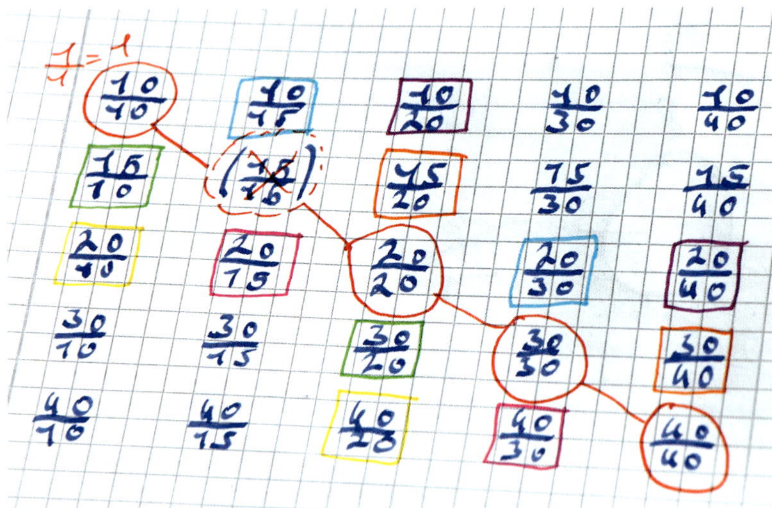


Insgesamt gibt es 24 Brüche und 13 verschiedene Übersetzungsverhältnisse.

### Zwei mögliche Erweiterungen

*Unendlichkeit und Abzählbarkeit*

Die Idee, 25 Brüche als 5 x 5-Matrix darzustellen (die Zähler werden nach unten größer, die Nenner nach rechts), lässt sich weiter ausbauen: Stellt man in dieser Weise alle (positiven) Brüche dar, lässt sich die Abzählbarkeit beispielsweise durch Cantors Diagonalenargument zeigen. Die Unendlichkeit birgt in der Unterstufe eine hohe Faszination in sich. Ein anschaulicher Weg, sich diesem klassischen Problem zu nähern, besteht in der Geschichte von Hilberts Hotel, in dem schließlich alle Insassen von unendlich vielen Bussen (Busnummer = Nenner) mit jeweils unendlich vielen Plätzen (Platznummer – Zähler) noch ein Zimmer finden (vgl. Martin Kramer: Mathematik als Abenteuer, Bd. II, Kallmeyer Verlag, Seelze, $^{4}$2016, S. 133 ff.).

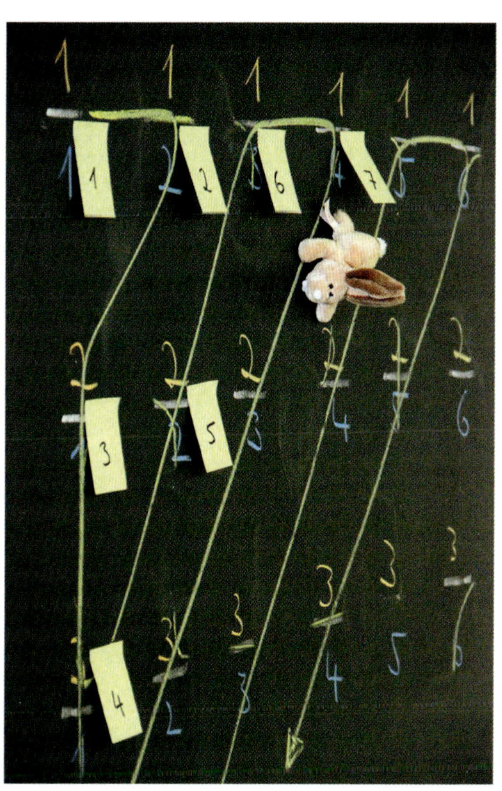

*Brüche der Größe nach vergleichen*

Nachdem gleiche Übersetzungen gefunden wurden, können sich schnelle Schüler überlegen, in welcher Reihenfolge die Übersetzungen angeordnet werden müssen, damit das Verhältnis stets zunimmt (vgl. Abschnitt 7.2). Es geht also nicht mehr nur darum, ob Brüche gleich oder ungleich sind, sondern um Größer und Kleiner. Das Thema „Vergleichen von Brüchen“ ist nicht einfach; ob es hier bereits anklingen soll, ist situations- und klassenabhängig.

## 8.2 Kürzen und Erweitern

Wie lässt sich die Gleichheit zweier Brüche, z. B. von $\frac{40}{50} = \frac{20}{15}$, an Übersetzungsverhältnissen zeigen?

Wer eine Idee hat, verschränkt die Arme. Wenn alle bereit sind, wird an der Tafel (ohne Ketten und Zahnräder) diskutiert. Die Schüler diskutieren hier einen konkreten Aufbau auf formaler Ebene! Das ist ein typisches und gleichsam wirtschaftliches Vorgehen. Auf dem Foto wurden zuerst die Brüche aufgezeichnet, ein zweiter Schüler interpretierte das „Gleichheitszeichen" als „auf die gleiche Achse gehen".

Die untere Metallstange entspricht dem Gleichheitszeichen. Es ist für den folgenden Unterrichtsverlauf praktisch, wenn der Lehrer bereits das entsprechende Modell aufgebaut hat. So können die Schüler gleichzeitig die praktische Umsetzung ihres Denkens „begreifen" (vgl. auch in Abschnitt 8.1 „Drei Ebenen der Repräsentation").

## Eigene Gleichungen

Im Folgenden bauen die Schüler eigene gleiche Übersetzungsverhältnisse auf. Sie können aus den Möglichkeiten ihres Baukastens frei wählen. Es wird eine feste Zeit (z. B. 15 Minuten) vereinbart, nach der alle Exponate aufgebaut sind. Zuerst werden die Kästen auf Vollständigkeit kontrolliert, dann wird fünf Minuten lang theoretisch überlegt, welches Modell man in der Gruppe wie umsetzen möchte, und schließlich wird gebaut.

Einer sollte die Uhr im Blick haben (Zeitmanager). Die eigene Konstruktion wird ins Heft gezeichnet sowie formal aufgeschrieben. Das Foto zeigt die Umsetzung von $\frac{20}{10} = \frac{30}{15} = \frac{40}{20} = \frac{2}{1}$.

*Bemerkung*

Wieder wird hier das EIS-Prinzip[62] umgesetzt. Der Schüler erfährt auf allen drei Repräsentationsebenen Übersetzungsverhältnisse (bzw. Äquivalenzklassenbildung).

62 Vgl. die Zwischenbemerkung in Abschnitt 8.1

## Gegenseitiges Abfragen

*Erste Übung: Das Modell prüft*

Jede Gruppe erstellt für die anderen eine Aufgabe, indem sie an ihrem Modell mit Hilfe eines Stücks Papier ein Zahnrad versteckt (siehe Fotos unten). Diese haptisch gestellte Aufgabe übersetzen die anderen Gruppen zuerst in eine formale Sprache, lösen sie schriftlich und kontrollieren anschließend ihr Ergebnis am Modell. Schließlich wird mit grüner Farbe das Verhältnis so einfach wie möglich dahinter geschrieben (vollständig gekürzter Bruch).

| Aufgabe | Übersetzung und Lösung |
|---|---|
| | $\frac{40}{20} = \frac{x}{15} = \mathbf{\frac{2}{1}}$ <br> $x = 30$ <br> (Beispiel mit einer Variablen. Die Kurbel befindet sich im Bild an der hinteren Achse.) |
| | $\frac{20}{\square} = \frac{\square}{30} = \frac{10}{20} = \mathbf{\frac{1}{2}}$ <br> (Beispiel mit Kästchen. Die Kurbel befindet sich im Bild an der vorderen Achse.) |

### Alternative Bauweise

Der bisher gezeigte Aufbau, dass alle Übersetzungen dieselbe Winkerstange antreiben, passt gut zur Vorstellung der Gleichheit. In der Praxis lässt sich jedoch auch solch ein Doppelgetriebe antreiben, wenn es nicht dieselbe Übersetzung hat. Es läuft dann zwar nicht wie geschmiert, aber es läuft.

Möchte man die Wirkung der einzelnen Übersetzungen unabhängig voneinander messen, kann man mehrere Winkerstangen verwenden. Das folgende Foto zeigt eine entsprechende Umsetzung. Beim Drehen der Kurbel laufen alle Winker synchron.

mehrere Winkerstangen

### Didaktische Bemerkungen

*Theoretische und praktische Fehler*

Nicht jedes Modell bzw. jede Aufgabe ist richtig aufgebaut. Auch beim folgenden Modell lässt sich (mit Gewalt) an der Kurbel drehen. Je nachdem, wie stark welches Zahnrad angezogen ist, dreht sich die im Bild vordere Achse zwischen drei- und einmal.

Fehler können sowohl in der Berechnung als auch in der Konstruktion liegen. So funktioniert nun einmal die Welt. Wenn etwas nicht funktioniert, kann der Grund theoretischer oder praktischer Natur sein.

*Bruch und Bruchzahl*

Bei dieser Übung kann anschaulich zwischen Bruch und Bruchzahl unterschieden werden: Jeder Bruch (jede konkrete Übersetzung) erzeugt dieselbe Bruchzahl (Übersetzungsverhältnis). Es ist egal, welchen Repräsentanten man aus der Äquivalenzklasse auswählt, um ein bestimmtes Übersetzungsverhältnis zu erzeugen.

*Gestaltpsychologischer Hinweis: Brüche und das Gesetz der Ähnlichkeit*

Zwei Dinge werden als zusammengehörig erfasst, wenn sie einander ähnlich sind. Ein typisches Beispiel für das Gesetz der Ähnlichkeit ist die Farbkodierung.

warum Brüche abstrakt sind

Ein Grund, warum Brüche abstrakt sind, liegt darin, dass hier das gestaltpsychologische Gesetz der Ähnlichkeit „versagt". So sieht beispielsweise der Bruch $\frac{3}{7}$ völlig anders aus als sein Bruder $\frac{-42}{-98}$. Bis auf den Bruchstrich besteht keinerlei Ähnlichkeit! Man muss in Verhältnissen (Beziehungen) denken können, um die Gleichheit zu sehen. Das macht die Sache abstrakt. Es geht nicht mehr um den Zähler oder den Nenner, sondern um deren Beziehung. 3 und 42 sind nicht ähnlich und stehen folgerichtig für verschiedene Zahlen. $\frac{3}{7}$ und $\frac{-42}{-98}$ sehen sich ebenfalls nicht ähnlich, stehen aber für dieselben Bruchzahlen.

anderes Konzept

Das Konzept, welches sich für ganze Zahlen richtig erweist, lässt sich nicht auf Brüche übertragen und ist nicht nur unbrauchbar, sondern auch falsch[63]. $\frac{3}{7}$ und $\frac{3}{71}$ haben auf den ersten Blick mehr Ähnlichkeit, und doch bezeichnen sie ein völlig anderes Verhältnis bzw. eine völlig andere Bruchzahl. Daher werden im nächsten Abschnitt zwei vertiefende Übungen vorgestellt.

63 Ein ähnliches Phänomen taucht beim Multiplizieren mit Zahlen, die betragsmäßig kleiner als 1 sind, auf. Der Schüler „weiß", dass bei einer Multiplikation das Ergebnis größer wird. Er hat viele Beispiele (mehr als zwei oder drei, die für die Regelbildung erforderlich wären) kennengelernt, und immer ging es gut. In seiner Denklogik ist es „unlogisch", dass eine Multiplikation wie $\frac{1}{2} \cdot \frac{1}{2}$ etwas Kleineres als $\frac{1}{2}$ ergibt. Ebenso verhält es sich bei typischen Rechenfehlern wie $\frac{1}{2} + \frac{1}{3} = \frac{1+1}{2+3}$. Was für ganze Zahlen gut und richtig war, wird jetzt auf Brüche angewendet. Das ist kein dummes Vorgehen, sondern ein (aus Schülersicht) logisches. So handeln vernünftige Menschen, indem sie versuchen, erprobte Konzepte auf neue Dinge anzuwenden. Man könnte sagen, dass es beim Bruchrechnen zum Bruch mit alten Vorstellungen kommt. Die einzige Möglichkeit besteht im Aufbau von allgemeineren Modellen wie z. B. Getrieben. Diese Problematik spiegelt sich in der Kritik von Günther Malle wider (vgl. den Anfang von Abschnitt 1.1).

## 8.3 Weitere Übungen zum Kürzen und Erweitern – ohne Ketten und Zahnräder

*Eine theaterdidaktische Vorbemerkung*

In diesem Abschnitt werden zwei Übungen jenseits von Ketten und Zahnrädern vorgestellt. Die erste Übung hat einen gemeinsamen Fokus: Die Tafel wird zur Bühne, das Tafelbild entsteht als ein gemeinsamer Akt. Die zweite Übung ermöglicht ein Abfragesystem ohne Bühne. Es gibt keinen räumlichen Fokus und das bedeutet insbesondere, dass niemand vor der Gruppe bloßgestellt werden kann. Aus dem Blickwinkel der Bühne stehen die Übungen im Gegensatz zueinander: Die eine fokussiert, die andere „zerstört" die Bühne – beides ergibt Sinn! Die eine ist nicht „besser" als die andere.

Bühne

**Erste Übung: Viele Brüche erzeugen dieselbe Bruchzahl**

Ein Freiwilliger geht zur Tafel und schreibt einen Bruch und ein Gleichheitszeichen an. Dann gibt er den Stift bzw. die Kreide an einen Nachfolger weiter. Dieser überlegt sich einen anderen Bruch, der dasselbe Verhältnis angibt. Und so weiter.

*Didaktische Bemerkung*

Je mehr Brüche aneinandergereiht werden, desto besser. Nach einer halben Tafel bekommt man das Gefühl dafür, dass es unendlich viele Möglichkeiten gibt. Je länger die Übung fortschreitet, desto origineller werden die Beispiele. Die Schüler suchen das Extreme, sobald die Idee klar ist. Anders formuliert: Die Regel wird mit zwei, drei Beispielen geschaffen und danach wird sie auf ihre Grenzen hin abgeklopft.

*Kommunikative Bemerkung*

Zug-um-Zug-Prinzip

Der Stift wird hier zum Redestab. Nach dem Zug-um-Zug-Prinzip[64] rufen sich die Schüler gegenseitig auf, während Sie ein Stück weiter aus dem Unterrichtsgeschehen zurücktreten können und damit den Schülern die Gestaltung überlassen.

Das gibt Ihnen auch die Möglichkeit, den Unterricht in Ruhe zu beobachten: nicht nur die Brüche an der Tafel, sondern vor allem soziale Prozesse. Wer traut sich zuerst, wer gibt wem den Stift weiter, wer ringt sich nach x Beispielen doch noch durch, wann hat die Klasse genug, wie schnell entwickeln sich die extremen Beispiele, kommen die Schüler bereits hier schon auf die Verwendung von Minuszeichen etc.?

**Zweite Übung: Das Gehirn in der Streichholzschachtel**

Schwierigkeitsgrad

Jeder Schüler beschriftet eine mit weißem Papier beklebte, volle Streichholzschachtel auf der Vorderseite mit einer Aufgabe (z. B. $\frac{114}{152} = \frac{6}{?}$) und schreibt auf die Rückseite die Antwort (? = 8). Die Aufgaben sollen so gestellt werden, dass sie im Kopf gelöst werden können. Anschließend wird die Box entsprechend dem Schwierigkeitsgrad nach eigenem Ermessen eingefärbt, und zwar gemäß den Ampelfarben: grün = einfach, gelb = mittelschwer, rot = schwer.

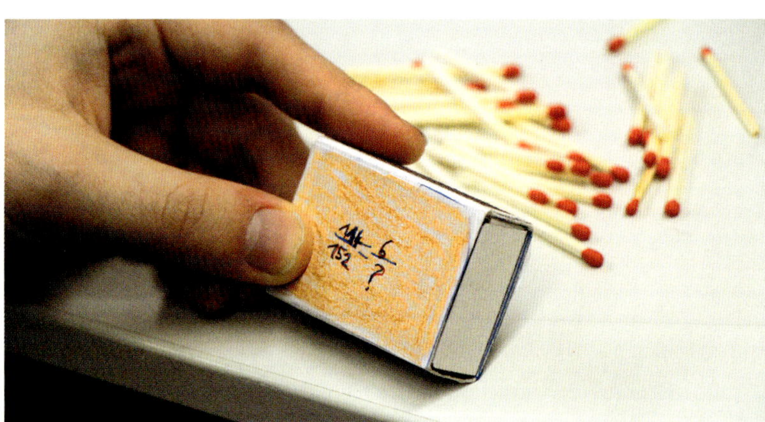

Werden die Streichholzschachteln zu Hause vorbereitet, kennen die Schüler ihre konstruierten Aufgaben gegenseitig nicht und es kann direkt mit der eigentlichen Übung begonnen werden:

64 Der Begriff stammt aus der Theaterpädagogik. Er bedeutet, dass sich auf der Bühne immer nur eine Person bewegt, ansonsten weiß der Zuschauer nicht, wo er hinschauen soll.

*Ablauf der Übung*
Die Streichholzschachteln stellen die Gehirne dar, die Hölzchen Neuronen. Vorerst ist noch keine Struktur bzw. keine Synapsenverbindung vorhanden, also werden alle Schachteln geleert und die Hölzer in eine Hand genommen. Diese ist das Materiallager, die konkrete Anzahl dieser Hölzer ist egal. Zwei Schüler treffen sich und bestimmen, wer Prüfer und wer Prüfling ist. Der Prüfer hält dem Prüfling die Aufgabe hin und bewertet anschließend die Lösung des Mitschülers mit Hölzchen aus seinem eigenen Materiallager: Steckt er dem Prüfling zwei Hölzer in dessen Schachtel, bedeutet das (in seiner Wirklichkeit) höchste Zufriedenheit. Ist der Prüfer der Meinung, dass sein Prüfling völlig ahnungslos ist, nimmt er (falls vorhanden) ein Hölzchen aus dessen Box. Er kann auch kein oder ein Hölzchen vergeben – der Prüfer entscheidet. Anschließend werden die Rollen gewechselt und eine neue Prüfung beginnt.

Prüfer und Prüfling

Ist das Frage-Antwort-Spiel beidseitig durchlaufen, werden neue Partner gesucht. Die Streichholzschachteln können hinterher eingesammelt werden und die gegenseitige Abfrage zu späterer Zeit noch einmal wiederholt werden. Dann kann jeder in einem zweiten Durchgang für sich prüfen, ob er sich verbessert hat und mehr Hölzchen erobern konnte. Die griechische Idee, besser zu sein als man selbst, gefällt mir mehr als ein gegenseitiger Vergleich.

besser als man selbst

### Didaktische Bemerkungen

*Der Lehrer als Mitspieler*

Wenn Sie das Spiel mit einer eigenen Streichholzschachtel mitspielen, entwickeln Sie sehr schnell ein Gefühl dafür, wo Ihre Schüler gerade stehen. Bereits mit dem Wahrnehmen dessen, was auf den Schachteln steht, berühren Sie die Schülerwirklichkeit: Um welche Aufgabe handelt es sich? Wie wurde die Schachtel eingefärbt, d. h., was wird als schwer empfunden? Aber erst in der konkreten Interaktion treten Sie in die Schülerwirklichkeit ein bzw. erst dann spielen Sie mit: Wie wird die Frage gestellt? Wie bewertet der Schüler Ihre Antwort? Aber bitte rechnen Sie nicht wie ein Hochleistungsrechner mit, was welcher Schüler zu welchem Zeitpunkt wie gesagt hat. Es geht nicht darum, mündliche Noten zu entwerfen. Das Spiel soll bitteschön Spiel bleiben und nicht instrumentalisiert werden! Ansonsten hört das Spiel auf, Spiel zu sein, das Lachen verschwindet und vielleicht noch schlimmer: ebenso Ihr Kontakt zur Schülerwirklichkeit.

Kontakt zur Schülerwirklichkeit

*Viele weitere Hintergründe*

Zu dieser Lernumgebung gibt es sehr viele weitere Hintergründe (Rollenbelegung, Selbstkundgabe der Aufgabenstellung, Konstruktion und Lösen eigener Aufgaben, belohnendes Lernen, gegenseitiges Abfragen, subjektive Bewertung u. a.) sowie auch Alternativen zur Durchführung. Die Methode ist ausführlich beschrieben in Martin Kramer: Didaktik für Abenteurer – die Kunst, Lernumgebungen zu gestalten (Arbeitstitel; erscheint 2019 bei Klett Kallmeyer).

## 8.4 Brüche der Größe nach vergleichen

Wie haptisch gezeigt wird, dass zwei Brüche *dasselbe* Verhältnis beschreiben und damit „gleich“ sind, wurde in Abschnitt 8.2 gezeigt. Im Folgenden sollen beliebige Brüche[65] verglichen werden: *„Was ist größer, $\frac{2}{3}$ oder $\frac{3}{4}$?“* Die Frage ist einfach, Erweitern mit 3 bzw. 4 bringt Klarheit. Die Frage ist aber: Wie zeigt man mit Getrieben, dass $\frac{2}{3}$ kleiner als $\frac{3}{4}$ ist?

65 Das Verfahren beschränkt sich nicht auf Brüche. In Abschnitt 13.2 werden komplexe Terme der Größe nach verglichen.

Allgemeiner gefragt: Wie lassen sich Brüche haptisch der Größe nach vergleichen?

**Einführung und Konstruktion einer Ungleichung**

Im Folgenden sind drei verschiedene Möglichkeiten skizziert, ein Modell für das Vergleichen von Brüchen einzuführen. Die ersten beiden Vorschläge gehen vom Formalen zum Konkreten: Wie lässt sich die Frage „*Was ist größer,* $\frac{2}{3}$ *oder* $\frac{3}{4}$ *?*" mit einem Modell beantworten? Der dritte Vorschlag geht vom Konkreten zum Formalen: Ein Modell wird durch die mathematische Brille gesehen bzw. „mathematisiert". Die ersten beiden Vorschläge sind konstruktiver und seien daher empfohlen. Sie können – wenn die Schüler auch nach langem Ringen auf kein Modell kommen – anschließend immer noch ein aufgebautes Modell zeigen. Aber ohne das Ringen um Erkenntnis besteht Gefahr, dass die grundlegende Idee untergeht, einfach hingenommen wird oder schlichtweg nicht verstanden wird. Mut zur Langsamkeit! Das Vergleichen von Brüchen bildet die Grundlage für die Addition von Brüchen (vgl. Kapitel 13). Und hier die drei alternativen Herangehensweisen:

vom Formalen zum Konkreten

(1) Sie können den Schülern eine Viertelstunde Zeit geben, um selbst nach einer möglichen Modellierung zu suchen. Anschließend werden die Entwicklungen gegenseitig vorgestellt, um eine Entscheidung zu treffen, welcher Aufbau am geeignetsten erscheint. Eventuell entsteht dabei ein neuer Aufbau.

Modellierung in der Kleingruppe

(2) Ein möglicher Aufbau wird gemeinsam an der Tafel entworfen bzw. diskutiert. Die Kreide bzw. der Stift wird zum Redestab, d. h., wenn ein Schüler einen Beitrag geliefert hat, gibt er das Wort mit dem Redestab an einen Nachfolger ab (vgl. Abschnitt 5.4 „Standpunkte einnehmen – Schüler diskutieren").

Modellierung im Plenum

(3) Der Lehrer baut das Getriebe, das auf dem folgenden Bild zu sehen ist, auf und stellt das Exponat aus. Die Schüler sollen herausfinden, wie sich dieses Getriebe formal beschreiben lässt. Es darf daran gedreht werden.

In den ersten beiden Fällen besteht die Aufgabe der Schüler darin, die Idee der Ungleichheit darzustellen. Eine mögliche Realisierung könnte wie auf dem Foto rechts aussehen.

Die Kurbel dreht über eine gemeinsame Achse zwei Übersetzungen gleichzeitig an. Nach einer Umdrehung stehen beide Winker unterschiedlich, entsprechend dem jeweiligen Bruch bzw. der jeweiligen Übersetzung (links $\frac{3}{4}$, rechts $\frac{2}{3}$). Der kleinere Bruch bzw. die kleinere Übersetzung hat entsprechend weniger Achsenumdrehungen.

*Didaktische Bemerkung zur Gleichheit*
Die Gleichheit kann mechanisch erzwungen werden, indem beide Getriebe (hier Übersetzungen) die *gleiche* hintere Achse antreiben. Man hätte in Abschnitt 8.2 ebenso mit einem Aufbau wie in diesem Abschnitt, also mit zwei Winkern, arbeiten können. Dort stand allerdings der Gedanke „Es geht nicht" im Vordergrund.

**Erweitern und kleinstes gemeinsames Vielfaches (kgV)**
Schüler und Lehrer treffen sich um das oben abgebildete Exponat $\frac{2}{3} < \frac{3}{4}$. Nach einer Kurbelumdrehung sind beide Winker unterschiedlich ausgerichtet.
*Wie oft muss man kurbeln, damit beide Winker wieder gleich ausgerichtet sind?*
Um die Schüler etwas in die Pflicht zu nehmen, werden die Vermutungen angezeigt. Denn wer sich nicht entschieden hat, kann sich auch nicht überraschen lassen. Möchte man eine Zahl größer als 10 anzeigen, verschränkt man für die ersten zehn Finger die Arme (ein „X" wie die römische Zahl 10). Auf dem Foto werden also 12 Kurbelumdrehungen angezeigt.
Bevor haptisch aufgelöst wird, soll eine zweite Frage beantwortet werden:
*In welche Richtung zeigen die Winker, wenn sie gleich ausgerichtet sind?*

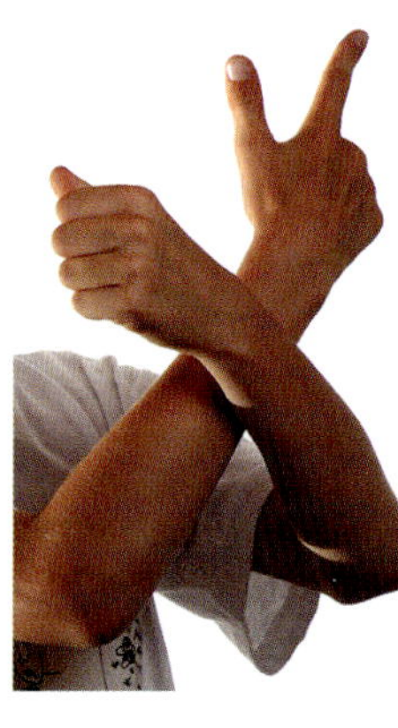

Hat sich jeder entschieden, folgt das Experiment: Die Winker stehen nach genau 12 Umdrehungen wieder an der Ausgangsstelle. Die 12 Umdrehungen entsprechen dem Hauptnenner.
In Kapitel 14 wird die Idee des kleinsten gemeinsamen Vielfachen weiter zur Addition ausgebaut.

Kapitel 9

# Exponentielles Wachstum, Potenzen und Potenzgesetze

## 9.1 Teamtraining: Exponentielles Wachstum

In der folgenden Übung wird ein anschauliches Modell für exponentielles Wachstum gegeben, ein Grenzwertprozess konkret erlebt, der Bruch als Operator „der Anteil von“ erfahren. Die Übung kann an verschiedenen Stellen im Lehrgang und auch in höheren Klassen umgesetzt werden. An dieser Stelle dient sie zur Vertiefung der Multiplikation mit Zahnrädern und zum Kennenlernen von komplexen Getrieben. Falls die Schüler noch nicht mit dem Bruch $\frac{1}{2}$ operiert haben, erleben sie hier zum ersten Mal, dass „mal nehmen“ kleiner machen kann.

*Voraussetzung*

Es ist hilfreich, wenn die Schüler zuvor einmal mit Fischertechnik ein Getriebe aufgebaut haben (vgl. 6.1). Inhaltlich ist der Grenzwertprozess anschaulich zu verstehen, aber es schadet nicht, wenn man schon einmal mit dem Material gearbeitet hat.

*Vorbereitung*

In der Stunde zuvor werden Dreiergruppen gebildet und die Hausaufgaben verteilt: Ein Schüler bringt ein Küchenmesser mit, ein zweiter ein Schneidebrettchen und ein dritter ein Stück Obst, ein Stück Brot oder irgendetwas, was sich ohne eine Sauerei auf dem Brettchen zerlegen lässt.

**Phase I: Schüler werden zum Operator „$\cdot\frac{1}{2}$“**

Der Lehrer schreibt „$\frac{1}{2}$“ an die Tafel, die Schüler halbieren daraufhin ihr mitgebrachtes Nahrungsmittel. Das „Halbe“ wird zur Seite gelegt, es entspricht dem „$\frac{1}{2}$“ an der Tafel.

Schüler als Operator

Im nächsten Schritt nehmen die Schüler vom Rest wiederum die Hälfte. Der Schüler mit dem Messer wird so zum Operator „Halbierer“, er nimmt auch im Folgenden stets die Hälfte. Das „Hälftenehmen“ wird gleichzeitig an der Tafel notiert: „$\frac{1}{2} \cdot \frac{1}{2}$“. Während die Schüler handelnd (= enaktiv) das Halbieren erfahren, entsteht auf der Tafel folgende formale (= symbolische) Sprache:

$$\underbrace{\underbrace{\underbrace{\underbrace{\frac{1}{2}\cdot\frac{1}{2}}_{\frac{1}{4}}\cdot\frac{1}{2}}_{\frac{1}{8}}\cdot\frac{1}{2}}_{\frac{1}{16}}\cdot\frac{1}{2}}_{\frac{1}{32}}\cdot\ \dots\ \cdot\frac{1}{2}$$

Die Theorie an der Tafel, auf den Schülertischen die Praxis. Dort entsteht die haptische Interpretation. Die Schüler sollen selbstständig bis $\frac{1}{1024}$ oder noch weiter das Halbieren fortführen.

Meist entwickeln die Schüler einen immensen Ehrgeiz und es werden fast unsichtbare Teile noch geteilt. Bis es nicht mehr geht. An dieser Stelle kann man gerne die Frage stellen, ob die Teilung prinzipiell immer weitergehen wird oder ob es irgendwann ein nicht teilbares Reststück gibt. So führt das Croissant bzw. die Karotte zur Atomtheorie (*á-tomos* = nicht teilbar) bzw. zum griechischen Philosophen Demokrit.

*Eine lernpsychologische und eine didaktische Zwischenbemerkung*

- Das gleichzeitige Teilen und Aufschreiben entspricht einem gehirngerechten Lernen. An der Tafel findet sich der formale (eher linkshirnige) Aufschrieb, am Schülerplatz die (eher rechtshirnige) haptische Ausführung.

gehirngerechtes Lernen

- Jede Schülergruppe zerschneidet etwas anderes. Nun braucht unser Gehirn zwei bis drei konkrete Beispiele, um das Allgemeine zu erfassen. Jeder macht das Gleiche und doch geht es nicht um das Konkrete. Die einzige Möglichkeit, für alle gültig „die Sache an sich" aufzuschreiben, liegt an der Loslösung von der konkreten Sache. Es geht nicht um den Apfel, das Croissant oder die Karotte. Damit hat sich das Halbe von den konkreten Dingen gelöst und ist zur abstrakten Zahl $\frac{1}{2}$ geworden. Das ist nicht weniger als der Beginn der Mengenlehre. Wichtig aus didaktischer Sicht ist, dass über konkrete Beispiele das Allgemeine erfahren wird. Versuchen Sie einmal, jemandem die Idee $\frac{1}{2}$ ohne zwei konkrete Beispiele zu erklären. Das wird Ihnen ebenso wenig gelingen wie bei einer Rechenregel oder irgendeinem mathematischen Begriff. Die Idee des Konkreten ist im Wort „Begriff" bereits enthalten: Wir müssen „begreifen", um zu abstrahieren.

Verallgemeinerung durch das Konkrete

„begreifen"

**Phase II: Aufgabenstellung**

Was formal als Term an der Tafel steht und was sich, immer weiter zerlegt, auf den Schülertischen befindet, soll jetzt mit Fischertechnik nachgebaut werden. Ein Großprojekt, das kein einzelner in der Klasse in einer Stunde hinbekommen würde.

Großprojekt

*Konkrete Aufgabenstellung*

Auf einem oder mehreren Tischen soll der Term $\left(\frac{1}{2}\right)^n$ als Getriebe aufgebaut werden, wobei $n$ für die Klassenstärke steht. Jeder baut also einen Faktor $\frac{1}{2}$ auf, gemeinsam entsteht so ein Modell für exponentiellen Zerfall.[66]

Außerdem werden parallel zu den Achsen die entsprechenden zerlegten Lebensmittel aufgebaut, d. h., an der ersten Achse nach der Kur-

66 Die Qualität dieser Übung liegt wesentlich darin begründet, dass beide Grundstrebungen des Menschen, das Streben nach Distanz (individuelles Arbeiten) und das Streben nach Nähe (gemeinsames Arbeiten), methodisch enthalten sind. Vergleiche dazu auch das Kommunikationsmodell von Riemann-Thomann, etwa bei Friedemann Schulz von Thun, *Miteinander Reden, Bd. 3,* Rowohlt Taschenbuch Verlag, Sonderausgabe März 2005, Abschnitt 5.3.

bel liegt ein halber Apfel $\left(\frac{1}{2}\right)^1$, an der zweiten Achse ein viertel Apfel $\left(\frac{1}{2}\right)^2$ usw. Eine Skizze an der Tafel hilft.

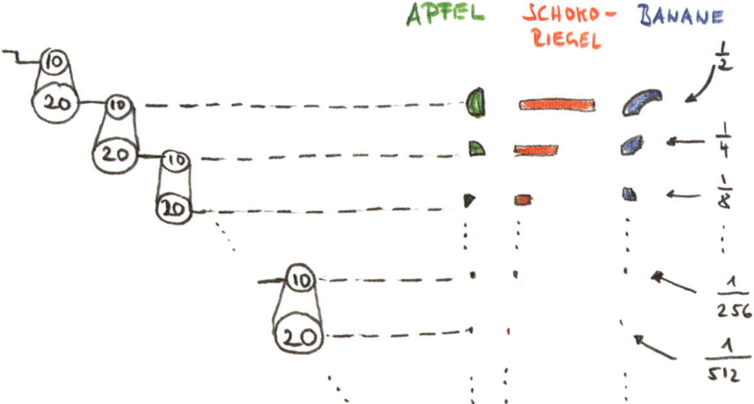


Falls es noch Fragen zur Aufgabenstellung gibt, soll jetzt nachgehakt werden. Um die Schüler etwas in die Pflicht zu nehmen, soll jeder schätzen, wie lange die ganze Klasse für den Aufbau benötigt. Jeder darf jedem helfen. Es geht darum, dass die komplette Konstruktion aufgebaut ist, und nicht darum, dass einzelne Zweiergruppen ihr Teilstück fertig haben.

gegenseitige Wahrnehmung

Fordern Sie Ihre Schüler auf, sich gegenseitig wahrzunehmen, um genauer schätzen zu können: Wer ist wie dabei? Gibt es Leute, die sich zurücklehnen werden, wenn ihr Teilstück fertig ist? Wer ist aufmerksam? Wie bereit ist der Einzelne?

Es wird nicht gesprochen: Wer für sich einen Schätzwert gefunden hat, verschränkt die Arme. Sind alle bereit, wird mit den Fingern angezeigt: Je ein Finger steht für zwei Minuten. Glaubt man, dass es länger als 20 Minuten (10 Finger) dauert, werden symbolisch für 10 Finger die Arme gekreuzt und weitergezählt. Gekreuzte Arme und ein Finger stehen demnach für 22 Minuten. Auf ein Zeichen des Lehrers wird angezeigt.

Wieder sollen sich die Schüler gegenseitig wahrnehmen. Natürlich gibt jeder mit seiner Schätzung etwas von sich preis. Er macht eine Aussage über sich und wie er die Gruppe und die ganze Situation einschätzt. Da-

bei geht es nicht um Richtig oder Falsch, es geht darum, den Einzelnen im Team wahrzunehmen. Die Zeit läuft, wenn der erste Schüler das Material berührt.

*Pädagogische Bemerkung: Besser als man selbst*

Die Schüler geben sich mit dem Schätzen selbst einen Wert vor. In meinem Unterricht waren es im Schnitt etwa 15 Minuten. Benennt der Lehrer den Durchschnittswert, ist dieser im Raum und zeigt seine Wirkung: Man möchte schneller sein als die „vorgegebene" Zeit. Es geht nicht darum, andere zu übertreffen, es geht um das eigene Wachstum (der Gruppe), man möchte sich selbst übertreffen. Man möchte besser sein als man selbst.

Das Streben danach, „besser als man selbst zu sein", ist ein altgriechisches Ideal. Der Vergleich geht nicht nach außen, sondern nach innen. Das System – ob das einzelne Bewusstseinssystem, der einzelne Körper (Individuum) oder die Gruppe - übertrifft nicht andere, sondern die eigene bisherige Errungenschaft. Das ist aus pädagogischer Sicht etwas sehr Hübsches: Es wird ein Streben möglich, ohne dass der andere, das Gegenüber unterdrückt wird.

Vergleich nach innen

**Hilfen**

Eine Gruppe, die noch nie eine Gruppenaufgabe gestellt bekommen hat, ist zweifelsohne überfordert. Sie als Spielleiter entscheiden, wie viel Struktur die Klasse braucht, sodass die Aktion auf der einen Seite nicht in Frust und Chaos untergeht, auf der anderen Seite sollten Sie die Gruppe aber nicht des Abenteuers berauben und die Erfahrung ermöglichen, es als Klasse möglichst ganz ohne Hilfe geschafft zu haben. Ein Spagat zwischen Struktur und

Struktur und Freiheit

Freiheit. Wenn Sie zum ersten Mal eine solche Übung durchführen, dann geben Sie mehrere oder alle der folgenden Tipps. Selbst dann ist es für die Schüler ein Abenteuer. Mit jedem weiteren Großprojekt ziehen Sie sich ein bisschen weiter zurück und geben der Klasse ein bisschen mehr an Verantwortung.

*Muster*

Der Lehrer baut ein Teilstück auf. Wenn jede Gruppe dieses Muster exakt kopiert, braucht es „nur" noch die Zusammensetzung.

Foto als Hilfe

Alternativ kann nur das Foto gezeigt werden.[67] Das haptische Modell wird demnach durch ein Bild ersetzt. Der Schüler sieht nur noch (wie Sie gerade) eine zweidimensionale Projektion, welche weniger Information besitzt. Häufigste Fehler:

(1) Die Schnittstellen zwischen den Arbeitsplatten sind nicht an den richtigen Stellen.

(2) Rechts-links-Vertauschung: Die Schüler bauen spiegelverkehrt. Die Folge: Es gibt neben den $\frac{1}{2} \cdot \frac{1}{2}$ -Termen fälschlicherweise auch $\frac{2}{1} \cdot \frac{2}{1}$ -Terme. Auch dieser Fehler macht sich meist erst im Zusammenbau bemerkbar (Schnittstellenproblematik).

Schnittstellenproblematik

*Schüler erstellen das Muster*

Eine Erweiterung für teamfähig geübte Klassen: Nicht der Lehrer, sondern die Klasse stellt ein Muster her. Die Hilfestellung ist jetzt auf die *Idee* einer Vorlage reduziert. Die Klasse erhält zur Planungshilfe

Planungshilfe

67 Die Konstruktionsfotos können Sie im Downloadbereich von www.unterricht-als-abenteuer.de kostenfrei herunterladen.

einen einzigen Kasten. Das ist ein typisches wirtschaftliches Vorgehen, vor allem, wenn das Material sehr teuer ist oder schwer zu beschaffen ist. Ressourcenknappheit!
Der Schwierigkeitsgrad der Aufgabe wird wesentlich erhöht, wenn die Klasse keinen Kasten zur Verfügung hat und gezwungen ist, an der Tafel mittels Konstruktionsplänen abstrakter zu arbeiten. Durch die Wegnahme des Materials bzw. der Veranschaulichung wird die Übung sehr, sehr schwer.
Um noch extremer zu werden: Die Planung kann zusätzlich an einem vom Bauplatz verschiedenen Ort stattfinden. Und nur um anzudeuten, dass die Übung (bzw. die notwendigen Kompetenzen) etwas mit der Welt außerhalb der Schule zu tun hat, um also noch realistischer zu werden: Zusätzlich kann auch noch personell zwischen Planung und Umsetzung getrennt werden, etwa, wenn die Klasse für die Parallelklasse plant. Das ist allein schon vom kommunikativen Aspekt eine riesige Herausforderung!

Planunqsort ≠ Bauplatz

Es hilft beim Planen sehr, wenn die eigene Klasse zuvor diese Übung bereits real durchgeführt hat und so den Aufbau kennt. Die eigene Erfahrung hilft wesentlich bei der Planung: Je häufiger die Planungsgruppe das Material in den Händen gehalten hat, desto einfacher wird es.
Wesentlich schwerer (!) wird die Übung, wenn die Planungsgruppe die Übung nicht durchgeführt hat. Jetzt sind wir in der Realität, in der außerschulischen Welt angekommen, wo häufig nur Zeichnungen und Computersimulationen anstelle von echten Modellen oder dem realen Erlebnis zur Verfügung stehen.

Computersimulation

Der Mensch geht sogar noch weiter: Mit der Landung auf dem Mond haben viele unterschiedliche Gruppen für eine bestimmte Umgebung geplant, wo noch nie ein Mensch zuvor gewesen ist. Hierin steckt nicht „nur“ eine abartige technische Leistung, auch aus einem kommunikativen Blickwinkel passt der Begriff „abartig“ im wahrsten Sinne des Wortes: weg von der eigenen Art.

*Ort des erstellten Musters*

Notwendiges Material wie das Muster sollte für alle Gruppen zugänglich sein. Ist das Vorlagenmuster nicht auffindbar, gibt es

Vorlage bleibt ortsfest

keinen unmittelbaren Zugang. Hier hilft die Regel: „Die Vorlage bleibt ortsfest und darf den Tisch nicht verlassen!" Auf dem folgenden Foto steht das Modell auf einem gesonderten Tisch zentral im Klassenraum.

*Hilfe für den Zusammenbau*

Bild als Hilfe

Sie geben eine Idee der Verkettung der einzelnen Teilterme (symbolische Ebene) vor oder/und zeigen zusätzlich dieses Bild:[68]

*Zeitliche Trennung von Planungs- und Bauphase*

zusätzliche Planungsphase

Als Spielleiter bauen Sie vor dem Bau eine Planungsphase ein: Wer macht was? Wo soll das Exponat schlussendlich stehen? Was machen die Leute, die bereits mit ihrem Teilstück fertig sind? Wer verteilt das Material zu Beginn? Diskutiert wird ohne Material; die Zeit läuft mit dem ersten Materialkontakt.

68 Kostenfreier Download im Downloadbereich von www.unterricht-als-abenteuer.de.

*Rollenklärung*
Wer leitet die Diskussion bzw. macht die Gesprächsleitung? Hier kann beispielsweise ein Redestab helfen (vgl. Übung 5.4). Wer kümmert sich um die Schnittstellenproblematik? Wer hat ein Auge darauf, dass nicht irgendwo etwas Falsches gebaut wird? Wer baut was (Achsenbestückung, Kettenlänge, Pfeiler mit Schiebefüßchen)? Wer hat den Blick aufs Ganze und schaut danach, dass nicht ein paar Gruppen ganz zurückbleiben, während andere bereits fertig sind? Kurz: Wer beobachtet die Arbeitsabläufe?

Redestab

*Materialliste*
Eine häufig unterschätzte, zeitsparende und fehlervermeidende Hilfestellung: Zuerst wird das benötigte Material zurechtgelegt und erst danach aufgebaut. Die Vorgabe der Teile bewirkt, dass nichts vergessen wird. Dass ein Teil falsch eingebaut wird, ist weniger wahrscheinlich, als dass es gar nicht eingebaut wird! Vor allem bei großen Nachbauten empfiehlt es sich generell, vor jedem neuen Konstruktionsschritt erst das Material abgezählt herauszusuchen.

Vorgabe der Teile

**Phase III: Das Experiment**

Wenn die ganze Konstruktion fertig aufgebaut ist, wird an der letzten Achse der Winker befestigt. Damit man kleine Bewegungen besser sehen kann, wird zusätzlich ein Zeiger (z. B. ein Trinkhalm) aufgesteckt.

Noch berührt keiner das Exponat. Wer glaubt, dass man an der letzten Achse eine Drehbewegung erkennen kann? Bis wohin lässt sich noch eine Bewegung beobachten? Wer für sich eine Antwort gefunden hat, verschränkt die Arme. Erst dann folgt das Experiment. Es wird nicht ge-

magischer Moment

sprochen. Stille. Ein magischer Moment entsteht. Auf dem Foto versuchen die Schüler, die gerade noch wahrnehmbare Bewegung zu erkennen. Ebenso sind Croissant, Apfel und Karotte nur noch als kaum wahrnehmbare Pünktchen zu sehen.

*Ergänzung: Reflexion des Teamgeistes, Prüfung der Arbeitsfähigkeit*
Zwischen Konstruktionsphase und Experiment kann die Arbeitsfähigkeit der Gruppe überprüft werden (nach dem Experiment wäre ungeschickt, weil dann die Spannung weg ist). Ideal wäre es, wenn alle während der ganzen Konstruktionsphase etwas zu tun haben und schließlich alle gleichzeitig fertig sind. Dieser Idealzustand wird selten zu 100 % erreicht. So können beispielsweise bei der abschließenden Verkettung nicht 60 Hände gleichzeitig zugreifen und mitarbeiten. Aber solche Momente, in denen aus Platzgründen nicht alle mitarbeiten können, sind selten. Häufig hingegen ist eine Gruppe mit „ihrem" Teil fertig und beginnt zu warten – anstatt sich umzusehen, wo Hilfe benötigt werden könnte!

effektive Arbeitszeit

Um die effektive Arbeitszeit zu prüfen, soll jeder einschätzen, wie viel Prozent der Zeit er gearbeitet hat. Mit den Fingern wird angezeigt: Jeder Finger zählt 10 %. Damit ist die Arbeitseinschätzung für jeden im Raum sichtbar.
Im Anschluss wird überlegt, wie sich das Arbeitspotential der Gruppe besser ausschöpfen lassen könnte. Bitte an dieser Stelle keine allgemeinen Weisheiten, sondern ganz konkrete Handlungsvorschläge. Alles andere bringt nichts. In welcher Situation hätte Person XY anders handeln können? Zu welchem Zeitpunkt wurde eine Entscheidung getroffen, die hinterher andere arbeitslos machte? Unser Gehirn braucht konkrete Beispiele, keine allgemeinen Ratschläge!

*Einfühlung in exponentielles Wachstum bzw. Zerfall*

In der folgenden Mathestunde wird eine ganze Stunde lang an der Kurbel gedreht. Um der Dauerbelastung standzuhalten, kann die Kurbelachse mit einem Extrabauteil stärker fixiert werden (vgl. im Abschnitt 3.4 den Unterabschnitt „Stabile Fixierung der Kurbelachse"). Die Schüler wechseln sich ab: Jeder dreht zwei Minuten. Zu Beginn stehen alle Winker und der Zeiger am Ende der Konstruktion auf „12 Uhr".

jeder dreht zwei Minuten

Irgendwann, vielleicht nach der 45 659. Kurbelumdrehung, entsteht die Vermutung, dass man auch in absehbarer Zeit nichts bemerken wird. Und irgendwann möchte man wissen, wann sich das Kurbeldrehen bemerkbar macht. Irgendwann kommen von selbst Fragestellungen in der Art:

(1) *Um wie viel dreht sich das hinterste Zahnrad bei einer Kurbeldrehung?*

(2) *Wie oft müsste man kurbeln, bis das letzte Zahnrad eine Umdrehung macht?*

Und um ein Gefühl für die Größenordnung zu erhalten:

Gefühl für Größenordnung

(3) *Wie lange würde das bei je einer Kurbelumdrehung pro Sekunde dauern?"*

Bevor man rechnet, darf geschätzt werden. Sie können sich im Schätzen selbst versuchen; rechnen Sie mit einer Klassenstärke von 30 Schülern. Sie werden mit ziemlicher Sicherheit völlig daneben liegen – obwohl Sie mathematisch vorgebildet sind und Ihnen exponentielles Wachstum bekannt ist. Bevor Sie weiterlesen, äußern Sie zuerst eine Vermutung, denn nur wer eine Vermutung geäußert hat, kann sich vom Ergebnis überraschen lassen.

Selbstversuch

*Lösung:*

Die Kurbelachse wird im Folgenden als nullte Achse gezählt.

(1) Die erste angetriebene Achse (nicht die Kurbelachse) dreht sich $\frac{1}{2} = \left(\frac{1}{2}\right)^1$-mal. Die zweite Übersetzung halbiert die Umdrehung erneut, d. h. die zweite angetriebene Achse dreht sich $\frac{1}{2} \cdot \frac{1}{2} = \left(\frac{1}{2}\right)^2$-mal. Da jeder Schüler eine Übersetzung gebaut hat, gilt für die Umdrehung der letzten (30.) Achse:
$\frac{1}{2} \cdot \frac{1}{2} \cdot \frac{1}{2} \cdot \frac{1}{2} \cdot \frac{1}{2} \cdot \frac{1}{2} \cdot \frac{1}{2} \cdot \frac{1}{2} \cdot \frac{1}{2} \cdot \frac{1}{2} \cdot \frac{1}{2} \cdot \frac{1}{2} \cdot \frac{1}{2} \cdot \frac{1}{2} \cdot \frac{1}{2} \cdot \frac{1}{2} \cdot \frac{1}{2} \cdot \frac{1}{2} \cdot \frac{1}{2} \cdot \frac{1}{2} \cdot \frac{1}{2} \cdot \frac{1}{2} \cdot \frac{1}{2}$
$\cdot \frac{1}{2} \cdot \frac{1}{2} \cdot \frac{1}{2} \cdot \frac{1}{2} \cdot \frac{1}{2} \cdot \frac{1}{2} \cdot \frac{1}{2} = \frac{1}{2}^{30} \approx 0{,}000000000931.$

(2) Die Fragestellung entspricht Aufgabe (1). Nur beginnt man jetzt bei der letzten Achse. Die vorletzte muss sich zweimal drehen, damit sich die letzte einmal dreht, die vorvorletzte viermal usw. Damit benötigt die Kurbelachse über eine Milliarde Umdrehungen, genauer: $2^{30} = 1\,073\,741\,824$.

(3) Die Zeitdauer beträgt 1 073 741 824 Sekunden. Darunter kann man sich nichts vorstellen, also wird die Einheit vergrößert.

| Zeitdauer | |
|---|---|
| 1 073 741 824 | Sekunden |
| ≈ 17 895 697 | Minuten |
| ≈ 298 262 | Stunden |
| ≈ 12428 | Tage |
| ≈ 34,0 | Jahre |

**Zusatz zu Phase II: Ein Rätsel**

Frage: Mit jeder Übersetzung wird es ein bisschen schwerer, an der Kurbel zu drehen. Es kommen ja immer weitere Zahnkränze hinzu, die ebenfalls mit angetrieben werden müssen. Angenommen, alle Zahnräder sind fest angeschraubt und die Übersetzungen sind bis ins Aschgraue, d. h. bis ins Unendliche gebaut: *Lässt sich die Kurbel dann noch drehen? Und wenn ja: Hätte ein Schüler aus der Klasse die Kraft dazu, die unendlich vielen Zahnräder zu bewegen?*

unendlich viele Räder bewegen

Es wird nicht gesprochen. Wer für sich eine Antwort gefunden hat, verschränkt die Arme. Sind alle so weit, wird Stellung bezogen: Wer glaubt, dass sich unendlich viele Räder bewegen lassen, geht nach links, wer das Gegenteil glaubt, nach rechts. Mit einem Redestab wird diskutiert (vgl. die Übung in Abschnitt 5.4). Geben Sie der Diskussion Zeit, sich zu entwickeln!

*Hinweis zur Umsetzung*

Wenn Sie das Rätsel stellen wollen, stellen Sie es, bevor in Phase III an der Kurbel gedreht wird, ansonsten deutet der Versuch schon die Antwort an. Sie können die Frage sogar noch vor dem Zusammenbau stellen, dann kann auch das Exponat keinen Hinweis geben. Aber es ist eindrucksvoller, wenn das Getriebe schon aufgebaut ist, denn dann ist etwas im Raum, über das man spricht – auch wenn nur ein winziger Teil der unendlich vielen Übersetzungen aufgebaut ist. Eine Möglichkeit, das erste Kurbeln zu verhindern, besteht darin, die Kurbel erst im Anschluss einzubauen und eventuell erst dann die nachfolgende Kette.

Kurbel zum Schluss

*Lösung des Rätsels*

Antwort: *Ja, man benötigt nur die doppelte Kraft, als wenn man nur an einer einzigen Übersetzung kurbeln würde!* Unvorstellbar, aber es lässt sich verstehen. Es ist einfacher, in Energie zu denken: Um die Reibung der ersten Übersetzung zu überwinden, brauchen wir für eine Umdrehung eine gewisse Energie, sagen wir die Menge, die in dem danebenliegenden halben Apfel steckt. Die folgende Übersetzung dreht sich nur halb so weit und entsprechend brauchen wir nur die Hälfte der Energiemenge[69], also ein Viertel vom Apfel. So geht es weiter und weiter. Der ganze Apfel stellt den Grenzwert dar: $\frac{1}{2} + \frac{1}{4} + \frac{1}{8} + \frac{1}{16} + \frac{1}{32} + \frac{1}{64} + \frac{1}{128} + \ldots = 1$. Damit benötigen wir genau das Doppelte an Energie bzw. an Kraft, um statt einer Übersetzung die gesamte unendliche Reihe anzukurbeln. Wenn Sie Lust haben, bau-

doppelte Kraft

Grenzwert

69 In erster Näherung ist die (Gleit-)Reibungskraft unabhängig von der Geschwindigkeit.

en Sie eine einzige Übersetzung, während die Schüler die Reihe zusammensetzen. Dann können die Schüler das Ergebnis der Überlegung haptisch nachvollziehen. Bei 30 Übersetzungen dürfte es noch ein bisschen leichter als doppelt so schwer gehen.

haptisches Nachvollziehen

*Mathematische Bemerkung: Anschauliche Grenzwerte*
In dieser Übung werden zwei Grenzwertprozesse veranschaulicht:

(1) die (Partialsummen-)Folge $\frac{1}{2}+\frac{1}{4}+\frac{1}{8}+\frac{1}{16}+\frac{1}{32}+\frac{1}{64}+\frac{1}{128}+\ldots$ mit dem Grenzwert 1

(2) ein unendliches Produkt $\frac{1}{2}\cdot\frac{1}{2}\cdot\frac{1}{2}\cdot\frac{1}{2}\cdot\frac{1}{2}\ldots$ mit dem Grenzwert 0 (die Rotationsgeschwindigkeit der einzelnen Rädchen geht gegen null).

## 9.2 Exkurs für höhere Klassen: Exponentielles Wachstum und Kettenlinie

Wie lässt sich nachempfinden, wie extrem das Schaubild der Exponentialfunktion zunimmt? Meist wird der einzig interessante Ausschnitt gezeigt, dort wo das Schaubild die Richtung ändert. Überall sonst verläuft die Kurve im Wesentlichen waagerecht oder senkrecht! In diesem Abschnitt wird ein Exponat vorgestellt, das das eindrückliche Wachstum sichtbar macht.

im Wesentlichen senkrecht

**Theorie der hängenden Kette**
Die Form einer hängenden Kette lässt sich näherungsweise durch die Exponentialfunktion $x \mapsto e^x + e^{-x}$ beschreiben. Für betragsmäßig kleine $x$ dominieren in der Taylorentwicklung[70] $e^x = 1 + x + \frac{x^2}{2!} + \frac{x^3}{3!} + \ldots$ die niedrigen Summanden. Es gilt[71]:

Taylorentwicklung

$$\begin{aligned} e^x + e^{-x} &= \left(1 + x + \frac{x^2}{2!} + \frac{x^3}{3!} + \ldots\right) + \left(1 - x + \frac{x^2}{2!} - \frac{x^3}{3!} + \ldots - \ldots\right) \\ &= 1 + 1 + \underbrace{x - x}_{=0} + \frac{x^2}{2!} + \frac{x^2}{2!} + \ldots - \ldots \\ &= 2 + 0 + 2\cdot\frac{x^2}{2!} + 0 + \ldots \\ &= 2 + x^2 + \ldots \end{aligned}$$

70 Zur Taylorentwicklung: Jede unendlich oft differenzierbare Funktion lässt sich in der Umgebung einer Stelle durch eine Potenzreihe darstellen. Hier wurde an der Stelle 0 entwickelt.

71 Achtung: Das zweite Gleichheitszeichen ist alles andere als selbstverständlich, dort werden *unendliche* Reihen miteinander verrechnet. Voraussetzung ist, dass beide Reihen konvergieren.

Daher lässt sich die Kettenlinie für betragsmäßig kleine $x$ recht gut mit der quadratischen Funktion $x \mapsto 2 + x^2$ annähern. Eine hängende Kette sieht also um ihren Tiefpunkt herum tatsächlich so aus wie eine Parabel.
Vergleicht man die Kettenlinie jedoch bei höheren $x$-Werten mit der Parabel, existiert keine Ähnlichkeit: Die Kettenlinie wird fast zu einer Senkrechten, während die Parabel viel langsamer ansteigt.

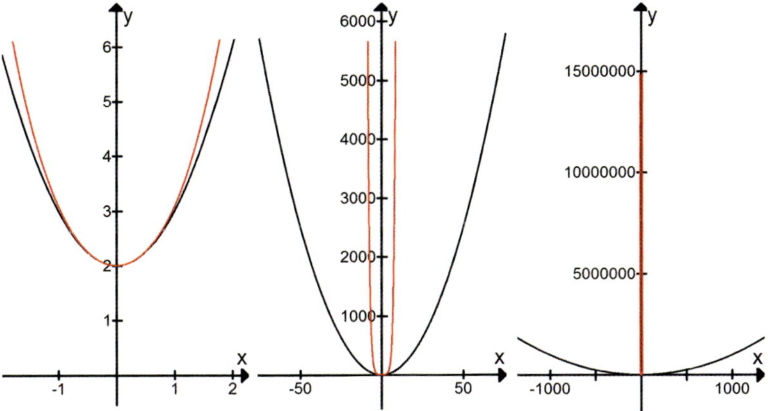


Weltbevölkerung und Wirtschaft

Dasselbe gilt für alle Wachstumsprozesse, insbesondere den der Weltbevölkerung oder der Wirtschaft: Auch in diesen Fällen sieht es kurzfristig – für kleine Zeiten $x$ – gefährlich harmlos aus. Wird dann das Problem „fühlbar“, sodass gehandelt werden muss, kann es bereits zu spät sein. Wer glaubt, dass ständiges Wirtschaftswachstum für den Erhalt von Wohlstand notwendig ist, der versteht entweder nichts von Mathematik oder verschließt absichtlich die Augen.
Meist wird die Exponentialfunktion nur für betragsmäßig kleine $x$ ins Heft gezeichnet. So ist es verständlich, dass vielen Schülern der rapide Anstieg nicht geläufig ist. Wenn man bedenkt, dass Bevölkerungs- und Wirtschaftswachstum durch Exponentialfunktionen beschrieben wird, ist deren Verständnis auch für die kulturelle und politische Bildung extrem wichtig.

kulturelle und politische Bildung

Der Beweis, dass die Kettenlinie im Wesentlichen durch die Exponentialfunktion $f(x) = e^x + e^{-x}$ bzw. den Kosinus Hyperbolicus[72] be-

72 Kosinus Hyperbolicus: $\cosh(x) = \frac{1}{2}(e^x + e^{-x})$

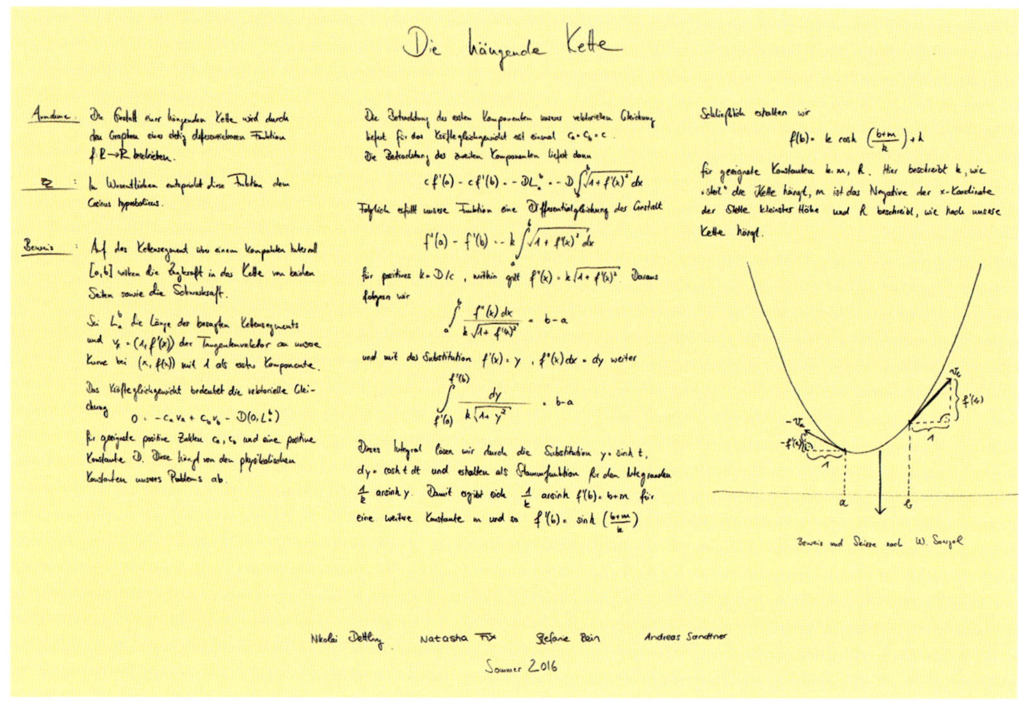


schrieben wird, ist ein klassisches Problem der Variationsrechnung, der den Rahmen des Schulunterrichts sprengt.[73]

### Die hängende Kette mit Fischertechnik

Die Form der hängende Kette wird zur Visualisierung des Schaubildes der Exponentialfunktion genutzt. Eine mögliche Aufhängung für nicht zu lange (schwere) Ketten ist auf den folgenden Bildern zu sehen. Je weiter die Aufhängepunkte auseinander liegen, desto kleiner ist der Ausschnitt der Kurve von $f(x) = e^x + e^{-x}$. Ist die Kette beispielsweise nur geringfügig länger als der Abstand der Aufhängepunkte, wird die Kettenlinie näherungsweise sogar parabelförmig!

großes Exponat

Größer ist beeindruckender. Die fast senkrechte Steigung der Kettenlinie abseits vom Tiefpunkt wirkt bei gleichem Abstand der Aufhängung stärker, je länger die Kette ist. So kann eine lange Kette aus dem Material aller Kästen zusammengesetzt werden und ins Treppenhaus gehängt werden. Der Effekt des rasanten Anwachsens ist jedoch be-

73 Den gezeigten Beweis über die Form der hängenden Kette habe ich von Wolfgang Soergel (Universität Freiburg).

reits beim Abstand der Aufhängepunkte einer Kastenlänge und bei einer Kettenlänge von drei Metern gut sichtbar (vgl. das Foto rechts). Die Funktion $f(x) = e^x$ stimmt für große $x$ näherungsweise mit dem rechten Ast der Kettenlinie überein. Der Grund dafür ist, dass der Summand $e^{-x}$ sehr schnell gegen null geht und somit vernachlässigt werden kann. Die folgende Graphik zeigt das Anschmiegen des Schaubildes der Exponentialfunktion an die Kette.

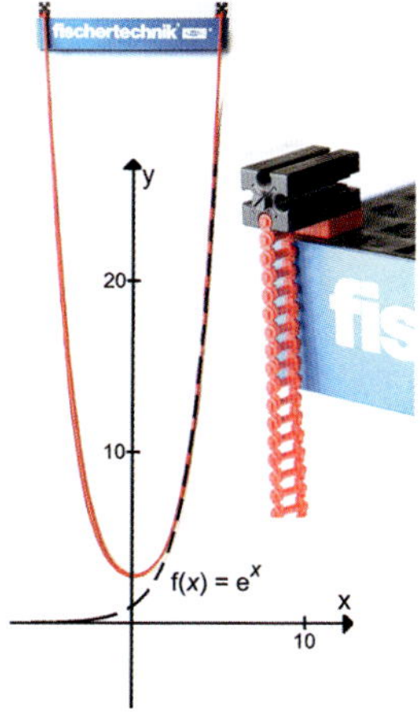


*Eine mögliche Schülerübung*

Die Kette wird wie auf dem Foto aufgebaut und abfotografiert. Mit einem Baukasten kann eine Kettenlänge von 1,3 m realisiert werden. Der Forschungsauftrag lautet: Finde eine passende Funktion, die die Kettenlinie näherungsweise beschreibt. Für diese Übung braucht es einen Funktionsplotter, bei dem ein Foto als Hintergrundbild zum Abgleich genutzt werden kann.

**Die Kette als Exponat**

Zur Demonstration des extrem schnellen Wachstums der Exponentialfunktion hängt in der Universität Freiburg eine Kette über vier Stockwerke. Die Bilder von links nach rechts:

Universität Freiburg

(1) Tiefpunkt der Kette im Untergeschoss
(2) die Kette vom Untergeschoss nach oben fotografiert
(3) die Kette im ersten Stock – bereits hier scheint sie senkrecht zu hängen (das Bild im Hintergrund (DIN A0) ist auf Seite 156 abgebildet und beschreibt die Form der Kette).
(4) Aufhängung der Kette

Es ist ein relativ günstiges, aber auffallendes Exponat. Die Idee ist, dass die Studierenden an der Kette herumspielen und so das exponentielle Wachstum alltäglich wird. Auch die Fortpflanzung von Wellen lässt sich beobachten. Hierzu braucht es nur eine schnelle Auslenkung an einer Stelle. Es können sogar Überlagerungen von Schwingungen, Resonanzen und Reflexionen untersucht werden – ein fächerübergreifendes Exponat.

Eine Kette bekommen Sie im Baumarkt. Sie sollte so beschaffen sein, dass sie einerseits deutlich sichtbar ist, gleichzeitig aber so filigran, dass niemand auf die Idee kommt, daran hochzuklettern. Aus diesem Grund wurde die Kette auch nicht direkt am Geländer befestigt. Abgerundet wird die Ausstellung durch eine schriftliche Erklärung.[74]

Achtung Sicherheit!

## 9.3 Potenzen: die Grenzen der Belastbarkeit

Potenzen wachsen schnell, sehr schnell. Schon bald kommt man an die Grenzen der Belastbarkeit. Das „Wunder“ vom Abschnitt 9.1, dass man bei einer unendlichen Reihe von Übersetzungen immer noch an der Kurbel drehen kann, wird im Folgenden „umgedreht“.

lineares Denken

Der menschliche Geist denkt linear. Er kann exponentielles Wachstum schlecht schätzen.[75] Ein Beispiel: Den meisten Menschen ist bei der abgebildeten Konstruktion nicht unmittelbar klar, dass eine weitere Übersetzung die Kraft an der Kurbel wesentlich verändern würde. Irgendwie sollte es nicht so viel ausmachen, ob da fünf oder sechs Übersetzungen hintereinander geschaltet werden, der Zuwachs wäre ja lediglich 20 %.

74 Den Beweis zur Form der Kette können Sie hochauflösend im Downloadbereich von www.unterricht-als-abenteuer.de herunterladen.

75 Vgl. die Übungen in Martin Kramer: Mathematik als Abenteuer, Bd. II, Klett Kallmeyer Verlag [5]2018, Abschnitt 15.5: „Exponentielles Wachstum ist unabschätzbar“

Das ist leider ein großer Irrtum. Bei Themen wie Bevölkerungswachstum, Inflation oder einer Wirtschaft, welche auf Wachstum basiert, sollte man statt einem Bauchgefühl lieber der Mathematik vertrauen. Es macht einen großen Unterschied, ob sich der Winker bei einer Kurbelumdrehung 32- oder 64-mal drehen muss. Jede weitere Übersetzung würde den Energiebedarf jeweils verdoppeln!

auf Mathematik vertrauen

**Umsetzung**

Die Schüler entscheiden sich für eine Übersetzung größer eins und bauen in Zweiergruppen bis zur Grenze des Materials. Sowohl bei der vorigen als auch bei der folgenden Abbildung ist die Grenze bereits überschritten: Das Getriebe mit den Zweierpotenzen versagte bei $2^5$ an der letzten Achse. Bei den Viererpotenzen kann nicht an der Kurbel, sondern muss am 40er-Rad angedreht werden.
Beim Aufbau ist auf Leichtgängigkeit der Achsen und auf eine sehr leichte Kettenspannung zu achten. Vor jeder weiteren Übersetzung wird die Kraft an der Kurbel getestet bzw. ob das Getriebe noch funktioniert. Der Sinn der Aufgabe besteht darin, exponentielles Wachstum haptisch zu erfahren.

**Pädagogische Bemerkung: verantwortlich an die Grenze gehen**

Wenn man an die Grenzen gehen möchte, möchte man auch alles, was möglich ist, aus dem Material herausholen. Entsprechend besteht die Gefahr, dass die Zahnräder so fest auf den Achsen montiert werden, dass sie entweder hinterher nicht mehr lösbar sind oder etwas kaputtgeht. Wird beispielsweise die Kurbel als Hebel verwendet, geht sie sehr schnell kaputt. Es geht in dieser Übung also um zwei Dinge:

(1) an die Grenze des Materials, d.h. des technisch Möglichen heranzugehen.
(2) Verantwortung zu übernehmen: Jede Gruppe überlegt und entscheidet für sich, wie weit sie geht. Was kaputtgeht, wird ersetzt. Nach Ablauf der Übung müssen die Kästen vollständig und funktionsfähig sein.

Mit der zweiten Forderung befinden wir uns im realen Leben bzw. im realen Beruf.

Berufsleben

*Mehrere konkrete Beispiele*

Im Raum befinden sich mehrere Beispiele zum gleichen Thema. Jeder Aufbau ist anders. Die Kurbel steckt an anderer Stelle, es gibt mehr oder weniger Übersetzungen, die einzelnen Übersetzungsverhältnisse sind unterschiedlich. Die Unterschiedlichkeit macht es erst möglich, dass das Wesentliche bzw. das allgemeine Prinzip erfahren werden kann. Dieses ist nicht sichtbar, nicht abbildbar. Aber mit wenigen verschiedenen konkreten Beispielen ist das Spezielle abgestreift und die Verallgemeinerung vollzogen.

doppelte Konstruktion

In dieser Übung konstruiert der Schüler zweimal: Einmal entsteht unter seinen Händen eine materielle Konstruktion, ein zweites Mal entsteht im Austausch mit anderen Modellen in seinem Gehirn eine gedankliche.

*Riemann-Thomann*

zwei Grundstrebungen

Die Vorgehensweise, zuerst etwas Eigenes, Individuelles zu bauen, um hinterher die anderen Konstrukte in der Gruppe anzusehen, entspricht in dem kommunikationspsychologischen Modell von Riemann-Thomann zwei Grundstrebungen des Menschen: dem Streben nach Distanz (Einzelarbeit) und dem Streben nach Nähe (Gruppe/Begegnung). Beides ist wichtig für Erkenntnis. Das Wechselspiel zwischen Individuum und Gruppe ist so natürlich, dass es kaum auffällt.

## 9.4 „hoch null" und negative Hochzahlen

Kurbelposition

Wenn, wie im letzten Abschnitt beschrieben, bei den verschiedenen Schülergruppen die Grenze des Materials erreicht ist, lassen sich die Getriebe als Ganzes dennoch andrehen, wenn jeweils die Kurbel versetzt wird. Sie wird also um eine oder zwei Achsen nach rechts versetzt. Die Kurbelposition markiert (bei allen Getrieben) die Stelle null

bzw. die nullte Achse. Die Achsen werden doppelt beschriftet: Auf der Vorderseite der Schildchen stehen wie auf dem Foto die Potenzen, auf der Rückseite die Ergebnisse.
An welcher Stelle sich die jeweilige Achse befindet, wird rot hervorgehoben (Exponent). Dreht man an der Kurbel einmal, so dreht sich die Achse an der Stelle 3 entsprechend $2^3$-mal. Die Achse an der Stelle 0 offensichtlich einmal, das bedeutet in formaler Schreibweise $2^0 = 1$. Auch negative Hochzahlen erhalten im Exponat eine anschauliche Bedeutung. Die Achse an der Stelle –1 dreht sich nur ein halbes Mal, an der Stelle –2 ergibt sich lediglich eine Vierteldrehung, in formaler Schreibweise: $2^{-2} = \frac{1}{4}$.

anschauliche Bedeutung

*Erweiterung: Stellenwertsysteme – Aufbau unseres Zahlensystems*
Der dargestellte Aufbau entspricht im Aufbau dem Zweiersystem, wobei die Achsen jeweils der Stelle entsprechen. Nun wird die Beschriftung neu angeordnet: Rechts von der Kurbelachse („Einer“ bzw. die $2^0$) befinden sich die Nachkommastellen ($2^{-1} = \frac{1}{2}$, $2^{-2} = \frac{1}{4}$, …) , links die höheren Potenzen. Möchte man bereits in der fünften Klasse das Zweiersystem aufbauen, steckt man die Kurbel auf die Achse ganz rechts, dann stehen dort die Einer und es gibt keine Kommastellen. Jetzt muss man 32-mal drehen, damit sich die linke Achse einmal dreht. Gezählt werden nur ganze Umdrehungen.
Würde man als Basis eine Übersetzung von 10 verwenden, ergäbe sich unser vertrautes Zehnersystem (Tausender, Hunderter, Zehner, Einer, Zehntel, Hundertstel usw. entsprechen im Zweiersystem Achtern, Vierern, Zweiern, Einern, Halben, Vierteln usw.).

Zehnersystem

## Didaktische Bemerkung

*Potenzen und Zahlenwerte*

Die doppelte Beschriftung verknüpft die Potenz mit dem jeweiligen Zahlenwert. Der Knick steht für das Gleichheitszeichen (siehe das Foto). Die Schüler schreiben an der richtigen „Stelle“ vielleicht zum ersten Mal die Gleichung $2^0 = 1$ auf. Aber es geht nicht nur darum, dass die Schüler Potenz und Zahlenwert verknüpfen: Indem sie das Schildchen am Modell positionieren, wird die Bedeutung von $2^0$ gleichsam verortet. Es ist möglich, in einem Kontext (Stellenwertsystem) die Bedeutung von $2^0$ zu „begreifen“.

Verortung der Bedeutung

## 9.5 Potenzgesetze

Natürlich lassen sich ebenfalls Potenzgesetze am Modell aufbauen. Das folgende Bild zeigt das Gesetz $a^m \cdot a^n = a^{m+n}$ am Beispiel $2^3 \cdot 2^2 = 2^{3+2}$.

*Haptische Deutung einer Potenz $a^n$*

haptische Interpretation

Eine Potenz $a^n$ lässt sich folgendermaßen haptisch interpretieren: Die Basis $a$ steht für die Übersetzung, die Hochzahl $n$ steht für die Anzahl, wie oft die Übersetzung $a$ hintereinandergebaut wird. Das Vorzeichen von $n$ bestimmt, in welcher Richtung die Übersetzung eingebaut wird. So würde die Gleichung $2^{-3} \cdot 2^2 = 2^{-3+2}$ durch Umdrehen der blauen Übersetzungen im Bild dargestellt.

*Kehrbruch*

Einen Spezialfall stellt der Kehrbruch dar (Vorzeichenänderung im Exponenten). Zur Umsetzung wird lediglich Kurbel und Winker vertauscht; damit wirken alle Übersetzungen in die umgedrehte Richtung.

| $2^5$ | $2^{-5} = \left(\frac{1}{2}\right)^5 = \frac{1}{2^5}$ |
|---|---|

*Wurzeln*

Weiter lässt sich die Gleichung $\sqrt{9} = 9^{\frac{1}{2}}$ verstehen. Wie oben beschrieben, bedeutet die Hochzahl die Anzahl der Übersetzungen. Nun lässt sich eine halbe Übersetzung nicht bauen, daher muss zuerst die „9" mit zwei hintereinandergeschalteten Übersetzungen (mit Hilfe des

zur Verfügung stehenden Materials ist das gar nicht anders möglich) realisiert werden. Dann werden die Übersetzungen halbiert.
Weitere Beispiele: Im Fall $9^{-\frac{1}{2}}$ werden zusätzlich noch Kurbel und Winker vertauscht. Analog können höhere Wurzeln behandelt werden. So lässt sich die fünfte Wurzel $\sqrt[5]{32} = 32^{\frac{1}{5}}$ darstellen, indem man nur ein Fünftel des Getriebes mit der Gesamtübersetzung 32 verwendet:

**Hinweise zur Umsetzung**

*In der Unterstufe*

Mit Hilfe von Übersetzungen lassen sich Potenzgesetze wie oben beschrieben anschaulich darstellen, und wenn man mit einer Klasse mitten in der Getriebewelt ist, ist es im wörtlichen Sinne naheliegend, einen Schritt weiterzugehen. Die Potenzgesetze sind eine naheliegende Fortführung des Multiplikationskonzeptes – im Gegensatz zur Addition, dort wird ein ganz neuer Weg beschritten (vgl. die erste didaktische Bemerkung im Abschnitt 0).

Fortführung des Multiplikationskonzeptes

*In höheren Klassen*

Auch der umgekehrte Weg ist möglich. Die Schüler kennen die Potenzgesetze bereits auf formaler Ebene (oder sollten sie kennen) und sollen jetzt Modelle dafür erschaffen. Als Starthilfe kann der Lehrer den Zusammenhang zwischen Brüchen und Übersetzungen mitgeben, etwa in Form einer Tabelle wie am Anfang des Buches im Abschnitt 1.4). Zu umständlich? Zu kompliziert? Zu weit entfernt, um sich in die Welt der Getriebe hineinzudenken? Vielleicht. Aber damit steht eine ganz andere Frage im Raum: Wenn Mathematik nicht auf andere Dinge übertragen und kreativ angewendet werden kann, wozu findet sie dann im Unterricht statt?

Modelle selbst erschaffen

Kapitel 10
# Division

Brüche lassen sich nicht dividieren. Auch wenn in der folgenden Überschrift „Teilen durch natürliche Zahlen" steht, so wird weder in diesem Abschnitt noch irgendwo sonst im Buch geteilt. Lediglich die formale Interpretation des aufgebauten Getriebes wird verändert, dieselben Zahnräder werden aus einer anderen Blickrichtung betrachtet. „Division" ist demnach nicht anderes als eine neue Sichtweise. $4 : 2$ entspricht exakt demselben Aufbau wie $4 \cdot \frac{1}{2}$. Anders formuliert: Auf haptischem Wege wird in diesem Kapitel die formale Gleichheit $\frac{a}{b} : \frac{x}{y} = \frac{a}{b} \cdot \frac{y}{x}$ erfahren.

Division als neue Sichtweise

Dem Leser mag es ungewohnt erscheinen: In der vorgestellten Lehrgangsskizze wird zuerst die Technik des Dividierens behandelt, um danach die Regel „Zähler mal Zähler, Nenner mal Nenner" einzuführen. Mit der Division spielt zum ersten Mal die Reihenfolge der Zahnräder *innerhalb* einer Übersetzung eine Rolle. Das lässt sich als eine Hinführung zur Multiplikationsregel auffassen, die ja nichts anderes als eine Änderung der Reihenfolge der Multiplikation beschreibt: Statt die Brüche in der Gesamtheit zu multiplizieren, dürfen erst Zähler und Nenner multipliziert und danach geteilt werden.

Reihenfolge innerhalb einer Übersetzung

## *10.1 Teilen durch natürliche Zahlen*

Es soll mit Ketten und Zahnrädern die Division $4 : 2$ aufgebaut werden. Natürlich weiß jeder, was herauskommt, aber darum geht es nicht. Es geht nicht um das Ergebnis, sondern um die Konstruktion des Terms, um die Realisierung der Division.

Realisierung der Division

**Umsetzung**
Zuerst wird an die Multiplikation erinnert. Die Tafel wird in zwei Hälften geteilt: links der formale Aufschrieb, rechts die Verbildlichung.

In dem Term 4 : 2 steht die 4 für die erste Übersetzung[76] und die 2 für die zweite. Der Malpunkt entspricht der Verknüpfung durch die mittlere Achse.

*Aufgabenstellung*

Die Schüler sollen sich jeweils zu zweit überlegen, wie die Divisionsaufgabe 4 : 2 aussehen könnte, und ins Heft zeichnen. Wer unsicher ist, kann gerne vorerst auf die Farbkodierung verzichten und Bleistift verwenden.

Danach baut die Zweiergruppe zur Kontrolle die Division bzw. das Getriebe auf.

Wenn die erste Gruppe die Division richtig aufgebaut hat, unterbricht der Lehrer („Alle Finger weg vom Material!“) für folgende Fragen:

(1.) Stimmt die Umsetzung der ersten Gruppe? Und wie kann man ohne Kurbeln erklären, dass hier durch 2 geteilt wird?

(2.) Wie würde man das Modell interpretieren, wenn man noch gar nicht über die Division nachgedacht hätte?

76 Inzwischen würden die Schüler die 4 als Bruch erkennen und eventuell genauer $\frac{40}{10}$ dafür schreiben.

Zu (1.) Die Erklärung verläuft analog zur Multiplikation: Die mittlere Achse dreht sich nach einer Kurbelumdrehung 4-mal. Wenn sich bei der nachfolgenden Übersetzung das kleine 10er-Rädchen einmal dreht, dreht sich das hinterste Zwanzigerrädchen ebenfalls um 10 Zähne weiter, was eine halbe Umdrehung ausmacht.

Zu (2.) Man würde den Aufbau als Multiplikation $4 \cdot \frac{1}{2}$ deuten.

*Didaktische Bemerkung: Brüche kann man nicht (direkt) dividieren*

prinzipiell keine Division

Das Entscheidende ist, dass man mit Ketten und Zahnrädern prinzipiell *keine* Division aufbauen kann. Der Trick besteht darin, die Reihenfolge der hinteren Übersetzung umzukehren.

Genau dasselbe gilt auch für die formale Division. Man kann durch einen Bruch nicht direkt teilen. Stattdessen kehrt man Zähler und Nenner um bzw. bildet den Kehrbruch und multipliziert mit diesem.

materielle Entsprechung

Die Terme $4 : 2$ und $4 \cdot \frac{1}{2}$ finden materiell dieselbe Entsprechung. Die formale Vorgehensweise findet die Entsprechung im Modell.

*Fortlauf der Übung*

Die einzelnen Gruppen können sich entscheiden, ob sie ebenfalls die Division 4 : 2 aufbauen möchten oder ob sie sich einer anderen oder komplexeren Aufgabe zuwenden.

Konkrete Aufgabenstellung: Zu einer vereinbarten Uhrzeit (etwa 15 Minuten später) soll jede Gruppe eine Aufgabe aufgebaut haben. Es können einfache Divisionen wie 2 : 3 oder 4 : 4 realisiert werden, aber auch komplexere größere Terme wie beispielsweise 3 : 2 : 4 oder 1 : 2 : 3 : 4. Vorerst wird nur mit natürlichen Zahlen gerechnet bzw. gebaut.

*Bemerkung*

In dieser Übung geht es darum, Division als Multiplikation mit dem Kehrwert zu verstehen. Aber natürlich können die Schüler weiterdenken, wer sollte sie aufhalten: Bei 4 : 2 oder 4 : 4 ist das Ergebnis bekannt und die Schüler prüfen lediglich das Ergebnis haptisch durch Drehen an der Kurbel. Jedoch ist das Ergebnis von 3 : 2 : 4 nicht ohne Weiteres verständlich. Hier geht es um mehr als um eine bloße Überprüfung. Die Schüler haben einen Rechenapparat gebaut, von dem sie wissen möchten, ob er funktioniert. So werden für die schnellen Schüler die eigenen Konstruktionen zu Rätseln. Ein gute Hilfestellung ist es, wenn die Terme schrittweise berechnet werden: Der Winker kann auf jede Achse aufgeschoben werden. So lässt sich zuerst 3 : 2 überprüfen, indem der Winker hinter die Übersetzung „: 2" aufgeschoben wird. Bei sehr kniffligen Konstruktionen kann der Taschenrechner zur Hilfe genommen werden. Der Schüler versteht die Möglichkeit des Teilens, er versteht, dass etwas „Krummes" herauskommen kann, aber die formale Rechnung $3 : 2 : 4 = 3 \cdot \frac{1}{2} \cdot \frac{1}{4} = 3 \cdot \frac{1}{8} = \frac{3}{8}$ ist eine ernste Herausforderung. Jedoch hat er prinzipiell alles, um die Rechnung zu verstehen: Multiplizieren von $\frac{1}{2} \cdot \frac{1}{4}$ ist nichts anderes als die Umkehrung von $2 \cdot 4$, $3 \cdot \frac{1}{8}$ lässt sich als 3 : 8 schreiben. Jetzt fehlt nur noch die Einsicht, dass sich 3 : 8 als Bruch schreiben lässt.

*Übertragung in eine formale Schreibweise*

fremde Bauwerke

Nach der Bauzeit werden fremde Bauwerke in eine formale Schreibweise sowohl als Divisionsaufgabe als auch als Multiplikationsaufgabe übersetzt (linke Heftseite) und zudem bildlich notiert (rechte Heftseite). Auf dem Foto sind die Ketten entsprechend dem Heftaufschrieb eingefärbt.

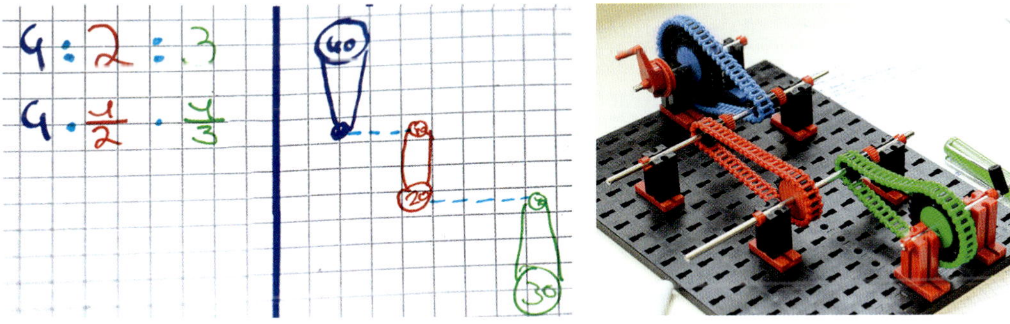


Jeder Schüler soll möglichst viele, jedoch mindestens drei Beispiele aufschreiben.

*Praktische Bemerkung*

Kehrbruch

Wenn sich die Kurbel zu schwer drehen lässt, kann durch Umstecken einfach der Kehrbruch gebildet und somit die Aufgabe „gerettet" werden.

## 10.2 Teilen durch Brüche

Dass im letzten Abschnitt „nur" durch natürliche Zahlen geteilt wurde, ist lediglich eine vertrauensbildende Maßnahme und beschränkt nicht die Allgemeinheit. Der junge Geist versteht jedoch bei einem Verhältnis von 10 : 20 leichter, wie oft sich die folgende Achse dreht: eben nur halb so oft.

mechanischer Algorithmus

Streng genommen, lässt sich das Teilen durch natürliche Zahlen gar nicht aufbauen, prinzipiell können mit Übersetzungen ausschließlich Brüche realisiert werden. An keiner Stelle spielt das konkrete Verhältnis eine Rolle, es werden lediglich Zahnräder vertauscht. Gelernt wird der mechanische Algorithmus: Willst Du durch eine Zahl (Übersetzung) teilen, dann vertausche die Zahnräder und multipliziere. Haptisch wurde die formale Gleichheit $\frac{a}{b} : \frac{x}{y} = \frac{a}{b} \cdot \frac{y}{x}$ erfahren.

Kapitel 11

# Multiplizieren von Brüchen

Um die Multiplikationsregel „Zähler mal Zähler, Nenner mal Nenner“ haptisch zu begreifen, soll zuerst geklärt werden, wie man eine Gleichung aufbaut.

## *11.1 Doppelgetriebe und Gleichungen*

Gleichheit haptisch zeigen

In diesem Abschnitt wird gelernt, wie sich die Gleichheit zweier Terme haptisch zeigen lässt. Dies gelingt, indem zwei verschiedene Getriebe sowohl eine gemeinsame Kurbelachse als auch eine gemeinsame (die *gleiche*) Winkerachse benutzen und noch funktionsfähig sind. Bei unterschiedlichen Übersetzungen gäbe es mechanische „Reibereien“. Je unterschiedlicher die Übersetzungen, desto mehr Reibung entsteht. Das folgende Beispiel zeigt bereits einen komplexen Aufbau.

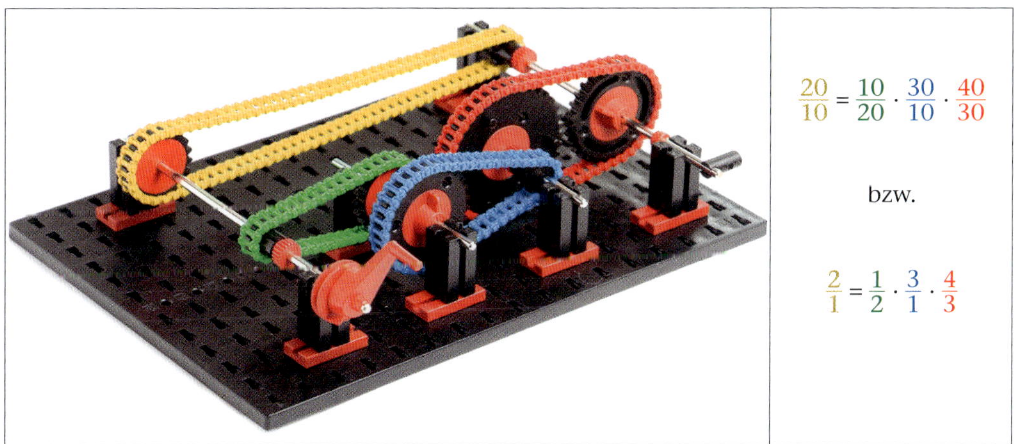


Gleichheitszeichen

Im Beispiel dreht sich die hintere Achse bei einer Kurbelumdrehung genau zwei Mal. Das Gleichheitszeichen ist mechanisch durch die Verwendung der gemeinsamen Achse erzwungen. Eine Gleichung kann somit als „Doppelgetriebe“ realisiert werden.

**Schülerübung**

Die Schüler sollen eine eigene Gleichung („Doppelgetriebe“) aufbauen. Es soll sich um eine echte Gleichung handeln, d. h., dass zwei nicht identische Getriebe (Terme) dieselbe Achse antreiben. Zu einem fest vereinbarten Zeitpunkt werden die Modelle ausgestellt. Je mehr Zeit Sie geben, desto komplexer werden die Konstruktionen. Je nach Erfahrung mit dem Material sind 10–30 Minuten eine gute Planungs- und Montagezeit. Sowohl eine an der Tafel definierte Abgabezeit als auch, den Zeitmanager in die Verantwortung zu nehmen, hilft bei der Umsetzung.
Nach Ablauf der Zeit werden die Exponate ausgestellt und die Schüler gehen mit Stift und Heft los, um mindestens drei Modelle formal und bildlich zu skizzieren.

**Erweiterung: vom Prüfling zum Qualitätsprüfer**

Anschließend kann Stellung bezogen werden: Jeder geht zu der Aufgabe, die aus seiner Sicht am schwierigsten ist. Die Arme werden verschränkt, wenn man zusätzlich einen Grund angeben kann, warum man diese Aufgabe schwer findet. Was genau macht die Aufgabe denn schwer?

Reflexion auf Metaebene

Die Aufgaben werden somit auf einer Metaebene reflektiert. Während beim ersten Durchgang eine direkte Konfrontation mit der Aufgabe stattfand (kann ich das lösen, verstehe ich das oder nicht?), wird hier mit Abstand über die Qualität der Aufgabe nachgedacht. Zuerst war man schlichtweg „User“ bzw. Prüfling, anschließend Qualitätsprüfer. Statt der schwierigsten Aufgabe kann auch Stellung zu der leichtesten, der schönsten, der lehrreichsten bezogen werden. Je nach Klasse können die Schüler sich selbst Qualitätsmerkmale überlegen, nach denen sie Ausschau halten möchten. Der Schritt zum Erstellen einer eigenen Klassenarbeit ist nicht mehr weit.[77]

Aufstellungsarbeit

77 Die Klasse legt Teile des Inhaltes der Klassenarbeit fest. In Gruppen werden Aufgabenvorschläge entworfen. Der Lehrer übernimmt leicht verändert die Ideen. Er tauscht zum Beispiel Zahlen aus. Eine näherer Beschreibung siehe in: Martin Kramer: Schule ist Theater, Schneider Verlag Hohengehren ²2013, S. 104 ff.

## 11.2 Ein Modell für die Gleichung $2 : 3 = \frac{2}{3}$ bzw. $\frac{2}{1} \cdot \frac{1}{3} = \frac{2}{3}$

Betrachtet man Doppelpunkt und Bruchstrich nur als unterschiedliche Schreibweisen, dann ist die Gleichung $2 : 3 = \frac{2}{3}$ verständlich. Fasst man jedoch den Doppelpunkt als Operator auf, dann stellt sich die Frage, wie sich die Gleichung $2 : 3 = \frac{2}{3}$ mit Zahnrädern, Achsen und Ketten aufbauen lässt. Welches (reale) Zahnrad entspricht welcher (formalen) Zahl, was dem Gleichheitszeichen? Die Behandlung der Gleichung $2 : 3 = \frac{2}{1} \cdot \frac{1}{3} = \frac{2}{3}$ ist das Herzstück der Herleitung zu der Rechenregel „Zähler mal Zähler, Nenner mal Nenner" (siehe Abschnitt 11.3).

Zentral in dieser Übung ist das ständige Hin und Her zwischen formaler Schreibweise und haptischer Entsprechung. Obwohl den Schülern die Richtigkeit der Gleichung klar ist, handelt es sich um eine schwierige Übung. So ist z. B. die Frage, was das Gleichheitszeichen bedeutet und wie man es realisieren könnte, für viele Schüler (und auch Erwachsene) sehr schwer. Um das zu klären, muss ein Modell konstruiert bzw. fortgeführt werden.

materielle Entsprechung

**Umsetzung**

Eine kurze Wiederholung: Der Lehrer schreibt den Term 2 : 3 an die linke Tafelseite, auf der rechten wird die entsprechende Umsetzung mit Ketten und Zahnrädern skizziert und farblich kodiert. So erhält beispielsweise „: 3" dieselbe Farbe wie „$\frac{10}{30}$" und die unten rechts gezeichnete Übersetzung. Der Malpunkt wird entsprechend der mittleren Achse eingefärbt.

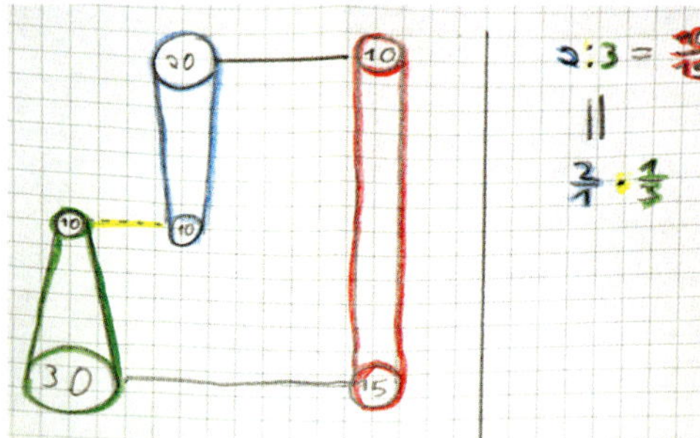


*Konkrete Aufgabenstellung*
Wie lässt sich entsprechend die Gleichung $2:3=\frac{2}{3}$ aufbauen? Die Schüler gehen zu zweit zusammen und skizzieren farblich kodiert im Heft, wie sie vorgehen würden. Wenn im Tandem eine erste Idee entstanden ist, wird das Material geholt und die Gleichung mit Ketten und Zahnrädern realisiert. Die skizzierte Idee erfährt somit eine erste reale Überprüfung.

*Einigung auf eine gemeinsame Bauweise*
Anschließend findet im Plenum ein gemeinsamer Austausch darüber statt, auf welche Weise man künftig Gleichungen dieser Art aufbauen will. Das ist nichts anderes als die Suche nach einer gemeinsamen „Begrifflichkeit". Es wird genau geklärt, welches Zeichen in der Formel welchem Bauteil zugeschrieben wird. Auf dem Foto definiert eine Schülerin soeben das Gleichheitszeichen.

gemeinsame Sprache

*Aufbau der Modelle*
Nun werden in Zweiergruppen entsprechende Gleichungen entworfen (z. B. $4:3=\frac{4}{3}$). Wer möchte oder sich etwas unsicher ist, kann versuchen, die ursprüngliche Gleichung von der Tafel aufzubauen. Es ist etwas anderes, ob man die Gleichung nur gesehen oder „begriffen" hat. Zu einem vereinbarten Zeitpunkt werden die Modelle gegenseitig ausgestellt (Bauzeit ca. 15 Minuten). Die zugehörige Gleichung wird auf einen Zettel geschrieben und im Kasten versteckt. Damit haben spätere Begutachter des Exponates die Möglichkeit zur Kontrolle. Das Foto zeigt den Aufbau der Gleichung $2:3=\frac{10}{15}$ bzw. $\frac{20}{10}\cdot\frac{10}{30}=\frac{10}{15}$.

*Heftaufschrieb und das Lösen fremder Aufgaben*

Wer eine Gleichung haptisch aufgebaut und entsprechend dem Tafelanschrieb einen farblich kodierten Heftaufschrieb gestaltet hat, sucht sich ein fremdes Modell einer anderen Gruppe und übersetzt dieses in eine formale Gleichung. Anschließend wird das Ergebnis mit der im Exponat versteckten Lösung kontrolliert. Schließlich wird der zugehörige Bauplan gezeichnet. Gleichung und Konstruktionsplan werden entsprechend farblich kodiert. Um einen persönlichen Bezug zu schaffen, werden ebenfalls die Namen der Konstrukteure protokolliert. Es sollen mindestens drei Beispiele notiert werden. Jeder entscheidet für sich, welche für ihn sinnvoll sind. Die Fotos zeigen typische Heftaufschriebe.

Farbkodierung

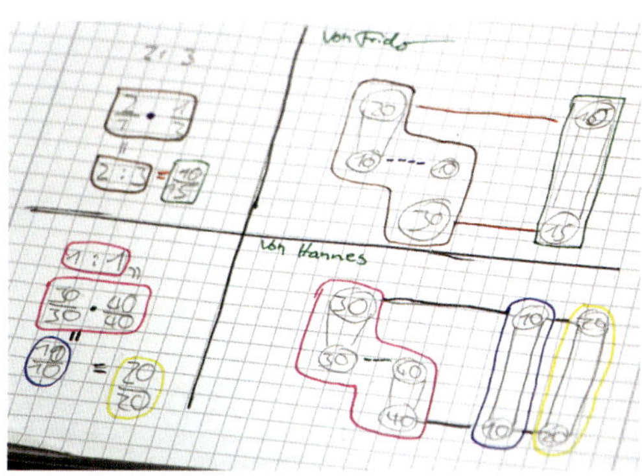

*Erweiterung: genauere Überprüfung*

Das Modell zur Gleichung $2 : 3 = \frac{10}{15}$ wird getestet: Die Baumeister drehen einmal an der Kurbel, und der Winker (im obigen Bild hinten auf der rechten Achse) dreht sich etwas weiter als eine halbe Umdrehung. Eine bessere Überprüfungsmethode besteht darin, dreimal an der Kurbel zu drehen. Jetzt dreht sich der Winker genau zweimal. Formale Schreibweise und „maschinelle Rechnung" entsprechen einander:

$$3 \cdot \frac{2}{3} = 2$$

**Didaktischer Hinweis**

Zu Beginn der Lehrgangsskizze (Kapitel 5) wurde ein reales Getriebe vom Lehrer aufgebaut und schließlich die formale Schreibweise (der Term $2 \cdot 4$) gefunden. In diesem Abschnitt wird zuerst die Gleichung vorgegeben und nach der realen Entsprechung gesucht.

## *11.3 Die Multiplikationsregel: „Zähler mal Zähler, Nenner mal Nenner"*

**Erster Schritt: Haptisches Lösen der Multiplikationsaufgabe $\frac{3}{2} \cdot \frac{3}{4}$**

Was ergibt $\frac{3}{2} \cdot \frac{3}{4}$ bzw. wie oft dreht sich der Winker, wenn die Kurbel an dem abgebildeten Modell einmal gedreht wird?

Die Schüler kennen noch kein Rechengesetz. Daher wird die Aufgabe vorerst haptisch gelöst, trotzdem so genau wie möglich. Die Schüler bauen das Modell zu dem Term auf und zählen, wie oft sich die hintere Achse dreht (der Winker), wenn vorne an der Kurbel einmal gedreht wird.

Es kommt etwas mehr als 1 heraus. Wer genauer sein möchte, kann mehrmals kurbeln: Wenn man zehnmal kurbelt, erhält man zehnfache Genauigkeit (auf eine Nachkommastelle); wenn man hundertmal kurbelt, hundertfache Genauigkeit (auf zwei Nachkommastellen). Eine weitere Möglichkeit besteht darin, sooft zu kurbeln, bis der Winker exakt wieder oben steht.[78]

Genauigkeit

*Didaktische Zwischenbemerkung*

Wer Exaktheit verstehen soll, muss zuerst ungenau sein dürfen. Für ein Kind, das gerade eine mengenmäßige Verstellung von Brüchen entwickelt, ist „etwas mehr als 1" eine befriedigende Lösung. Es braucht Zeit, bis der Geist für Exaktheit bereit ist. Wenn unterschiedliche Schülervermutungen im Raum stehen, wenn geforscht wurde, erst dann entsteht das Verlangen danach, wie viele Umdrehungen es wahrhaftig sind. Natürlich kann man auch 1000 oder 100 000 Mal kurbeln. Eine Frage drängt sich auf: Ist es überhaupt möglich, die *exakte* Lösung zu finden? Erst wenn diese Frage im Raum steht, ergibt die Herleitung einer Rechenformel Sinn. Je länger die Zeit des Forschens ist, desto mehr überrascht die Formel „Zähler mal Zähler, Nenner mal Nenner" und deren Einfachheit, desto mehr kommt das Wesentliche der Mathematik zum Vorschein: Mathematik ist die Kunst, zu strukturieren.

überraschende Einfachheit

**Zweiter Schritt: Zerlegen der Multiplikation**

Ein Bruch wie $\frac{2}{3}$ lässt sich in das Produkt $\frac{2}{1} \cdot \frac{1}{3}$ zerlegen (s. Abschnitt 11.2).

78 Vgl. auch die Aufgabe am Fahrrad im Abschnitt 7.1: *„Wie oft müsste man an der Kurbel drehen, damit beim Gang bzw. der Übersetzung $\frac{42}{13}$ das Ventil wieder exakt oben steht?"*

Ebenso werden die Brüche in der Multiplikationsaufgabe zerlegt: $\frac{3}{2} \cdot \frac{3}{4} = \frac{3}{1} \cdot \frac{1}{2} \cdot \frac{3}{1} \cdot \frac{1}{4}$, sodass folgendes Bild entsteht:

*Konkrete Umsetzung*

Es soll die Gleichung $\frac{3}{2} \cdot \frac{3}{4} = \frac{3}{1} \cdot \frac{1}{2} \cdot \frac{3}{1} \cdot \frac{1}{4}$ mit Ketten und Zahnrädern nachgebaut werden. Vorerst wird gemeinsam an der Tafel die formale Gleichung (linke Tafelseite) in eine Konstruktionszeichnung (rechte Tafelseite) übersetzt. Zentral für das Verständnis bzw. den Bezug zwischen Zahnrädern und Brüchen ist eine geeignete Farbkodierung.

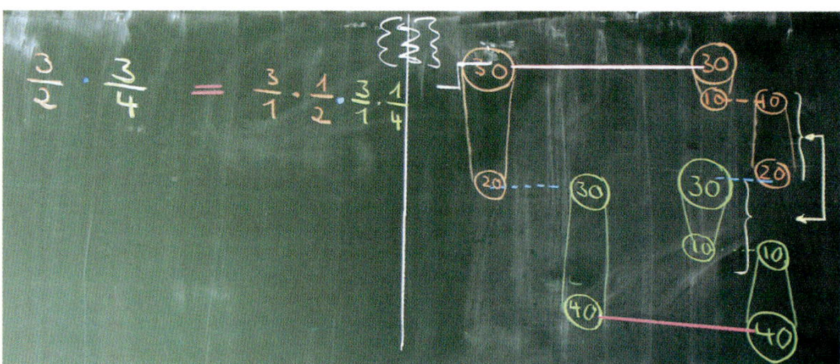


Wie üblich, besorgen sich je zwei Schüler zusammen einen Kasten. Für den komplexen Aufbau werden allerdings zwei Kästen benötigt, sodass jeweils zwei Zweiergruppen als Vierergruppe zusammenarbeiten.

Vierergruppe

**Tipps zur Umsetzung bei Vierergruppen**

Bei komplexeren Aufbauten sind Vierergruppen häufig mit einer sinnvollen Arbeitsteilung überfordert, sodass es sehr hilfreich sein kann, wenn der Lehrer stärker strukturiert. Ansonsten bauen vielleicht nur zwei Schüler, während der Rest der Vierergruppe daneben sitzt, ohne Hand anzulegen. Es ist gut, wenn die Schüler zuerst die Erfahrung des unkoordinierten bzw. unstrukturierten Handelns machen und im Chaos quasi untergehen. Wenn es später eine weitere, ähnliche Übung gibt, können folgende Hilfen gegeben werden. Deren Vorteil muss konkret gefühlt und erlebt werden, ansonsten ist er nicht bedeutsam. Also nicht zu früh die Schüler mit folgenden „Tipps" unterstützen, eventuell finden sie selbst eine eigene passende Organisationsstruktur.

Hilfe nicht zu früh

*Hilfe I: Rollen- und Aufgabenklärung*

Bei der Rollen- bzw. Aufgabenklärung stört das Material, da es in der Regel unmittelbar die Aufmerksamkeit auf sich zieht (Appellcharakter des Materials[79]). Daher sind diese Klärungen geschickter vor der Materialausgabe.

- Rollenklärung[80]: Wer ist für was verantwortlich? Konkret: Wer ist Materialwart, wer hat die Gesprächsleitung (bzw. den Überblick), wer ist der Zeitmanager und achtet auf die Zeit (falls bei

79 Vgl. auch Abschnitt 2.3 Didaktik des Materials.

80 Für die Verteilung der Rollen eignen sich sehr gut Rollenkarten. Eine kostenfreie pdf-Datei finden Sie im Downloadbereich von www.unterricht-als-abenteuer.de.

der Aufgabenstellung ein Termin einzuhalten ist), wer ist der Protokollant, der (z. B. für die nächste Stunde) die Daten aufschreibt?

- Aufgabenklärung: Wer tut was? Welche Aufgaben können gleichzeitig erledigt werden? Beispielsweise können von zwei Schülern alle Achsen mit Zahnrädern (entsprechend der Skizze) bestückt werden, ein Schüler kann die Grundpfeiler auf die Arbeitsplatte stecken und ein weiterer die Kettenlänge abschätzen.

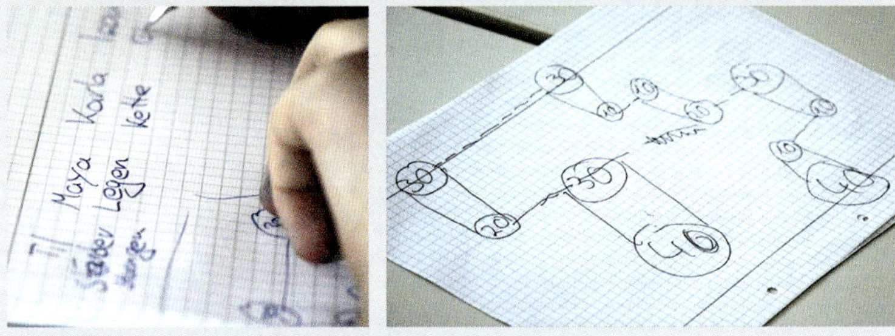

*Hilfe II: Trennung von Planungs- und Bauphase*

Planungsphase

Hier interveniert der Lehrer weit weniger. Die einzige Hilfestellung des Lehrers besteht darin, eine Planungsphase zu ermöglichen bzw. die Planungsphase von der Bauphase zu trennen. Konkret kann das so gestaltet werden: Es gibt exakt fünf Minuten Zeit zur Planung; in dieser Zeit bleibt das Material noch in Gewahrsam. Der

anschließende Aufbau sollte hinterher in ca. 15 Minuten bewerkstelligt sein. Es hilft, wenn Sie als Lehrer Interesse daran bekunden, welche Gruppe wie lange benötigt. Das Ziel besteht darin, dass die Schüler von sich aus zwischen Planungs- und Bauphase unterscheiden – auch wenn das Material bereits zur Verfügung steht.

Sind die Gruppen in der Trennung zwischen Planungs- und Bauphase geübt, sollten die Phasen vom Lehrer nicht mehr künstlich getrennt werden und stattdessen sollte die Gesprächsleitung in der Gruppe diese Strukturierung übernehmen. Auch wenn für den Ungeübten Material einen ablenkenden bzw. auffordernden Charakter hat (Appellcharakter: „Spiel mit mir"), kann es für den Geübten zur Planung sehr hilfreich sein, wie z. B. folgendes Bild demonstriert:

Material erschwert Planung

Das Ergebnis:

*Didaktische Bemerkung: Kompetenzschulung*
Bei dieser Übung werden Kompetenzen wie Planungs-, Kommunikations-, Kritik- und Konflikt-, Team-, Problemlöse-, Präsentations-, Verantwortungs- und Konzentrationsfähigkeit sowie räumliches Vorstellungsvermögen und schlussfolgerndes Denken geschult und gefordert – weil es die Situation erfordert.

**Dritter Schritt: Vertauschen von Übersetzungen**

Für den weiteren Beweis der Multiplikationsregel müssen die beiden mittleren Übersetzungen vertauscht werden:

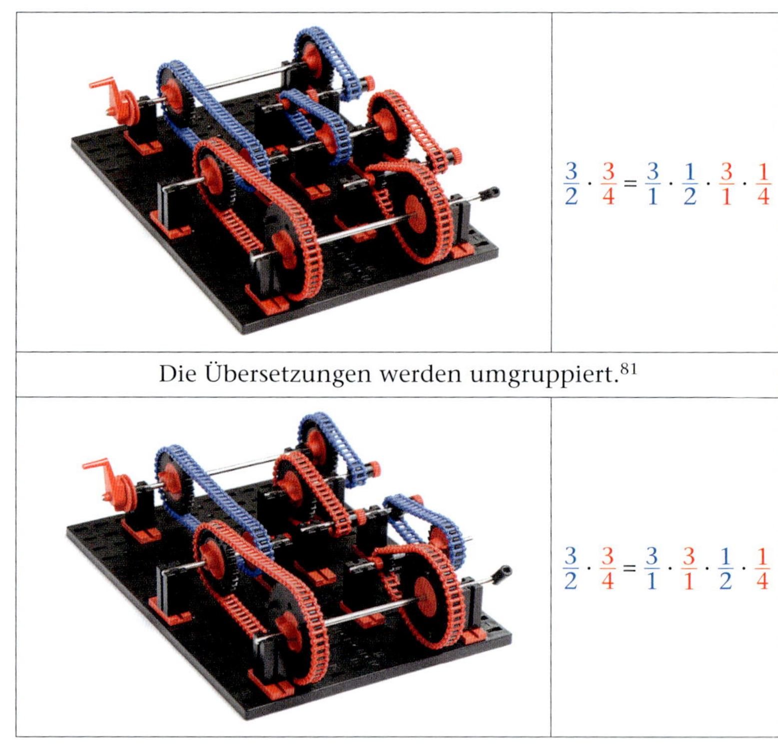

$$\frac{3}{2} \cdot \frac{3}{4} = \frac{3}{1} \cdot \frac{1}{2} \cdot \frac{3}{1} \cdot \frac{1}{4}$$

Die Übersetzungen werden umgruppiert.[81]

$$\frac{3}{2} \cdot \frac{3}{4} = \frac{3}{1} \cdot \frac{3}{1} \cdot \frac{1}{2} \cdot \frac{1}{4}$$

81 Im Abschnitt 5.5 wurde gezeigt, dass 2 · 4 = 4 · 2 gilt bzw. dass zwei Übersetzungen vertauscht werden können. Die dortige Argumentation lässt sich auf beliebige Übersetzungen übertragen.

**Vierter Schritt: Zähler mal Zähler, Nenner mal Nenner**

Die ersten beiden Übersetzungen ergeben insgesamt 9 Umdrehungen, da jede einzelne verdreifacht.

Die folgende Übersetzung halbiert die Umdrehungszahl, die letzte nimmt davon ein Viertel. Insgesamt achteln die letzten beiden Übersetzungen die Umdrehungszahl. Nach Konstruktion können die einzelnen Faktoren multipliziert werden, was „Zähler mal Zähler“ bzw. „Nenner mal Nenner“ entspricht: $\frac{3}{2} \cdot \frac{3}{4} = \frac{3 \cdot 3}{2 \cdot 4}$. Das exakte Ergebnis beträgt demnach $\frac{9}{8}$ bzw. 1,125.

**Bemerkungen**

- Es wurde bewusst ein Term gewählt, bei dem man nicht glaubt, das Ergebnis exakt ablesen zu können. Dieses besitzt drei Nachkommastellen ungleich null.

- Der Beweis greift die allererste Fragestellung von diesem Lehrgang auf (vgl. Abschnitt 5.2): *„Wie oft dreht sich bei einmaligem Kurbeln die letzte Achse bzw. der Winker beim abgebildeten Modell?“*
  Vertauscht man in der Anordung Kurbel und Winker, benötigt man offensichtlich acht Umdrehungen, bis sich der Winker einmal dreht $\left(\frac{1}{2} \cdot \frac{1}{4} = \frac{1}{2 \cdot 4}\right)$.
- Abstraktion: Die Konstruktion des Jungen auf dem nachfolgenden Foto sieht ganz anders aus als die im dritten Schritt gezeigte. Dennoch beschreiben beide die Gleichung $\frac{3}{2} \cdot \frac{3}{4} = \frac{3}{1} \cdot \frac{1}{2} \cdot \frac{3}{1} \cdot \frac{1}{4}$. Hier muss abstrahiert werden, um „dasselbe“ zu sehen. Anders formuliert: Die mathematische Idee ist gleich, die reale Erscheinungsform verschieden.[82]

Abstraktion

82 In Abschnitt 11.4 wird die Idee der Gleichheit unterschiedlicher Bauweisen weiter ausgebaut.

## 11.4 Mathematik begegnet Realität – Multiplikationsregel sagt Vertauschbarkeit der Zahnräder voraus

Im Beweis der Multiplikationsregel (siehe Abschnitt 11.3) wurden die auf der linken Abbildung farbigen Übersetzungen vertauscht. Lassen sich in größeren Getrieben auch Übersetzungen vertauschen, die nicht nebeneinander sind? Anders formuliert:

*Ist die Anordnung der Übersetzungen in jedem Getriebe frei wählbar?*

Für einen Uhrmacher, der ein komplexes Getriebe in eine Fassung einsetzen will, ist das eine interessante Frage. Sie ermöglicht verschiedene Designs.
Wer von den Schülern eine Antwort gefunden hat, verschränkt die Arme. Dann wird angezeigt: Daumen nach oben bedeutet: Das geht, das ändert nichts an der Übersetzung. Daumen nach unten bedeutet: Das geht nicht, das ändert die Übersetzung. An dieser Stelle des Unterrichts kann man eine Diskussion mit der im Abschnitt 5.4 beschriebenen Methode „Standpunkte einnehmen" durchführen.
Die Antwort ist: Ja. Wenn sich aufeinander folgende Getriebe vertauschen lassen, lassen sich beliebige Übersetzungen vertauschen. Hintergrund ist ein induktives Argument. Wenn es für zwei gilt, dann gilt es auch für drei, da man die ersten beiden ja als eine große Übersetzung auffassen kann. Aus diesem Grund werden Rechenregeln häufig nur für zwei Zahlen angegeben.

induktives Argument

Zurück zum Uhrmacher: Welche Freiheitsgrade hat er, um ein Getriebe zu verändern, um die Gesamtübersetzung nicht zu verändern? Anders formuliert:

*Was kann bei einem Getriebe alles vertauscht werden, ohne dass dessen Übersetzungsverhältnis verändert wird?*

An dieser Stelle kann diskutiert werden. Die Vermutungen der Schüler werden wie im Abschnitt 5.4 auf die vier Raumecken verteilt. Die Standpunkte könnten etwa so aussehen:

1. Alle Zahnräder lassen sich beliebig vertauschen, ohne dass sich die Gesamtübersetzung (Anzahl der Winkerumdrehungen bei einer Kurbelumdrehung) ändert.

2. Je zwei Übersetzungen lassen sich vertauschen, ohne dass sich die Gesamtübersetzung ändert.
3. Die „Zähler-Räder" dürfen vertauscht werden.
4. Die „Nenner-Räder" und „Zähler-Räder" dürfen jeweils untereinander vertauscht werden.

Das Ergebnis der Schülerdiskussion wird vom Lehrer nicht bewertet oder aufgelöst. Stattdessen werden unterschiedliche Getriebe, die vermutlich gleich sind, realisiert:

**Übung: Realisierung „unterschiedlicher Gleichheit"**
Die folgende Übungsphase könnte als „vertrauensbildende Maßnahme" bezeichnet werden und ist in ihrer Wichtigkeit nicht zu überschätzen. Vertrauen in die Mathematik! Formale Überlegungen und Rechnungen können bedeutsame Auswirkungen für die Praxis haben! Ein Schüler wählt eine Bruchzahl aus, die sich mit dem vorhandenen Material darstellen lässt. $\frac{1}{3}$ wird genannt und auf die linke Tafelseite geschrieben. Ein zweiter Schüler wählt $\frac{4}{2}$ usw. Auf diese Weise entsteht ein zufälliges Produkt:

Vertrauen in die Mathematik!

$$\frac{1}{3} \cdot \frac{4}{2} \cdot \frac{40}{15} \cdot \frac{1}{2}$$

Zu beachten ist, dass das Produkt auch tatsächlich mit dem Baukasten darstellbar sein muss. Im Beispiel werden zwei Zehnerräder, zwei Zwanziger, ein Dreißiger, ein Fünfzehner und zwei Vierziger benötigt. Hier der Aufbau:

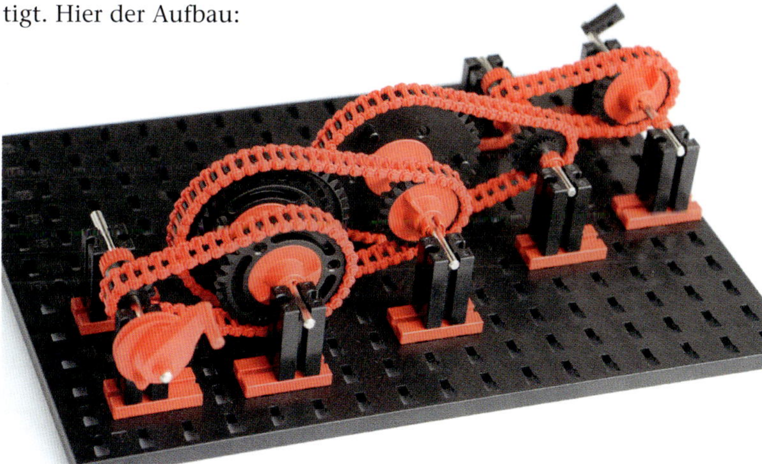

Bezüglich der Realisierbarkeit ist noch zu beachten, wie oft sich der Winker an der hintersten Achse bei einem solchen Produkt drehen müsste. So müsste sich beispielsweise bei dem Produkt $\frac{4}{1} \cdot \frac{3}{1} \cdot \frac{40}{15} \cdot \frac{3}{2}$

der Winker bei einer Kurbelumdrehung 48-mal drehen. Da müsste man die Muttern an den Zahnrädern sehr streng anziehen und auf eine reibungsfreie Lagerung der Achsen achten. Technisch leichter umsetzbar sind Produkte, die kleiner oder zumindest nicht viel größer als 1 sind. Im obigen Beispiel ergeben sich $\frac{1}{3} \cdot \frac{4}{2} \cdot \frac{40}{15} \cdot \frac{1}{2} = \frac{8}{9}$ Umdrehungen des Winkers.

**Phase I: Theoretische Überlegung**

Ist ein realisierbares Produkt gefunden, wird gemeinsam auf der rechten Tafelseite die zugehörige Skizze entworfen. Das Ergebnis könnte so aussehen:

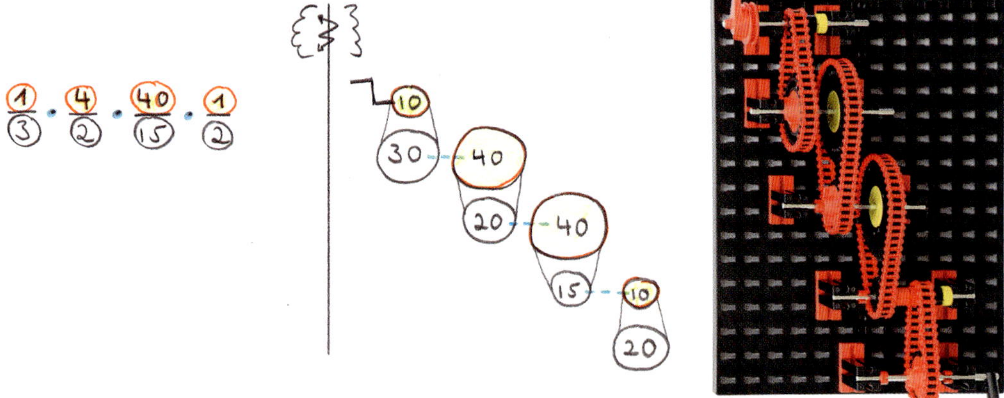


Folge der Multiplikationsregel

Aus der Multiplikationsregel für Brüche folgt unmittelbar, dass alle Zähler untereinander vertauscht werden dürfen, ebenso alle Nenner und insbesondere auch alle Brüche[83]. Das heißt auf Getriebe übersetzt: Alle „Zähler-Räder" (die gelb markierten Zahnräder) dürfen untereinander vertauscht werden, alle „Nenner-Räder" ebenfalls und insbesondere dürfen also auch alle Übersetzungen umgruppiert werden.

**Phase II: Von der Theorie zur Praxis**

Dass hinter den Symbolen und Zahlen (symbolisch-formale Ebene), die wir aufs Papier kritzeln, eine konkrete Bedeutung steckt, muss erst gelernt bzw. erfahren werden. Das, was man sich theoretisch überlegt hat, taugt das auch in der Praxis? Können gedankliche Inhalte wirklich materiell werden?

83 Dieser Abschnitt zeigt auf haptischem Wege, dass das Vertauschen möglich ist. Die Schüler glauben an dieser Stelle häufig noch nicht, an die Vertauschbarkeit. Der Glaube wächst sozusagen in Phase V.

*Aufgabenstellung*

Jede Zweiergruppe darf exakt den an der Tafel skizzierten Term nachbauen, aber es ist hübscher, wenn jede Gruppe einen anderen Term aufbaut, der mit der Verwendung der gleichen Zahnräder zum gleichen Ergebnis bzw. zur gleichen Umdrehungszahl des Winkers kommen soll.

Es werden die Regeln aus Phase I wiederholt, was alles vertauscht werden darf, ohne den Wert des Terms zu verändern:[84]

Vertauschungsregeln

1. Übersetzungen bzw. ganze Brüche (zwei durch eine Kette verbundene Zahnräder) dürfen als Ganzes untereinander vertauscht werden. Diese Regel ist ein Sonderfall von den beiden folgenden:
2. Alle Zähler-Räder (die gelb markierten auf dem letzten Foto) dürfen beliebig untereinander vertauscht werden.
3. Alle Nenner-Räder dürfen beliebig untereinander vertauscht werden.

**Phase III: Kombinatorik – eine Zusatzaufgabe für schnelle Gruppen**

Die Gruppen, die mit dem Bau schnell fertig sind, erhalten zwei Aufgaben:

- Einfache Frage: Wie viele unterschiedliche Terme werden in der Klasse „aufgebaut"? Zwei Getriebe bzw. Terme gelten dann als verschieden, wenn mindestens ein Zahnrad an einer anderen Stelle sitzt.
- Interessante Frage: Wie viele verschiedene Bauweisen sind prinzipiell möglich?

Kombinatorik

84 Man hätte noch eine vierte Regel einbauen können: „4. Es darf gekürzt und erweitert werden." Allerdings führt das dazu, dass die Aufbauten wieder einfacher werden. Vorerst soll es nur um alle Möglichkeiten der Vertauschungen gehen. In Phase VI wird dann gekürzt.

Im Folgenden eine mögliche Lösung zur letzten Frage für das konkrete Unterrichtsbeispiel $\frac{10}{30} \cdot \frac{40}{20} \cdot \frac{40}{15} \cdot \frac{10}{20}$. Aus didaktischen Gründen beginnt die Erklärung mit dem Nenner:

Für die **Nenner-Räder** gibt es $4 \cdot 3 \cdot 2 \cdot 1$ Möglichkeiten, diese untereinander zu vertauschen. (Das lässt sich haptisch erfahren, indem das Getriebe nacheinander bestückt wird: Für das erste Rädchen gibt es 4 Möglichkeiten, da es noch 4 freie Plätze gibt, für das zweite 3 Möglichkeiten usw.). Allerdings kann man das eine Zwanzigerrädchen nicht von seinem Schwesterrädchen unterscheiden. Wir haben also zu viele Möglichkeiten gezählt. Je zwei davon sind identisch, daher gibt es nur $\frac{4 \cdot 3 \cdot 2 \cdot 1}{2} = \mathbf{4 \cdot 3}$ Möglichkeiten für die Nenner-Räder.

Für die **Zähler-Räder** gilt das Gleiche, nur, dass es in diesem Fall zwei ununterscheidbare Vertauschungen gibt. Betrachtet man nur die Vertauschungsmöglichkeiten der Zehnerräder, würde sich wieder $\frac{4 \cdot 3 \cdot 2 \cdot 1}{2} = 4 \cdot 3$ ergeben. Berücksichtigt man auch noch die 40-er, ergeben sich $\frac{4 \cdot 3}{2} = \mathbf{2 \cdot 3}$ Möglichkeiten.

*Technische Bedeutung*

Insgesamt gibt es demnach $\mathbf{4 \cdot 3} \cdot \mathbf{2 \cdot 3} = 72$ unterscheidbare Möglichkeiten, das Getriebe zu bauen. Für ein technisches Getriebe mit einer vorgegebenen Gesamtübersetzung gibt es demnach in der Umsetzung sehr viel Freiheit. Wären alle Nenner- bzw. Zähler-Zahnräder unterschiedlich, z. B. im Fall $\frac{10}{30} \cdot \frac{20}{40} \cdot \frac{15}{20} \cdot \frac{40}{10}$, gäbe es $4 \cdot 3 \cdot 2 \cdot 1 \cdot 4 \cdot 3 \cdot 2 \cdot 1 = 576$ Möglichkeiten. Und es gäbe noch beliebig viele weitere, wenn man zusätzlich kürzt und erweitert.

technische Freiheit

### Phase IV: Heftaufschrieb und Übungen

Zuerst wird das eigene Getriebe auf der linken Heftseite formal als Term übersetzt und rechts daneben der zugehörige Konstruktionsplan gezeichnet. Wer möchte, kann den gehirngerechten Aufschrieb durch eine geeignete Farbkodierung unterstützen.

Übersetzung

Anschließend werden fremde Getriebe in formale Rechnungen übersetzt und in Form eines Konstruktionsplans abgezeichnet. Um einen persönlichen Bezug herzustellen, werden stets die Namen der Konstrukteure notiert. Einen typischen Heftaufschrieb zeigt das folgende Foto.

**Phase V: Experimentelle Prüfung der Äquivalenz**

Wenn die Schüler drei bis vier Beispiele im Heft haben, werden die unterschiedlichen Getriebe nebeneinander aufgestellt. Alle Konstruktionen sind offensichtlich unterschiedlich.

Gleichheit

Vor der experimentellen Überprüfung des Endergebnisses stellt der Lehrer eine zentrale Frage: *Was genau ist bei diesen Modellen mit „gleich" gemeint? In welchem Sinne handelt es sich um die „gleichen" Modelle? Worin „gleichen" sie sich?*

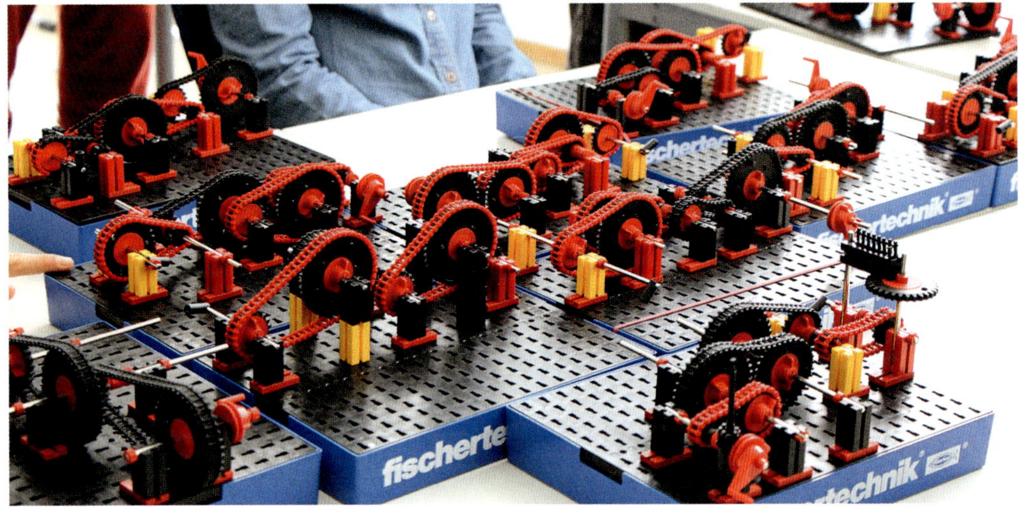


Mit der Gleichheit der Terme[85] ist gemeint, dass sich die Winker bei einer Kurbelumdrehung alle *gleich* verhalten, also die *gleiche* Anzahl an Drehungen durchlaufen, im Beispiel $\frac{8}{9}$-mal. Das Zusammenstellen der Modelle bedeutet somit nichts anderes, als Äquivalenzumformungen von Termen sichtbar zu machen.

Äquivalenzumformungen

85 Ein kleiner Exkurs: Das Gleichheitszeichen wird selbst in der Mathematik unterschiedlich verwendet. Zwei Beispiele für den Leser:

- „2 + 3" ist sicherlich etwas anderes als „5". Wenn Sie Zweifel daran haben, können Sie ein kleines Kind fragen, welches noch nicht lesen und schreiben kann. Offensichtlich steht bei der Gleichung $2 + 3 = 5$ auf beiden Seiten der Gleichung Unterschiedliches. Mit dem Gleichheitszeichen ist in diesem Fall die Gleichwertigkeit gemeint.
- Wir betrachten eine (nicht lineare) Funktion, deren Graph durch den Punkt (4 | 4) geht. An die waagerechte Achse schreiben wir $x = 4$, an die senkrechte $y = 4$. Aber sicherlich meinen wir damit nicht, dass $x = y$ gilt.

Es ist eine Frage der Semantik: Wir Menschen sind keine Maschinen und tun uns schwer darin, die Dinge in exakter Maschinensprache aufzuschreiben. Diese Fußnote soll nicht zur Ungenauigkeit auffordern, sondern aufzeigen, dass fachliche Richtigkeit nicht alles ist – vielmehr geht es um Verständlichkeit.

Um zu zeigen, dass alle Getriebe dieselbe Wirkung haben, könnte man jetzt einmal an allen Kurbeln drehen. Aber das wäre recht ungenau. Besser ist es, neunmal zu kurbeln und zu schauen, ob danach der Winker wieder genau am Startpunkt steht. Nachvollzogen wird folgende Rechnung:

$$9 \cdot \frac{8}{9} = 8$$

In Worten: **9 Kurbelumdrehungen** ergeben bei diesem Getriebe **(Operator)** genau **8 Winkerumdrehungen**.

Vor dem Experiment soll jeder Schüler diese Gleichung verstehen, ansonsten geht es um keine Erkenntnis, sondern lediglich ums Kurbeldrehen. Und das kann natürlich bereits ein Kleinkind. Die Freude über die richtige Vorhersage kann erst entstehen, wenn man die Sache theoretisch verstanden hat. Man kann es auch so sagen: Die Freude besteht darin, dass die Theorie in der Praxis aufgeht.

Freude über Vorhersage

*Zwischenübung*

Den Schülern fällt es meist nicht leicht, die Gleichung $9 \cdot \frac{8}{9} = 8$ einzusehen. Eine mögliche Erklärung: Ein Freiwilliger denkt sich eine Zahl, die als Kästchen an der Tafel notiert wird. Dann wird die gedachte Zahl durch eine vom Publikum gewünschte Zahl geteilt, sagen wir z. B. durch 5. Der Tafelanschrieb wird entsprechend ergänzt. Der Freiwillige rechnet die Zahl aus. Was muss man den Freiwilligen anschließend rechnen lassen, damit er wieder auf die ursprüngliche Zahl kommt? Die Operation „mal 5“ ist schnell gefunden.

$$\frac{\square}{5} \cdot 5 = \square$$

Die Schüler schreiben sich hinterher ein eigenes Beispiel mit möglichst verrückten Zahlen auf, etwa so:

$$\frac{3456}{5451{,}252} \cdot 5451{,}252 = 3456$$

*Das Experiment*

Jetzt wird an allen Exponaten gleichzeitig und mit gleicher Frequenz gedreht. Wenn alle Zahnräder fest auf die Achsen geschraubt sind und sonst kein Fehler im Getriebe steckt, drehen alle Winker synchron. In dieser Übung wird wesentlich mehr als die Gleichheit gezeigt. Statt nur die Gleichheit (Synchronizität) zu zeigen, wird die Aufgabe $\frac{8}{9} \cdot 9 = \square$ gelöst.

### Phase VI: Gekürzte Getriebe

Bedeutung mathematischer Konzepte

Im Anschluss an Phase V wird nun das „vereinfachte Getriebe" bzw. „gekürzte Getriebe" gesucht, das genau dasselbe leistet. Kürzen und Erweitern als Vereinfachen von Getrieben bzw. Konstruktionen! Wieder zeigt sich die Bedeutung mathematischer Konzepte. Wie wäre es Ihnen (ohne mathematische Hilfe) bei der Aufgabe ergangen, das folgende linke Getriebe so weit wie möglich zu vereinfachen, sodass die Gesamtübersetzung des (Ersatz-)Getriebes gleich bleibt bzw. dass sich der Winker bei einer Kurbeldrehung genauso oft wie beim ursprünglichen Getriebe dreht?

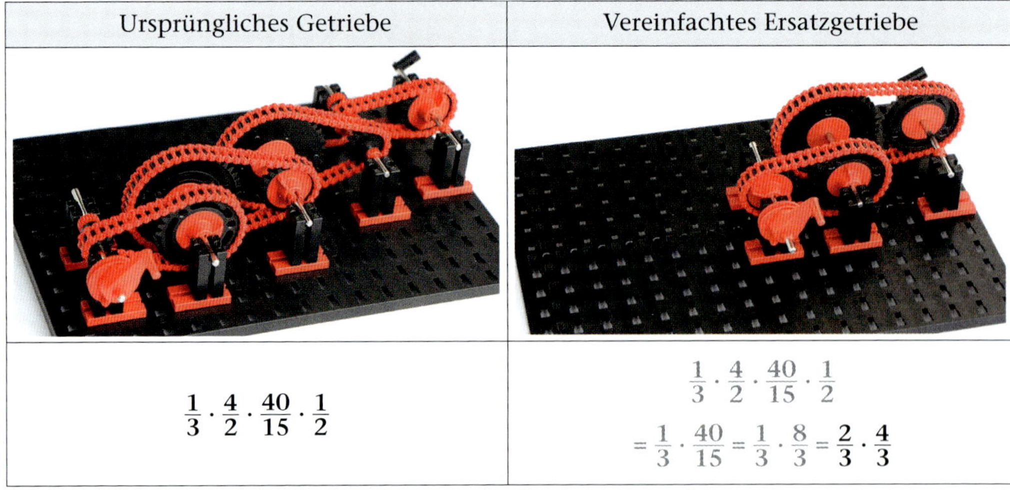

| Ursprüngliches Getriebe | Vereinfachtes Ersatzgetriebe |
|---|---|
| | |
| $\frac{1}{3} \cdot \frac{4}{2} \cdot \frac{40}{15} \cdot \frac{1}{2}$ | $\frac{1}{3} \cdot \frac{4}{2} \cdot \frac{40}{15} \cdot \frac{1}{2}$<br>$= \frac{1}{3} \cdot \frac{40}{15} = \frac{1}{3} \cdot \frac{8}{3} = \frac{2}{3} \cdot \frac{4}{3}$ |

Gäbe es im Baukasten ein Achter- und ein Neuner-Zahnrad, hätte man das Getriebe nur aus einer Übersetzung bauen können. Ein typisches Problem: Man muss mit dem zurechtkommen, was da ist. Der Inhalt des Baukastens ist „genormt", genauso wie beispielsweise Widerstände genormt sind. Der Physiker weiß, dass er sich mit Parallel- und Reihenschaltungen jeden beliebigen Widerstand zurechtbasteln kann. Ein Vergleich für Schüler: Wenn man drei Euro bezahlen möchte, dann kann man auf die unterschiedlichste Weise bezahlen: Man gibt einen 5-Euro-Schein und bekommt eine 2-Euro-Münze zurück oder man zahlt mit sechs 50-Cent-Münzen. Mit einer Münze allein können Sie nicht bezahlen, Sie müssen mit genormten Teilen (Münzen) zurechtkommen. Das wirft eine neue Frage auf, die in Abschnitt 11.5 behandelt wird und schließlich zu Primfaktoren bzw. der Idee von Primzahnrädern führt.

Primzahnräder

## Zwei didaktische Bemerkungen

*Praktische Bedeutung einer abstrakten Formel*

Das rein Formale hat oft verwunderliche Auswirkungen auf die reale Praxis. Auch wenn die Vertauschbarkeit einzelner Übersetzungen rein rechnerisch bzw. formal sofort aus dem Rechengesetz folgt, ist es immer noch verwunderlich, wie viel Freiheit man bei der Anordnung eines Getriebes hat. Angenommen, Sie möchten ein bestimmtes Design z. B. einer Uhr verwirklichen, dann hilft es ungemein, wenn man mehrere Möglichkeiten hat. Hätten Sie gedacht, dass eine abstrakte Formel so eine praxisnahe Bedeutung besitzt? Hier wird weit mehr als Bruchrechnung gelernt. Hier geht es um die Wirkung von Mathematik. Der ein oder andere Schüler beginnt zu ahnen, wie mächtig dieses Instrument oder Werkzeug eingesetzt werden kann. Mathematik ist keine Sache, die in einer schulischen Wirklichkeit irgendwo in einem Schulbuch schlummert und ein Zeitvertreib einzelner Freaks ist!

*Glücksempfinden beim Sprung zwischen den Hirnhälften*

Man kann sich ausrechnen, dass sich in Phase V der Winker genau 8-mal dreht, wenn man 9-mal an der Kurbel gedreht hat. Und trotzdem empfindet man ein Glücksgefühl, wenn die Zahnradkonstruktion tatsächlich der eigenen abstrakten Rechnung gehorcht. Der Grund für das Glücksempfinden besteht darin, dass ein zweites Verstehen auf der „begrifflichen" Ebene erfolgt. Ein zweites Mal hat es „klick" gemacht – allerdings ist dieses „Klicken" schwer mitteilbar, weil es nicht auf formaler oder symbolischer Ebene erfolgt. Aber es ist dennoch sehr einfach an dem freudvollen Gesichtsausdruck zu beobachten.

Glücksgefühl

## 11.5 Währungssysteme, Primzahlräder und ein Ausblick auf irrationale Zahlen

„1-2-5-System“

Warum gibt es keine 3-Euro-Münze? Wenn Sie König von Deutschland bzw. Europa wären, welche Münzen würden Sie herstellen? Aktuell herrscht das „1-2-5-System“: 1 Cent, 2 Cent, 5 Cent, dann 10 Cent, 20 Cent, 50 Cent und beim Euro geht es genauso weiter. Warum gerade die 1-2-5-Stückelung?

Die Antwort: Man benötigt maximal zwei Einheiten des 1-2-5-Systems, um eine beliebige Zahl zwischen 1 und 10 auszudrücken. Anders formuliert: Um einen Betrag zwischen 1 Cent und 10 Cent zu bezahlen, müssen maximal zwei Münzen ausgetauscht werden. In der folgenden Übersicht bedeuten negative Zahlen Rückgeld:

| Beispiel: Zahlung in Euro | 1 | 2 | 3 | 4 | 5 | 6 | 7 | 8 | 9 | 10 |
|---|---|---|---|---|---|---|---|---|---|---|
| Zahlungsmöglichkeiten mit maximal zwei Münzen bzw. Banknoten (in Euro) | 1 | 2<br>1 + 1 | 2 + 1<br>5 – 2 | 2 + 2<br>5 – 1 | 5<br>10 – 5 | 5 + 1 | 5 + 2 | 10 – 2 | 10 – 1 | 10<br>5 + 5 |

Zahlungsverkehr

Man erkennt, dass es für Zahlungen von 2, 3, 4, 5 und 10 Euro mehr Möglichkeiten mit maximal zwei Einheiten gibt als für 6,7,8 oder 9 Euro. Die erstgenannten Beträge sind flexibler. Die gezeigte Tabelle gilt bei unserer Dezimalwährung für jede Stelle (Münzen und Scheine). Überall, wo mit Bargeld bezahlt wird, können Überlegungen wie diese dabei helfen, den Zahlungsverkehr zu beschleunigen.

**Zahnradsysteme – Entdeckung der Primzahlen**

Entsprechend der Dezimalwährung kann das Baukasten-System „Bruchrechnen als Abenteuer“ untersucht werden. Welche Zahnrädergrößen sollte es geben, damit man möglichst viele unterschiedliche Zahlen bzw. Brüche darstellen kann?

*Schülerübung*

Die Schüler sollen – falls möglich – ein Getriebe mit einer Gesamtübersetzung von 12 bzw. $\frac{12}{1}$ und 14 bzw. $\frac{14}{1}$ bauen. Die Aufgabe besteht darin, entweder die geforderten Getriebe zu bauen oder zu erklären, warum es nicht geht.

*Lösung*

Ein Getriebe mit einer Gesamtübersetzung von 12 ist einfach aufzubauen. Hingegen lässt sich ein Übersetzungsverhältnis von $14 = 2 \cdot 7$ mit dem vorliegenden Baukasten nicht realisieren, da die Primfaktorzerlegung die „7" enthält und es keinen Siebziger-Zahnkranz gibt. Auch einen Fünfziger gibt es nicht. Statt dem System 10-20-30-40 wäre für Brüche das System der „Primzahlräder" 10-20-30-50 flexibler gewesen. Ohne die 5 (bzw. 50) lässt sich auch keine Übersetzung von 60 erzeugen, also keine Uhr bauen …

## Irrationale Übersetzungen – rationales Denken

*Irrationale Übersetzungen*

Mit einem 3D-Drucker lässt sich prinzipiell jedes gewünschte Zahnrad ausdrucken und so scheint es auf den ersten Blick, als könne man jede beliebige Übersetzung bauen. Allerdings lässt sich nicht jede beliebige Zahl mit Zahnrädern realisieren. So kann keine Übersetzung gebaut werden, die zweimal hintereinandergeschaltet eine Übersetzung 2 : 1 ergibt. Als „Verhältnis" wäre dazu $1 : \sqrt{2}$ nötig.

Jedoch lässt sich weder $1 : \sqrt{2}$ noch $\sqrt{2}$ als Verhältnis ganzer Zahlen darstellen und befindet sich jenseits des „Rationalen". Die Zahl $\sqrt{2}$ ist jenseits der Ratio und ist gewissermaßen „irr" bzw. irrational. Man kann in höheren Klassen die Tatsache thematisieren, dass es Zahlen gibt, die mit keiner Übersetzung realisiert werden können. Hier überschreitet der denkende Mensch die Technik, er abstrahiert vom Materiellen (den Zahnrädern). Er beginnt, mit Zahlen zu rechnen, die für Taschenrechner und Computer unbekannt sind und bleiben.

$1 : \sqrt{2}$

Um beliebige irrationale Zahlen im Modell darstellen zu können, müssen die Zahnräder durch glatte Walzen ersetzt werden und die Kette durch ein Band.

Das macht die Sache „vollständig" in dem Sinne, dass keine Übersetzung fehlt. In der Tat handelt es sich um ein Modell für die reellen Zahlen. Die Übersetzungen mittels

Vollständigkeit

Zahnrädern liegen „dicht", sind aber nicht vollständig im mathematischen Sinne.

*Rationale Getriebe – rationales Denken*

Wir können Verhältnisse nur als Verhältnisse ganzer Zahlen denken, daher ist unser Denken rational. Ebenso sind auch alle unsere Maschinen, die mit Zahnrädern bzw. digital arbeiten, rational. In diesem Sinne sprengt die Mathematik das „Rationale", lässt Taschenrechner, Computer und Maschinen hinter sich und wird – „irrational". Eine Hymne für das menschliche Abstraktionsvermögen!

menschliches Abstraktionsvermögen

Kapitel 12

# Negative Brüche

Dass Minus mal Minus Plus ergibt, wird sich in diesem Kapitel als einfache Selbstverständlichkeit erweisen: Verknüpft man zwei gegensinnige Übersetzungen, bleibt der Drehsinn zwischen dem ersten und letzten Rädchen erhalten.

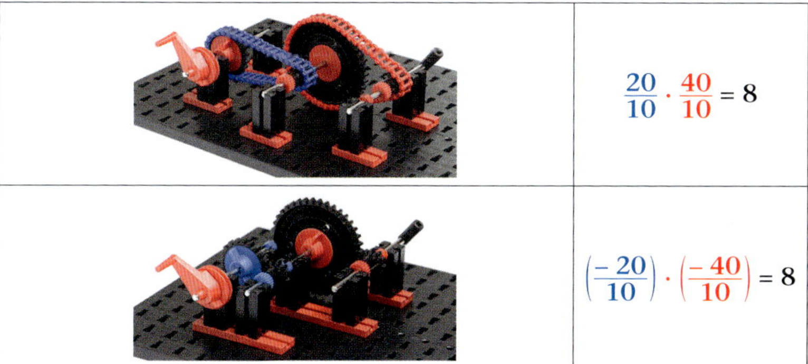

$$\frac{20}{10} \cdot \frac{40}{10} = 8$$

$$\left(\frac{-20}{10}\right) \cdot \left(\frac{-40}{10}\right) = 8$$

## 12.1 *Minus mal Minus ergibt Plus*

Addition negativer Zahlen

Die folgende Lernumgebung besteht aus vier Phasen. Die erste Phase kann übergangen bzw. abgebrochen werden, wenn die Schüler mit der Addition negativer Zahlen noch bestens vertraut sind.

**Phase I: Vorbereitung und Wiederholung**

Eine einfache Aufgabe, die jeder sofort beantworten kann, wird an die Tafel geschrieben:

(1) $+2+3=?$

Wenn Vorzeichen ausgetauscht werden dürfen, gibt es drei weitere mögliche Aufgaben:

(2) $-2+3=?$

(3) $+2-3=?$

(4) $-2-3=?$

Gelöst werden die Aufgaben der Reihe nach mit folgender Methode: Natürlich kennt jeder die Lösung der ersten Aufgabe, diese dient nur zur Einführung der Abfragetechnik: Wer die Aufgabe (1) gelöst hat, verschränkt die Arme. Wenn alle so weit sind, wird auf ein Zeichen des Lehrers die Lösung mit den Fingern angezeigt: Alle zeigen fünf Finger an. Entsprechend wird weiter gefragt.

nonverbale Abfragetechnik

Bei Aufgabe (2) wird nur noch ein Finger angezeigt. Die Schwierigkeit in Aufgabe (3) besteht in der Darstellung. Einige Schüler verwenden hierzu zwei Hände: Mit einer wird das Minus angezeigt, mit der anderen der Betrag 1. Eleganter gelingt das Anzeigen mittels Orts- bzw. Richtungskodierung: Ein Finger wird nach unten gehalten. Entsprechend zeigen bei der letzten Aufgabe fünf Finger nach unten. „Unten" bedeutet demnach „Minus", „Oben" wird mit „Plus" interpretiert. Auch beim Rechnen mit Zahnrädern wird im Abschnitt 12.4 das Vorzeichen als (Dreh-)Richtung gedeutet werden.

**Phase II: Diskussion**

$(-2) \cdot (-3)$

„Was ergibt $(-2) \cdot (-3)$?" Es wird nicht gesprochen; wer sich entschieden hat, verschränkt die Arme. Wenn alle bereit sind, wird angezeigt. Einige halten sechs Finger nach oben, andere dieselbe Anzahl nach unten. Dann wird Stellung bezogen: wer „+ 6" angezeigt hat, geht an die rechte Wand, wer „–6" angezeigt hat, geht zur linken. Ich habe es noch nie erlebt, dass Schüler einen anderen Betrag anzeigen, jedoch wird mitunter die Meinung vertreten, dass „Minus mal Minus" überhaupt keinen Sinn ergibt. Die Anhänger dieser Meinung treffen sich im Raum vor der Tafel.

Häufig hat die Fraktion „–6" deutlich mehr Teilnehmer. Vielleicht weil das Konzept der Addition $-2 -3 = -5$ auf die Multiplikation angewendet wurde. In der Klasse 6a der Französischen Schule Tübingen befanden sich lediglich drei Schüler auf der positiven und der Rest der Klasse auf der negativen Seite. Der Lehrer darf gerne thematisieren, wie schwer es ist, Stellung zu beziehen, wenn man die Mehrzahl seiner Mitschüler auf der anderen Seite weiß – unabhängig davon, ob man im Recht ist oder nicht.

Gruppendruck

Anschließend findet mit der Methode „Standpunkte einnehmen" (vgl. Abschnitt 5.4) eine Diskussion statt. Es ist ein Ringen um Modelle. Alles wird in Frage gestellt; hier ein typischer Ausschnitt:

- *„Ich habe noch nie eine negative Pizza gegessen, das ergibt doch keinen Sinn!"*

- *„Man kann schon umgekehrt essen ...“ (Lachen) „Außerdem kannst doch auch zwei negative Zahlen zusammenzählen, warum soll man da nicht auch ‚malrechnen‘ können?“*
- *„Ich kann 2 plus 0 rechnen, aber nicht 2 geteilt durch 0. Das darf man nicht!“*

Der Lehrer hält sich im Hintergrund. Er kann gerne wörtlich mitschreiben. Wieder und wieder haben Kinder sehr gute und strukturelle Argumente, auch wenn das Ergebnis (noch) nicht stimmt. Wachstum von Wissen braucht den Prozess – und kein fertiges Produkt.

Prozessorientierung

*Didaktische Bemerkung*
Dass Minus mal Minus Plus ergibt, ist nicht das Wesentliche an der Diskussion. Durch das Wortgefecht geschehen zwei Dinge: Erstens suchen die Schüler nach Strukturen, nach Möglichkeiten, das bisher Gelernte anzuwenden; sie erfinden und verwerfen Modelle („Man kann schon umgekehrt essen ...“). Und zweitens wächst in der Diskussion die Bedeutung der Fragestellung. Ob da Minus oder Plus herauskommt, muss für den Lernenden einen Unterschied hinsichtlich der Bedeutsamkeit machen, ansonsten wird er nicht lernen. Je länger die Diskussion andauert, desto schärfer und klarer werden die Formulierungen, desto mehr Interesse entsteht. Ich habe schon häufig erlebt, dass eine Diskussion gar nicht recht beginnen wollte und die ersten zwei Minuten hatte es den Anschein, als wäre es fast jedem egal, welchen Standpunkt er einnimmt – und am Ende konnte ich die Diskussion fast nicht mehr beenden.

Bedeutsamkeit

**Phase III: Darstellung eines negativen Bruches**
Die Frage, was $(-2) \cdot (-3)$ ergibt, soll mit Zahnrädern modellhaft verstanden werden. Aber bevor dieser Term aufgebaut werden kann, muss zuerst folgende Frage geklärt werden: *Wie lässt sich eine negative Zahl wie zum Beispiel $-2$ oder $-\frac{2}{1}$ oder $-\frac{20}{10}$ mit Zahnrädern darstellen?* Die folgende Tabelle wird durch den Lehrer vorgegeben oder gemeinsam erarbeitet.

| | |
|---|---|
| $+2$ (bzw. $+\frac{2}{1}$) | 20 / 10 |
| $-2$ (bzw. $-\frac{2}{1}$) | 20 / 10 |

So wie in der Phase 1 negative Zahlen durch umgekehrte Finger angezeigt wurden, wird auch bei den Zahnrädern die Drehrichtung umgekehrt. Das lässt sich mit einer direkten Verzahnung umsetzen. In der Tabelle wurde der positive[86] Drehsinn mit Rot, der negative mit Blau eingezeichnet.

direkte Verzahnung

negativer Drehsinn

Zum Schluss nennt ein Schüler einen beliebigen negativen Bruch, der sich mit dem Baukasten darstellen lässt. Damit ist sichergestellt, dass sich außer 2 auch andere negative Zahlen darstellen bzw. bauen lassen, beispielsweise $-\frac{4}{3}$.

*Didaktisch-kommunikationspsychologische Bemerkung*

Man könnte meinen, es ist egal, wer das zweite Beispiel vorgibt. Kommunikationspsychologisch besteht allerdings ein gravierender Unterschied, da jede Nachricht aus zwei Dingen besteht. Erstens aus der Äußerung „$-\frac{4}{3}$" (bezüglich dieser ist es egal, ob Schüler oder Lehrer das Beispiel vorgeben) und zweitens aus dem situativen Kontext: Welche Rolle nimmt der Schüler ein? Welche der Lehrer?

Wenn zwei Personen das Gleiche sagen, ist es noch lange nicht dasselbe!

Zufälligkeit

Nennt etwa der Lehrer ein weiteres Beispiel, wird dieses vom Schüler nicht als zufällig wahrgenommen. Erst durch den Schüler bzw. dessen Rolle wird $-\frac{4}{3}$ zu einem beliebigen Bruch – er hätte ja auch irgendeine andere Zahl nennen können. Beim Lehrer hingegen kann sich der Zuhörer nicht so sicher sein: Vielleicht hat er einen bestimmten Hintergedanken, warum er sich gerade $-\frac{4}{3}$ ausgesucht hat.

Interessant ist auch, dass der Lehrer die „Zufälligkeit" des Schülervorschlages steuern kann. Wenn der Schüler beispielsweise die Zahl $-1$ oder den Bruch $-\frac{10}{10}$ nennt, kann der Lehrer ihn bitten, einen etwas komplizierteren Bruch zu nennen, einen, der beliebiger wirkt. Trotz dieser Intervention bleibt die Austauschbarkeit bzw. die Zufälligkeit erhalten.

86 Zum Verständnis reicht es, dass die Kurbeldrehung stets als positiv angesehen wird. Mathematisch exakter kann man die Drehrichtung der Kurbel gegen den Uhrzeigersinn als positiv deuten und mit dem Uhrzeigersinn als negativ. Aus diesem Grund wird die Kurbel in der Abbildung links herum gedreht.

### Phase IV: Minus mal Minus

Da negative Brüche jetzt dargestellt werden können, soll die ursprüngliche Aufgabe gelöst werden. Für den Leser: Das Ergebnis sieht als Konstruktionszeichnung wie rechts gezeigt aus.

$(-2)\cdot(-3)$

Auch wenn bekannt ist, wie eine einzelne negative Zahl im Modell dargestellt wird, ist der Aufbau des zu (–2) · (–3) gehörenden Multiplikationsgetriebes nicht unbedingt einfach. Gegenfalls wird der Lehrer unterbrechen, um gemeinsam (ohne Material) an der Tafel die Lösung zu finden. Ist diese gefunden und verstanden, darf die Konstruktionszeichnung zu dem Produkt (–2) · (–3) nachgebaut werden. Wenn einer Gruppe das zu einfach ist, darf sie wie üblich ein anderes Produkt zweier negativer Zahlen aufbauen.

### Didaktische Bemerkung: Der Glaube kann das Experiment verändern

Es ist mir ein Anliegen, dass die Lernumgebungen nicht dem Diktat dieses Buches verfallen. Neben dem Lehrer führt das Material Regie: Es wirft Fragen auf, macht Lust auf einen vielleicht komplexeren oder ästhetisch schöneren Aufbau. Die folgende Geschichte soll als Beispiel herhalten, dass es mitunter gut ist, den Pfad von „Bruchrechnen als Abenteuer“ zu verlassen, um eigene Wege zu gehen bzw. ein wirkliches Abenteuer zu erleben:

kein Diktat!

Im Unterricht kamen die Schüler trotz der Hilfestellung aus Phase III nicht auf den oben skizzierten Aufbau der Multiplikation, also trafen wir uns an der Tafel. Es wurden drei unterschiedliche Modelle aufgezeigt. Wohl war das „Richtige“ dabei, aber die Mehrzahl war

von einem anderen überzeugt: Die –2 wurde zwar mit einer direkten Verzahnung vorgeschlagen, aber aus irgendeinem Grund sollten die Zahnräder von –3 mit einer Kette verbunden werden. Auf die Frage, ob die Skizze unten rechts im Bild links jeder versteht, gab es keinen Widerspruch.

Nun, wenn ein Modell richtig ist, dann muss entsprechend ein anderes falsch sein. Ich wollte wissen, warum das Modell ohne jegliche Kette falsch sein sollte, worauf einer der größten Mathematiker der Gruppe den Sachverhalt Schritt für Schritt erklärte. Und zwar in logischer Abfolge: Wenn die Kurbel[87] rechts herum dreht, dreht das nachfolgende Zehnerrad links herum usw.

In der Darstellung befand sich kein Fehler. Nur die abschließende Deutung war falsch: *„Und dann würde hier +6 herauskommen, aber das kann ja nicht sein und daher ist diese Konstruktion falsch."* Der Junge hatte alles richtig gemacht, konnte aber an sein eigenes Ergebnis nicht glauben. Vielleicht weil bei der Diskussion zuvor fast alle bei 6 standen. Die Situation erinnert an Beispiele der Pioniere der modernen Physik:

*Konstanz der Lichtgeschwindigkeit –*
*Grundlage der speziellen Relativitätstheorie*

Einer der bedeutsamsten Versuche der modernen Physik besteht im Nachweis der Konstanz der Lichtgeschwindigkeit: In allen Bezugssystemen[88] breitet sich Licht mit derselben Geschwindigkeit aus. Michelson und Morley, die berühmten Experimentatoren, wollten allerdings gar nicht die Konstanz der Lichtgeschwindigkeit messen. Es ging darum, die Geschwindigkeit des Äthers zu messen, des Mediums also, von dem man annahm, dass es zur Fortbewegung des

87 Ein negativer Bruch bedeutet, dass die zweite Achse gegensinnig dreht. Dass es „positive" (gegen den Uhrzeigersinn) und „negative" Drehungen (im Uhrzeigersinn) an der Kurbel gibt, kennen die Schüler an dieser Stelle noch nicht. Eigentlich zeigt der Schüler: $-1 \cdot (-2) \cdot (-3) = -6$. Die –1 steht für einmal negativ drehen.

88 Genauer: Inertialsystemen (= Bezugssystem mit konstanter Geschwindigkeit)

Lichts benötigt wird. Und wie sich die Schallgeschwindigkeit bei Wind ändert, so war man auch überzeugt, dass es einen „Ätherwind" gibt, bei dem sich die Lichtgeschwindigkeit ändert. Aber: Sie fanden keine Geschwindigkeit des Äthers, egal, wie sie das Experiment orientierten. Und schließlich mussten sie die Tatsache akzeptieren, dass es keinen Äther gibt! Auch wenn es für die Forscher unvorstellbar war, dass sich Licht im „Nichts" fortbewegen kann.

Unvorstellbarkeit

Die Konstanz der Lichtgeschwindigkeit markiert einen der ersten Schritte zur Relativitätstheorie, welche ebenso „unglaubliche" Dinge enthält: Die messbare Zeit ist nicht mehr absolut, sie wird relativ; die Masse eines Körpers ist geschwindigkeitsabhängig; Raum und Zeit sind nicht unabhängig voneinander.

Es ist naheliegend, dass es dem Schüler in der skizzierten Unterrichtsstunde ähnlich erging, als er das „Unglaubliche" akzeptieren sollte. Erst wer sich wundert, irritiert ist und nicht akzeptieren möchte, der bahnt sich den Weg zum Verständnis. Ansonsten wird das „Unglaubliche" einfach geschluckt – und nichts gelernt.

*Wahrscheinlichkeitstheoretische Deutung der Quantenmechanik*

Auch die Quantenmechanik erzählt von „Unglaublichkeiten".[89] Von Einstein, der selbst die Quantenmechanik wahrscheinlichkeitstheoretisch gedeutet hatte, stammt das Zitat: „Gott würfelt nicht." So seltsam, so verrückt konnte die Natur gar nicht sein, wie die Theorie es vorgab.

weitere „Unglaublichkeiten"

Max Planck, ebenfalls ein Pionier, untersuchte die Hohlraumstrahlung und „rettete" die klassische Berechnung, indem er quantisierte Oszillatoren einführte. Diese Quantisierung betrachtete er zuerst als einen Rechentrick. Das sogenannte Planck'sche Wirkungsquantum wurde später die Basis des Wellen-Teilchen-Dualismus der modernen Physik.

Sternstunden der Physik. Der Leser wird aus anderen Fachrichtungen ähnliche Geschichten kennen. Aus didaktischer Sicht war diese Stunde eine Sternstunde, eine glückliche Fügung im Klassenzimmer, dass die Schüler diese Erfahrung machen konnten: Die „richtige" Aussa-

Sternstunde im Klassenzimmer

89 Eine vorzügliche Darstellung der „Unglaublichkeiten" ohne Formelballast findet der interessierte Leser bei John Gribbin: Auf der Suche nach Schrödingers Katze, Quantenphysik und Wirklichkeit, deutsche Übersetzung im Piper Verlag München, [8]2010.

ge wurde nicht akzeptiert. Lieber wurde ein offensichtlicher Fehler begangen (Darstellung der –3), anstatt die eigene Wirklichkeitsvorstellung aufzugeben. Historisch gesehen befanden sich die Schüler also in bester Gesellschaft!

**Weitere Produkte**

Es können prinzipiell alle vier möglichen Kombinationen der Vorzeichen aufgebaut werden:

$$(+2)\cdot(-3)$$

Entsprechend lassen sich $(-2) \cdot (+3) = -6$ und $(+2) \cdot (+3) = +6$ aufbauen.

## 12.2 Materielles Abfragen: eine vertiefende Übung

Die Schüler bauen in Partnerarbeit ein komplexes Getriebe auf, übersetzen dieses in einen mathematischen Term, kürzen geeignet, berechnen seinen Wert und kontrollieren das Ergebnis haptisch. Das folgende Beispiel kann vom Lehrer zur Erklärung vorbereitet werden, etwas offener können die Schüler aber auch ohne Beispiel beginnen.

## Ein Beispiel

| Das Beispiel zeigt den Term | $\left(-\frac{40}{30}\right)\cdot\frac{15}{30}\cdot\left(-\frac{40}{10}\right)$ |
|---|---|
| **Vereinfachen des Terms** | |
| Der Anfangsterm lässt sich mehrmals kürzen bzw. vereinfachen: | $\left(-\frac{4}{3}\right)\cdot\frac{1}{2}\cdot\left(-\frac{4}{1}\right)$ $=\left(-\frac{2}{3}\right)\cdot\frac{1}{1}\cdot\left(-\frac{4}{1}\right)$ $=\left(-\frac{2}{3}\right)\cdot\left(-\frac{4}{1}\right)$ |
| Die beiden Minuszeichen heben sich in ihrer Wirkung gegenseitig auf: | $\left(\frac{2}{3}\right)\cdot\left(\frac{4}{1}\right)$ |
| Es ergibt sich: | $\frac{8}{3}$ |
| **Haptische Überprüfung** | |
| Anschließend wird haptisch überprüft: Bei einer Kurbelumdrehung rotiert der Winker (bzw. die hinterste Achse) $\frac{8}{3}$-mal in Drehrichtung der Kurbel, wobei man bei Umläufen eher in gemischter Schreibweise $2\,\frac{2}{3}$ Umdrehungen zählt. Alternativ sollte man nach 3 Kurbelumdrehungen 8 Winkerumdrehungen erhalten ($3 \cdot \frac{8}{3} = 8$). | |

**Konkrete Umsetzung der Lernumgebung**

Die Übung benötigt ca. 45 Minuten und besteht aus drei Phasen.

*Phase I: Konstruktion einer eigenen Aufgabe*

Je zwei Schüler bauen zusammen ein Getriebe auf, welches aus hintereinandergeschalteten Einzelübersetzungen (Brüchen) besteht. Es treten also immer nur zwei Zahnräder in direkten Kontakt; eine mehrfache Direktverzahnung, wie im Rätsel in Abschnitt 12.3 beschrieben, ist nicht erlaubt. Weiter wird eine feste Zeit vereinbart (ca. 30 Minuten), zu der

keine Mehrfachdirektverzahnung

1. das Exponat fertig und funktionsfähig aufgebaut ist,
2. sowohl der Konstruktionsplan als auch der zugehörige formale Term wie üblich auf einem Blatt stehen,
3. der Term berechnet ist,
4. das formale Rechenergebnis am Exponat überprüft worden ist.

Das Blatt wird in die Box gelegt, sodass andere Schüler ihr Rechenergebnis kontrollieren können.

termingerechte Lieferung

Wie groß das Exponat wird, entscheidet die jeweilige Gruppe. Auch wenn mitunter riesige Konstruktionen entstehen: Verlangt ist eine termingerechte Lieferung des Aufbaus mit Lösungsblatt.

*Zwei Hinweise:*

- In dieser Übung ist ein Zeitmanager, der die Uhr im Blick behält, sehr hilfreich.
- Damit die Übersetzung bei Bauabschluss funktioniert, muss sichergestellt sein, dass alle Zahnräder fest auf die Achsen geschraubt sind. Am besten kontrolliert man die Festigkeit, indem man versucht, zu kurbeln, und das erste Zahnrad festhält. Falls sich die Kurbel dennoch drehen lässt, ist die Kurbel locker. Man sucht weiter, indem man das nachfolgende zweite Zahnrad festhält. Dreht jetzt die Anordnung durch, ist das zweite nicht fest genug montiert usw. Es hilft, diese Technik den Schülern einmal vorzuführen.

*Phase II: Fremde Aufgaben lösen*

Aufgaben der Mitschüler

Die Schüler bewaffnen sich mit Matheheft und Stift, gehen zu einem Exponat ihrer Mitschüler und lösen deren Aufgabe wie folgt:

1. Das Exponat wird in einen formalen Term ins Heft übersetzt. Dabei wird es nicht berührt, geschweige denn an dessen Kurbel gedreht.
2. Der Wert des Terms wird schriftlich berechnet. Kürzen hilft.
3. Schließlich wird das Rechenergebnis haptisch überprüft. Bei einer Kurbeldrehung sollte sich der Winker entsprechend oft drehen.
4. Wenn Theorie und Praxis bzw. die Rechnung mit der Winkerumdrehung nicht übereinstimmt, wird das Lösungsblatt aus der Box geholt.

Jeder Schüler notiert und berechnet im Heft mindestens drei Terme. Als Konstruktionsplan reicht der des eigenen Bauwerks, um die Parallelität zwischen materiellem und formalem Denken zu skizzieren, weitere sind nicht erforderlich.

*Phase III: Metareflexion*

Die Schüler gehen durch den Raum und betrachten die Exponate mit der Fragestellung: Welche Aufgabe ist für mich die leichteste – und warum? Auf ein Zeichen des Lehrers wird Stellung bezogen: Jeder geht zu der am leichtesten empfundenen Aufgabe. Dann werden Begründungen ausgesprochen:

subjektive Schwierigkeit

(1) *„Da sind weniger Zahnräder."*
(2) *„Wir haben so eine ähnliche Aufgabe gebaut."*
(3) *„Die meisten Übersetzungen enden mit einem Zehnerrädchen."*
(4) *„Es sieht nicht so durcheinander aus."*

Die Äußerungen lassen sich unmittelbar auf formale Aufgabenstellungen übertragen. Die Analogie ist offensichtlich:
(1) Kleinere Terme, man muss weniger rechnen.
(2) Habe ich schon einmal gerechnet bzw. geübt.
(3) Wenig echte Brüche. Die meisten Faktoren lassen sich als ganze Zahl schreiben.
(4) Übersichtlichkeit: Der Term ist sortiert.

Ebenso werden die schwierigsten Aufgabenstellungen behandelt. Erneute Aufstellung, Reflexion darüber, was die Aufgabe schwierig macht. Nicht immer sind sich die Schüler einig und entscheiden sich

Aufstellungsarbeit

für unterschiedliche Exponate. Natürlich. Es hängt ja von der Vorgeschichte des Einzelnen ab. Schwierigkeit ist nicht objektiv, sondern immer subjektiv. Und dennoch lassen sich Kriterien finden, die eine Aufgabe für viele Menschen schwierig macht. In dieser Übung reflektiert der Schüler auf Prüferebene.

### Didaktische Bemerkungen

*4D-Lernen*

Diese Form des Lernens ist mehr als „vielkanaliges Lernen“. Natürlich werden mehrere Sinne angesprochen, aber das ist nicht das Wesentliche. Die Vermittlung findet auf drei verschiedenen Ebenen statt, welche *gleichzeitig* auf das gleiche Verständnis ausgerichtet sind. Eine handelnde bzw. **e**naktive Ebene wird mit Zahnrädern verwirklicht, eine bildliche bzw. **i**konische mit einer Konstruktionszeichnung und eine formale bzw. **s**ymbolische in Form der mathematischen Sprache. Das entspricht dem sogenannten **EIS**-Prinzip nach Bruner[90], was wiederum einem gehirngerechten Lernen entspricht. Die formalen Inhalte (im Wesentlichen symbolisch) werden eher in der linken Hirnhälfte verarbeitet, die kreativen, erlebnisbetonten Inhalte (im Wesentlichen enaktiv und ikonisch) eher in der rechten. Die Vernetzung erfolgt durch das gestaltpsychologische *Gesetz der Gleichzeitigkeit* der Vermittlung: Wenn zwei Dinge gleichzeitig geschehen, unterstellt unser Gehirn automatisch einen gemeinsamen Zusammenhang. Linke und rechte Denkweise werden vernetzt. Die drei Vermittlungsebenen nach Bruner, verknüpft mit dem Gesetz der Gleichzeitigkeit, ergeben ein vierdimensionales Lernverständnis. Die Bedeutung der Zeit kann nicht unterschätzt werden: Wie in der modernen Physik geschieht Lernen in Raum *und* Zeit.

Gleichzeitigkeit

gehirngerechtes Lernen

90 Vgl. Abschnitt 1.3: Lernen in vier Dimensionen.

*Fehlersuche in Theorie und Praxis*

Entsprechend dem 4D-Lernen können Fehler in der Konstruktion (Praxis) und in der formalen Rechnung (Theorie) entstehen. Der Konstrukteur weiß nicht, ob ein theoretischer oder ein materieller Fehler vorliegt. „Wie im richtigen Leben“, könnte man sagen – wenn man die schulische Wirklichkeit von dem sogenannten echten Leben trennen möchte.

„wie im richtigen Leben“

In einem Schulbuch kann es keine Praxis geben, es ist leider nur zweidimensional und vermittelt – wenn man in diesem Bild bleiben möchte – nur oberflächlich.

*Selbst- statt fremdbestimmtes Lernen*

Der Schüler ist hier nicht einem Diktat fremdbestimmter Aufgaben unterworfen, seien es Arbeitsblätter oder Schulbuchaufgaben. Bei dem beschriebenen 4D-Lernen hat er Anteil an der Aufgabenentwicklung, die Aufgabe wird zu seiner eigenen Sache. Ja noch mehr: Die Gruppe gibt durch ihren Bau etwas von sich preis: eine Selbstkundgabe. Und genau das ist *der* Vorteil eigener Aufgaben: Ich kenne den Hersteller. Auch wenn der beste Didaktiker die besten Aufgaben stellt – wenn ich ihn nicht kenne, bleibt er für mich bedeutungslos. Und Bedeutsamkeit ist einer der entscheidenden Dünger, welcher Wissen wachsen lässt.

Selbstkundgabe

*Sichtweisen Rollenwechsel*

Bei der eigenen Erstellung von Aufgaben durchlebt der Schüler verschiedene Rollenwechsel und damit einhergehend unterschiedliche Sichtweisen: Zuerst konstruieren die Schüler eigene Aufgaben (Schüler als Konstrukteure bzw. Prüfer), dann lösen sie zuerst die eigene, später fremde Aufgaben (Schüler als Prüfling) und schließlich wechseln sie nochmals die Rolle und stellen typische Fragen einer Prüfungskommission.

*Binnendifferenziertheit*

Die Lernumgebung ist binnendifferenzierend: Jede Gruppe baut so viel, wie sie kann. Aus irgendeinem Grund nutzen alle Schüler die gesamte Bauzeit. Auch die Geschwindigkeit ist weitgehend frei.

## 12.3 Direkte Verzahnung – ein Rätsel

Wenn man an der Kurbel einmal dreht, wie oft dreht sich dann das hinterste Zahnrad bzw. der Winker? Die Zahnräder haben von links nach rechts 30-10-20-40-15 Zähne.

Die Frage wird vorerst nicht beantwortet. Jede Zweiergruppe soll zunächst ein eigenes Beispiel entwerfen. Falls Gruppen etwas Komplexeres bauen möchten, können je zwei Zweiergruppen zusammengehen. Folgende Forschungsaufträge werden gestellt:

Forschungsaufträge

(1) Wie oft dreht sich das hinterste Rad, wenn vorne einmal gekurbelt wird?
(2) Suche nach einem Rezept (einem Algorithmus), wie man, ohne zu kurbeln oder das Exponat zu berühren, zur Lösung gelangen kann. Einfacher ist besser.
(3) Wie lässt sich der Algorithmus beweisen bzw. erklären? Je einfacher, desto besser.
(4) Welches maximale Übersetzungsverhältnis lässt sich mit dem Baukasten und dieser Bauart erzeugen?

Damit nicht eine Gruppe genau das Beispiel vom Lehrer kopiert, wandert dieses anschließend in die Lehrertasche. Zwei Zeitangaben werden vereinbart: Nach 15 Minuten ist der Aufbau jeder Gruppe fertig (sodass verschiedene Beispiele zum Forschen im Raum vorhanden sind), nach weiteren 10 Minuten hat sich jede Zweiergruppe bezüglich der Forschungsaufträge zu je einer Vermutung durchgerungen.

*Abstraktion als Suche nach Gemeinsamkeit – eine didaktische Zwischenbemerkung*

Da jede Gruppe eine eigene Konstruktion entworfen hat, können die Schüler umhergehen und nach prinzipiellen Gemeinsamkeiten suchen. Das entspricht einem typischen Abstraktionsvorgang: Um eine Struktur zu finden, braucht es mehrere Beispiele. Gibt es irgendetwas an den Getrieben, was prinzipiell gleich ist? Das gilt es bei aller Unterschiedlichkeit herauszufinden. Obwohl alle unterschiedlich sind, gilt es, die Regel, das Prinzip zu finden. In Abschnitt 11.4 gab es beim Vertauschen von Übersetzungen innerhalb eines Getriebes eine ähnliche Situation: Worin sind die ausgestellten Getriebe gleich? In dem hier gestellten Rätsel ist das Gesuchte abstrakter.

Gemeinsamkeiten suchen

*Eine mögliche Lösung am Beispiel*

Meistens werden vier Brüche erkannt:

Die folgende Anordnung entspricht derselben Übersetzung, wobei die mittleren Zahnräder jeweils doppelt verwendet werden:

Da die mittleren Zahnräder jeweils als Zähler und als Nenner verwendet werden, kürzt sich bis auf das erste und das letzte Rad alles heraus. Viermal wird die Richtung gewechselt (4 Minuszeichen), damit dreht sich der Winker $\left(-\frac{30}{10}\right) \cdot \left(-\frac{10}{20}\right) \cdot \left(-\frac{20}{40}\right) \cdot \left(-\frac{40}{15}\right) = +\frac{30}{15} = 2$ Mal pro Kurbelumdrehung.
Entsprechend ist das größtmögliche Übersetzungsverhältnis $\frac{40}{10} = 4$, welches dann erreicht wird, wenn das größte Zahnrad (40 Zähne) an der Kurbel und das kleinste (10 Zähne) ganz hinten montiert wird.

*Eine elegante Lösung*
Wenn man das erste Rädchen um genau einen Zahn weiter dreht, gehen alle Zahnräder, insbesondere auch das letzte, einen Zahn weiter. Wenn einmal an der Kurbel gedreht wird, geht alles um 30 Zähne weiter, das entspricht bei dem letzten Zahnrädchen 2 Umdrehungen.

ein Zahn weiter

Diese Lösung argumentiert mit den Drehgeschwindigkeiten der einzelnen Räder. Da die Bahngeschwindigkeit[91] aller Zacken gleich groß ist, verhalten sich die Drehzahlen der Räder (Anzahl der Umdrehungen pro Sekunde) antiproportional zur Anzahl der Zähne: Dreht sich das 10er-Rad einmal pro Sekunde, dreht sich das 40er-Rad nur einmal alle vier Sekunden.

91 Geschwindigkeit eines Zackens auf seiner Kreisbahn

## 12.4 Tieferes Verständnis: das Vorzeichen von Zahlen und Operatoren

Mit Hilfe der Richtungskodierung lassen sich negative Brüche (als Operatoren) darstellen bzw. lässt sich mit negativen Brüchen rechnen. In diesem Abschnitt findet eine neue Unterscheidung statt: Es gibt einen mathematisch positiven Drehsinn (gegen den Uhrzeigersinn) und einen negativen. Diese Unterscheidung ermöglicht die Unterscheidung zwischen Vorzeichen-Minus und einem Minus im Operator.[92]

Richtungskodierung

**Unterscheidung: Vorzeichen bei Zahl und Operator**

Wenn man dreimal in positiver Richtung an der abgebildeten Übersetzung (20:10) kurbelt, dreht sich die hintere Achse sechsmal im selben positiven Drehsinn.

mathematisch positive Richtung

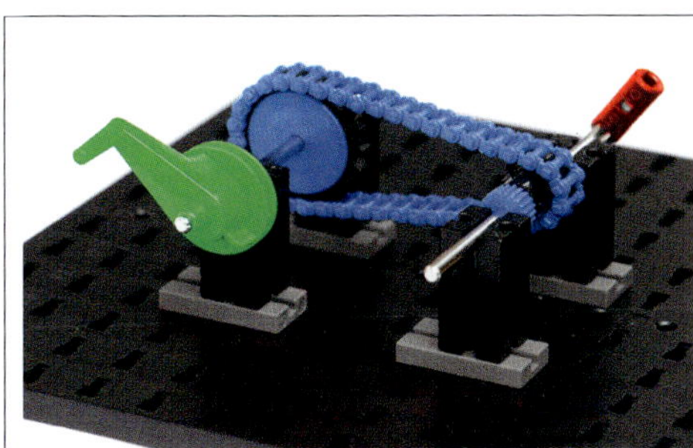

$$(+3) \cdot \left(+\frac{2}{1}\right) = +6$$

Man könnte ebensogut in mathematisch negativer Richtung kurbeln, dann dreht auch die hintere Achse sechsmal in negativem Drehsinn $(-3) \cdot \left(+\frac{2}{1}\right) = -6$.

Mittels einer direkten Verzahnung kann ein negativer Bruch (negatives Vorzeichen des Operators) dargestellt werden. Wenn man an der folgenden Übersetzung dreimal positiv kurbelt, dreht sich die hintere Achse sechsmal in negativer Richtung. Das Zahnrad, welches an der Kurbelachse befestigt ist, dreht sich positiv, das folgende negativ.

negativer Bruch

92 Diese neue Unterscheidung ist in einem konstruktivistischen Lernverständnis interessant: Durch die Unterscheidung wird eine neue zusätzliche Struktur geschaffen. Bis zu diesem Zeitpunkt machte es keinen Unterschied, ob man an der Kurbel im oder gegen den Uhrzeigersinn gedreht hat. Das Modell ist komplexer geworden, aber kann auch mehr Dinge erklären, wie z. B. die Tatsache, dass Minus mal Minus Plus ergibt. Wann dieses Mehr an Wissen sinnvoll ist, muss der Leser für seine Klasse entscheiden. Auch ohne diese Unterscheidung lässt sich die Bruchrechnung behandeln. Manchmal ist weniger mehr.

$$(+3) \cdot \left(-\frac{2}{1}\right) = -6$$

Der Operator lautet „$\cdot\left(-\frac{20}{10}\right)$“ bzw „$\cdot\left(-\frac{2}{1}\right)$“. Das Minus bedeutet, dass die Beziehung der beiden Zahnräder gegensinnig oder negativ ist. Eine Verbindung über eine Kette ermöglicht eine positive Beziehung zwischen den Rädern, lässt die Räder also gleichsinnig laufen.
Man kann auch mit dem obigen Aufbau zeigen, dass Minus mal Minus Plus ergibt, man braucht nur in die mathematisch negative Richtung (im Uhrzeigersinn) zu kurbeln: $(-3) \cdot \left(-\frac{2}{1}\right) = +6$
Aber das ist für die erste Begegnung mit „Minus mal Minus“ nicht so nett, da hier ein Vorzeichen einer Zahl (des Inputs) und das Vorzeichen eines Operators miteinander verknüpft werden. Und doch ist diese Darstellung sehr lehrreich, da ein Vorzeichen-Minus (einer Zahl) etwas komplett anderes als ein Minus in einem Operator darstellt. Dieses Anderssein unterscheidet sich deutlich in der Haptik: Kurbeln vs. Beziehung. Ganz anders als in der formalen Darstellung: „–“ vs. „–“.

verschiedene Minuszeichen

**Aufbau der Operatoren: „$\cdot\left(\frac{+2}{+1}\right)$“ = „$\cdot\left(\frac{-2}{-1}\right)$“ = „$\cdot\left(+\frac{2}{1}\right)$“ und „$\cdot\left(\frac{+2}{-1}\right)$“ = „$\cdot\left(\frac{-2}{+1}\right)$“ = „$\cdot\left(-\frac{2}{1}\right)$“**

Man kann die einzelnen Räder betrachten, aus denen der Operator zusammengesetzt ist. Im Fall einer Kette laufen entweder beide in positiver Richtung $\frac{+2}{+1}$ (gegen den Uhrzeigersinn) oder beide in negativer $\frac{-2}{-1}$, was wiederum eine gleichsinnige Beziehung ergibt. Die Beziehung beider Räder ist „positiv“, der Operator ändert daher den Drehsinn nicht. Für die Konstruktion ist es unwesentlich, welches Rädchen sich in welcher Richtung dreht, daher kann man auch nur die Wirkung des Operators „$\cdot\left(+\frac{2}{1}\right)$“ aufschreiben.[93]

gleichsinnige Beziehung

93 Achtung: Dieses letzte „+“-Zeichen ist ein anderes als die Vorzeichen in Zähler und Nenner. Es bezeichnet nicht mehr die Drehrichtung eines Rädchens, sondern dass der Operator die Drehrichtung nicht ändert. Einmal geht es um die konkrete Drehrichtung *eines* Rädchens, einmal um die Beziehungsfrage zweier Rädchen! Gleiches Symbol, andere Deutung.

Analog lassen sich negative Operatoren untersuchen: Aufgrund der direkten Verzahnung drehen sich beide Zahnräder gegensinnig. Im Fall $\frac{+2}{-1}$ drehen sich das Zähler-Rad in positiver Richtung und das nachfolgende Nenner-Rad in negativer. Ebenso versteht sich der Bruch $\frac{-2}{+1}$. Dreht sich das Zähler-Rad negativ, muss sich das Nenner-Rad positiv drehen.

beide Zahnräder gegensinnig

Ob das Minuszeichen unten oder oben im Bruch steht, spielt somit für das Getriebe keine Rolle. Entscheidend ist, dass sich beide Zahnräder in entgegengesetzter Richtung bewegen und somit der Operator „$\cdot \left(-\frac{2}{1}\right)$“ die Drehrichtung umkehrt.

**Didaktische Bemerkung**

Richtungskodierung ist abstrakt. Es geht nicht mehr allein um das Ding an sich bzw. die Zahl, sondern um dessen/deren Orientierung bzw. um die orientierte Zahl. Dazu ist ein tieferes Verständnis nötig. Ein Beispiel soll die Schwierigkeit der Abstraktion zeigen: Ein Kindergartenkind versteht schnell, dass Autos gefährlich sind und dass an der Straße Lebensgefahr besteht. Viel schwieriger ist die Einsicht, dass die Gefahr richtungskodiert ist. So ist bei einer Straßenüberquerung ein vom Beobachter wegfahrendes Autos völlig ungefährlich.

Richtungskodierung

richtungsabhängige Gefahr

In einem historisch-genetischen[94] Sinne es ist natürlich, zuerst nicht auf die Drehrichtung zu achten und diese erst später zu deuten. Die Unterscheidung in Operator und Zahl bzw. deren Vorzeichen benötigt eine noch höhere Vertrautheit mit dem Thema. Wichtig ist, dass Sie in Erklärungen die beiden Vorzeichen nicht verwechseln. Das Minus muss „in seiner Rolle“ bleiben, ansonsten kommt es unweigerlich zu Verständnisschwierigkeiten. Somit wurde in den Lernumgebungen dieses Kapitels nur das Vorzeichen des Operators verwendet. Das Vorzeichen der Zahl (Richtung der Kurbeldrehung) wurde in Schülerübungen noch nicht thematisiert. Bisher ging es nur um positive und negative Operatoren, die Drehrichtung der Kurbel spielte noch keine Rolle. Erst beim Bau einer Multiplikationsmaschine im Abschnitt 14.2 kommen Zahlen mit Vorzeichen ins Spiel.

Rollenklarheit des Minuszeichens

94 Die Bezeichnung „historisch-genetisch“ lehnt an Martin Wagenschein an: Begriffe, Theorien oder Wissen sind nicht von sich aus da, sondern entstehen durch Unterscheidungen (Eine tiefere Behandlung dieses Themas findet der Leser in Martin Kramer: Unterricht ist Kommunikation – der Schüler entscheidet, was gelehrt wurde, Bd. I, Konstruktion von Wissen, Schneider Verlag Hohengehren, 2016). Je genauer man hinschaut, desto mehr Unterscheidungen können getroffen werden. Wissen entsteht in einer zeitlichen Entwicklung. Man denke dabei an das Wachstum einer Pflanze, welche sich immer weiter verzweigt: Wachstum geschieht aus einer internen Struktur heraus und besitzt somit stets eine Geschichte bzw. einen historischen Kontext.

# Kapitel 13
# Addition von Brüchen

multiplikatives Konzept

Der Bruch ist ein multiplikatives Konzept. Ein Wunder, dass sich Brüche überhaupt addieren lassen und dazu auch noch eindeutig. Aber man merkt ja, dass es knirscht: Was tut man nicht alles, wenn man beispielsweise $\frac{2}{3}$ und $\frac{3}{4}$ zusammenzählt. Zähler und Nenner können nicht (wie im analogen Fall der Multiplikation) einfach zusammengerechnet werden. Also wird erweitert, möglichst auf den Hauptnenner, das kleinste gemeinsame Vielfache. Aus einer Äquivalenzklasse wird der geeignete Repräsentant zur Addition gewählt. Und schließlich werden die Zähler addiert. Die Nenner allerdings nicht, die werden beibehalten.

Addition im Modell

Schwierig. Zumindest für einen jungen Menschen, der in der sechsten Klasse mit Brüchen konfrontiert wird. $\frac{2}{3} + \frac{3}{4}$ hatte bisher wenig mit seinem Leben zu tun und hätte es wohl auch weiterhin, wäre da nicht die Schule. Die folgende Lernumgebung macht den Versuch, die Addition modellhaft zu erfassen. Der Leser darf erwarten, dass es nicht so stimmig wie im Falle der Multiplikation läuft: Zahnräder sind wie Brüche nicht zur Addition bestimmt.

## *13.1 Bruchzahlen der Größe nach vergleichen*

Brüche vergleichen

Dieser Abschnitt schließt an 8.4 an, wo zwei Brüche miteinander verglichen wurden, z. B. $\frac{3}{4}$ und $\frac{2}{3}$. Nach einer Kurbelumdrehung erkennt man, dass die linke Übersetzung den Winker weiter gedreht hat. Die formale Ungleichung $\frac{3}{4} > \frac{2}{3}$ ist durch ein Modell dargestellt.

Man muss 12-mal an der Kurbel drehen, dass beide Winker wieder in der Ausgangsposition stehen, dass also sowohl die blaue als auch die rote Übersetzung ganzzahlige Winkerumläufe erzeugt (vgl. 8.4 am Ende). Die 12 entspricht in der Rechnung dem Hauptnenner bzw. dem kgV.

Hauptnenner

**Schülerübung**

Die Schüler erhalten die Aufgabe, ein Exponat zu bauen, welches zwei Brüche (oder allgemeiner: Terme) miteinander vergleichen kann. Wer sich unsicher ist, darf gerne das Modell $\frac{3}{4} > \frac{2}{3}$ nachbauen, aber es können gerne eigene, komplexere Bauten entstehen. Gleichheit der Terme sollte möglichst vermieden werden, ansonsten wird die Suche nach dem kgV sehr einfach. Je weniger sich die Gesamtübersetzungsverhältnisse der Getriebe unterscheiden, desto interessanter. Beim Bau ist auf eine leichte Kettenspannung zu achten. Ansonsten haben die Winker zu viel Spiel und zeigen ungenaue Werte bzw. Richtungen an. Die Gruppen können Materialien untereinander austauschen. Für den Bau haben die Schüler 20 Minuten Zeit. Für die Einhaltung sorgt der Zeitmanager.

kgV

Als Beispiel[95] ist die Ungleichung $\frac{4}{9} < \frac{3}{8}$ bzw. $\frac{4}{3} \cdot \frac{1}{3} < \frac{1}{2} \cdot \frac{3}{4}$ aufgebaut. Entsprechend dem Hauptnenner zeigen nach 72 Kurbelumdrehungen beide Winker zum ersten Mal wieder nach oben.

95 Hier wurde ein 30er-Rad zusätzlich verwendet. Alternativ lässt sich die Ungleichung $\frac{1}{9} < \frac{1}{8}$ mit dem Inhalt eines Kastens aufbauen.

Nach der vereinbarten Zeit werden die Exponate ausgestellt und die Schüler gehen mit Heft und Stiften bewaffnet durch den Raum. Jeder soll mindestens drei Beispiele notieren. Bei allen Exponaten gilt: Erst wird das kgV bestimmt und im Heft notiert, erst dann wird kontrolliert und gekurbelt.

## 13.2 Teamtraining: pythagoreisches Komma

Der musikalisch interessierte Leser wird Freude an dem folgenden kulturellen Thema haben. Auch wenn es die Sache wesentlich spannender macht: Für die Umsetzung braucht man die folgende Einführung zu Quinten und Oktaven nicht. Wer also Scheu vor dem Quintenzirkel hat, mag die Einführung überspringen. Wer im Augenblick nicht an einem Teamtraining, sondern nur an der Addition von Brüchen interessiert ist, mag den gesamten Abschnitt überspringen.

**Oktave und Quinte**

Wenn Mann und Frau gemeinsam singen und der Mann nicht mehr den hohen Tönen folgen kann, dann singt er eine Oktave tiefer. Damit ist die Frequenz halbiert. Man kann erneut oktavieren (die Frequenz halbieren) und erhält entsprechend ein Viertel der ursprünglichen Frequenz. So geht es immer weiter.

Oktave

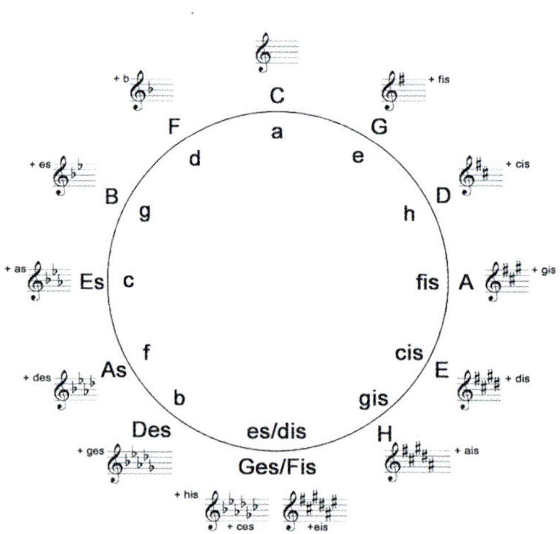


Während die Oktave das Frequenzverhältnis von 2:1 besitzt, entspricht der Quinte (den Ecktönen eines Dreiklanges) ein Verhältnis von 3:2. Wichtig ist die Quinte beim Wechsel der Tonarten: Man kann alle Tonarten im Quintabstand anordnen; geht man eine Quinte weiter, kommt ein neues Vorzeichen hinzu[96]. Links die Anordnung aller zwölf Tonarten im sogenanten Quintenzirkel.

Läuft man zwölf Schritte im Uhrzeigersinn Quinte für Quinte weiter, sollte man wieder auf den Ausgangston, natürlich ein paar Oktaven höher, kommen. Das ist leider nicht exakt der Fall: Nach einem Aufstieg um zwölf

96 Damit nicht bei zwölf Tonarten bis zu zwölf Vorzeichen ins Spiel kommen, läuft man in der Praxis sechs Schritte im Uhrzeigersinn (#) und sechs gegen den Uhrzeigersinn (*b*).

Quinten landet man ungefähr einen Achtelton daneben. Da man aber durch die Tonarten hindurch improvisieren möchte, wird diese „Verstimmung" auf zwölf Quinten verteilt. Statt einer *reinen Stimmung* spielt unsere Musik auf einer sogenannten *temperierten Stimmung*. Die „Verstimmung" heißt *pythagoreisches Komma* und ist nach Definition der Unterschied zwischen sieben Oktaven und zwölf Quinten. Dieser Unterschied soll als Ungleichung mit Fischertechnik dargestellt werden. Mit Quinten und Oktaven nach oben zu gehen, ist technisch nicht möglich darzustellen. Die Übersetzung wäre zu groß, bei einer Kurbeldrehung müsste sich das letzte Zahnrad ca. 128-mal drehen.[97] Daher gehen wir im mathematisch positiven Sinne, gegen den Uhrzeigersinn, den Quintenzirkel entlang, also tonal abwärts. Es geht um den Vergleich der beiden Terme

temperierte Stimmung

$$\frac{1}{2}\cdot\frac{1}{2}\cdot\frac{1}{2}\cdot\frac{1}{2}\cdot\frac{1}{2}\cdot\frac{1}{2}\cdot\frac{1}{2} \text{ und } \frac{2}{3}\cdot\frac{2}{3}\cdot\frac{2}{3}\cdot\frac{2}{3}\cdot\frac{2}{3}\cdot\frac{2}{3}\cdot\frac{2}{3}\cdot\frac{2}{3}\cdot\frac{2}{3}\cdot\frac{2}{3}\cdot\frac{2}{3}\cdot\frac{2}{3}$$

bzw. um den Vergleich zwischen $\left(\frac{1}{2}\right)^7$und $\left(\frac{2}{3}\right)^{12}$.

**Umsetzung**

*Was ist größer: $\left(\frac{1}{2}\right)^7$ oder $\left(\frac{2}{3}\right)^{12}$?* Wie in Abschnitt 9.1 soll von den Schülern ein Großprojekt realisiert werden. Die Lernumgebung kann analog gestaltet werden. Die Übung ist schwieriger als die Teamübung mit exponentiellem Wachstum, da jetzt zwei Getriebe mit einer Achse angetrieben und parallel geführt werden.

Die Frequenzen unterschieden sich nur geringfügig. Damit sich der Winker hinten bei der Oktavübersetzung einmal dreht, muss bereits 128-mal gekurbelt werden. Aber dann sieht man zwischen Quinten- und Oktavübersetzung noch kaum eine Abweichung. Nach 128 Kurbelumdrehungen unterscheiden sie sich etwa um 1 %. Das ist musikalisch gesehen gut so, denn sonst könnten wir nicht die Musik hören, die wir hören. Praktisch jedes Stück im Radio ist temperiert gestimmt. Hier die entsprechende Rechnung für den Vergleich der Rotationen der beiden Winker:

geringe Abweichung

$$\frac{\left(\frac{1}{2}\right)^7}{\left(\frac{2}{3}\right)^{12}} = \frac{3^{12}}{2^{19}} \approx 1{,}00136$$

Es gilt demnach $\left(\frac{1}{2}\right)^7 > \left(\frac{2}{3}\right)^{12}$. Erst nach 500 Kurbelumdrehungen erahnt man langsam einen Unterschied zwischen Oktaven und Quinten …

97 Vgl. die Grenzen der Belastbarkeit in Abschnitt 9.3.

## 13.3 Addition von Brüchen

**Die erste Addition: 3 + 2**

Dreht man einmal an der Kurbel, so dreht sich entsprechend den Übersetzungen der linke Winker dreimal und der rechte zweimal. Beide Umläufe lassen sich zusammenzählen und ergeben 3 + 2 = 5.

Auf diese Weise lassen sich im Prinzip alle Brüche zusammenzählen: Einmal an der Kurbel drehen und die Summe der Winkerumläufe bilden.

**Addition von Brüchen**

Im Beispiel von $\frac{3}{4} + \frac{2}{3}$ kommt leider keine ganze Zahl heraus. Jetzt müsste man Winkelweiten addieren. Das ist nicht falsch, entspricht jedoch noch nicht einer gewünschten Addition von Brüchen. Der Trick ist folgender: Bei der ersten Addition 3 + 2 oben konnte man addieren, weil es sich jeweils um ganze Umläufe handelte. Also kurbeln wir im Fall von $\frac{3}{4} + \frac{2}{3}$ häufiger, genauer: so lange, bis beide Übersetzungen ganze Umläufe ergeben. Das Ergebnis wird dadurch mit diesem Faktor vervielfacht, also teilt man die Summe der Winkerumdrehungen durch die Anzahl der Kurbelumdrehungen.

ganze Umläufe addieren

Aber ergibt das überhaupt einen Sinn? Könnte es nicht sein, dass nie die gewünschte Situation eintritt?

Eines ist sicher: Je weniger wir kurbeln müssen, desto besser. Die Frage, wie oft wir (ganzzahlig) mindestens kurbeln müssen, damit beide Winker ganzzahlig drehen, ist die Frage nach dem kgV. Es geht also immer.

kgV

*Ein Modell für das Irrationale – eine mathematische Zwischenbemerkung*
Wenn Sie kurz überlegt haben, ob die gewünschte Gleichheit *immer* eintreten muss, haben Sie sich – formal übersetzt – gefragt, ob sich zwei Brüche *immer* addieren lassen. Anschaulich liegt es an den Zähnen der Zahnräder, verbunden durch eine Kette bzw. direkte Verzahnung. Diese Verbindung erzeugt aufgrund ihrer Konstruktion stets ein bestimmtes Verhältnis ganzer Zahlen. Würde man zwei beliebige Räder ohne Zähne mit einem Band statt der Kette verknüpfen oder würden zwei beliebige Gummiräder die Umdrehungen direkt weitergeben, wäre die Wahrscheinlichkeit, dass die Winker nach irgendeiner ganzzahligen Kurbelzahl beide ebenfalls eine ganzzahlige Umdrehung hinter sich haben, null.[98] Oder dass nach endlicher Drehzahl die Kurbel und der Winker beide einmal oben stehen.

Wenn Sie beim Kauf Ihres Fahrrades die Ventile exakt nach oben ausgerichtet haben, werden diese entweder nach jeder Umdrehung (wenn beide Räder exakt gleich groß sind) oder nie wieder exakt in dieselbe Position kommen – es sei denn, der Umfang des einen Rades ist ein rationales Vielfaches des anderen Umfangs. Da die Brüche jedoch eine Nullmenge in den reellen Zahlen sind, ist die Wahrscheinlichkeit null.[99]

Nullmenge

98 Die Brüche bilden eine Nullmenge in den reellen Zahlen.

99 Ein hübsches Beispiel, um eine Konsequenz der Irrationalität aufzuzeigen. Allerdings handelt es sich um ein „mathematisches Fahrrad“, das mit verschieden großen Rädern immer Bodenkontakt hat und das keine Kurve fährt. Die Wahrscheinlichkeit, dass beide Ventile irgendwann wieder gleichzeitig *exakt* oben sind, ist dann null. In der Praxis ist das Ergebnis dasselbe, allerdings stimmt das Modell bzw. die Argumentation nicht mehr, da bei einer Kurve das Vorderrad einen anderen Radius als das Hinterrad beschreibt, die Räder „knautschig“ sind und Luft verlieren, auch hat das Fahrrad nicht immer mit beiden Rädern Bodenkontakt usw. – trotzdem bleibt die Wahrscheinlichkeit null: Auch wenn unser Geist „rational“ denkt und sich schwer mit dem Irrationalen tut – die Natur ist „vollständig“ und „kennt“ irrationale Größen. Die Umfänge der einzelnen Räder entsprechen zwei irrationalen Zahlen und die Wahrscheinlichkeit, dass sich zwei beliebige reelle Zahlen ein rationales Vielfaches voneinander sind, ist exakt null.

Um die Addition haptisch durchzuführen, müssen wir das kgV nicht wissen. Das Verfahren ist im Folgenden beschrieben. Es werden nur ganze Kurbelumdrehungen betrachtet.

| **Allgemeines Verfahren** | **Beispiel $\frac{3}{4} + \frac{2}{3}$** |
|---|---|
| Kurbel und beide Winker nach oben ausrichten. |  |
| Es wird so oft gekurbelt, bis *beide* Winker wieder in Ausgangsstellung sind. Drei Dinge werden gezählt:<br>▸ die Anzahl $n$ der Kurbelumdrehungen<br>▸ die Anzahl der Umdrehungen des linken Winkers und<br>▸ die des rechten Winkers<br>Am besten arbeitet man hier zu dritt. | Es ergibt sich zum ersten Mal wieder dasselbe Bild wie oben, und zwar nach:<br>▸ 12 Kurbelumdrehungen<br>▸ 9 Umdrehungen des linken Winkers<br>▸ 8 Umdrehungen des rechten Winkers |
| Dann wird die Summe der beiden (ganzzahligen) Winkerumdrehungen gebildet. | $9 + 8$ |
| Da $n$-mal an der Kurbel gedreht wurde, ist das Ergebnis $n$-mal zu hoch. Also muss noch durch $n$ geteilt werden. | $\frac{9+8}{12}$ |

Damit ist die Addition von Brüchen auf die Addition ganzer Zahlen zurückgeführt. Die symbolische Ebene entspricht der enaktiven.

Zwei weitere Beispiele:

| Allgemeines Verfahren | Beispiel: $\frac{3}{4} + \frac{1}{2}$ | Beispiel: $\frac{4}{9} + \frac{3}{8}$ |
|---|---|---|
| Kurbel und beide Winker nach oben ausrichten. | | |
| Es wird so oft gekurbelt, bis *beide* Winker zum ersten Mal wieder in Ausgangsstellung sind. Drei Dinge werden gezählt: | Es ergibt sich jeweils dasselbe Bild wie oben, und zwar nach: | |
| ▸ die Anzahl $n$ der Kurbelumdrehungen | ▸ 4 Kurbelumdrehungen | ▸ 72 Kurbelumdrehungen |
| ▸ die Anzahl der Umdrehungen des linken Winkers und | ▸ 3 Umdrehungen des linken Winkers | ▸ 32 Umdrehungen des linken Winkers |
| ▸ die des rechten Winkers<br>Am besten arbeitet man hier zu dritt. | ▸ 2 Umdrehungen des rechten Winkers | ▸ 27 Umdrehungen des rechten Winkers |
| Dann wird die Summe der beiden (ganzzahligen) Winkerumdrehungen gebildet. | 3 + 2 | 32 + 27 |
| Da $n$-mal an der Kurbel gedreht wurde, ist das Ergebnis $n$-mal zu hoch. Also muss noch durch $n$ geteilt werden. | $\frac{3+2}{4} = \frac{5}{4}$ | $\frac{32+27}{72} = \frac{59}{72}$ |

**Umsetzung im Klassenzimmer**

Die Umsetzung erfolgt analog zu Abschnitt 12.2 oder 13.1. Die Schüler entwerfen und bauen in der Zweiergruppe eine eigene Aufgabe und lösen dann die ihrer Mitschüler. Anschließend kann mittels einer Aufstellung (vgl. Abschnitt 12.2) auf einer Metaebene reflektiert werden, welche Aufgabe am schwierigsten, am leichtesten oder am interessantesten ist.

### Didaktische Bemerkungen: Brüche als multiplikatives Konzept

*Es knarzt und ächzt ...*

Addition zum Schluss

Die Addition von Brüchen bildet in der vorgestellten Lehrgangsskizze das Schlusslicht. Das ist auf ganz natürliche Weise so; man wird schlecht mit der Addition beginnen können: Brüche sind durch Division entstanden, auf der Suche nach einem multiplikativen Inversen. Ein multiplikatives Konzept also. Es ist didaktisch gesehen von Vorteil, dass die Addition nicht so einfach von der Hand geht wie die Multiplikation. Es knarzt und ächzt, es ist umständlich – sowohl in der formalen Rechnung als auch in der handelnden Umsetzung. Darin steckt Nachhaltigkeit.

*Intelligente Fehler – Übertragungsfehler*

Es gibt einen Grund, warum häufig die Bruchrechnung mit der Addition begonnen wird: Bei ganzen Zahlen leitet sich die Multiplikation aus der Addition ab. So steht $3 \cdot 2$ abkürzend für $2 + 2 + 2$. Die Addition ganzer Zahlen ist offensichtlich grundlegender und so wird, ganz natürlich, die Behandlung der ganzen Zahlen bei der Addition beginnen.

Es ist verständlich, dass bei den Brüchen die erste Idee darin besteht, es mit den Brüchen wie mit den ganzen Zahlen zu machen.[100]

100 Für die Handlungsorientierung bzw. das Zahnrad ist die Multiplikation ein natürlicher Zugang. Aber sicherlich gibt es didaktische Gründe, zuerst die Addition einzuführen. Es ist ein alter Streit und tatsächlich ist es heute in Deutschland ungewöhnlich, mit der Multiplikation anzufangen (wie es auch häufig noch ungewöhnlich ist, handlungsorientiert zu unterrichten). So schreibt z. B. Arnold Kirsch 1975: „In neueren Schulbüchern für das 6. Schuljahr wird durchweg die Multiplikation der Bruchzahlen (positiven rationalen Zahlen) vor der Addition behandelt. Hierin zeigt sich eine Auswirkung der seit den Vorschlägen von P. Braunfeld und G. Pickert in der Mathematikdidaktik verbreiteten Operatorauffassung der Bruchzahlen. Diese Auswirkung ist recht schwerwiegend, verstößt sie doch gegen den „gesunden Menschenverstand", der die Multiplikation als eine höhere Rechnungsart, verglichen mit der Addition, ansieht." (Arnold Kirsch: Gehört die Multiplikation vor die Addition? In: Der Mathematikunterricht 21/1 (1975), S. 7)
Heute wird in fast allen Lehrbüchern im deutschen Sprachraum die Addition von Brüchen vor der Multiplikation behandelt. So schreibt etwa Friedhelm Padberg: „Das Operatorkonzept hat in Deutschland für etwa 15 Jahre in den 1970er- und 1980er-Jahren eine dominierende Rolle gespielt und zu dieser Zeit die konkurrierenden Konzeptionen wie das Größenkonzept in seiner damaligen Form fast restlos vom Markt verdrängt – und dies, obwohl es in weiten Bereichen einen abrupten Bruch zur Tradition vollzog. Gegenwärtig ist das Operatorkonzept in seiner formalisierten Form – so wie es seinerzeit in den Unterrichtskonzeptionen vorherrschte – in Deutschland wieder restlos vom Markt verschwunden." (Friedhelm Padberg: Didaktik der Bruchrechnung, Springer Verlag, 2009, 4. Auflage, S. 15)

Aber der Bruch ist nun einmal keine ganze Zahl, sondern steht für ein multiplikatives Konzept. Es ergibt keinen Sinn, dass man die Didaktik der ganzen Zahlen auf Brüche überträgt.

Übertragungsfehler

An dieser Stelle lässt sich eine bemerkenswerte Beobachtung anstellen: Betrachten wir einen typischen Fehler eines Schülers bei der Addition zweier Brüche: $\frac{1}{2}+\frac{1}{3}=\frac{1+1}{2+3}$. Seine Vorgehensweise lässt sich verstehen: Er wendet ein Konzept an, was er bereits kennt. Was bei der bekannten Addition funktioniert hat, möchte er übertragen. Eine naheliegende Herangehensweise. Nicht dumm, sondern verständlich. Aber leider ist der Bruch ein anderes Konstrukt, alte Konzepte lassen sich nicht übertragen. Leider. Die Vorgehensweise ist nicht dumm, sondern unpassend.

Interessanterweise macht der Mathematikunterricht einen ähnlichen Fehler, wenn er denkt: Was für ganze Zahlen ein gutes Konzept der Vermittlung war, ist auch eines für Brüche. Und hier muss ich mich an die eigene Nase fassen: In Band II von „Mathematik als Abenteuer" habe ich ebenfalls mit der Addition von Brüchen begonnen. Erst mit den Ketten und Zahnrädern ist mir klar geworden, dass das multiplikative Konzept grundlegend ist.

Teil III:

# Funktionen

Kapitel 14

# Lineare Funktionen

## 14.1 Maschinen

Maschinen sind einfach: Man wirft oder gibt etwas ein (Eingabe) und die Maschine gibt etwas aus (Ausgabe). Es ist erstaunlich, wie weit die Idee einer Zuordnung führt und wie sehr wir selbst und unsere Kultur von dem kausalen Prinzip von Ursache und Wirkung bzw. Eingabe $\mapsto$ Ausgabe geprägt sind. Die *Funktions*weise kann einfach skizziert werden:

kausales Prinzip

Zum Beispiel vervierfacht Franziska alles, was sie (eingegeben) bekommt. Sie stellt einen „Vervierfacher" dar. Eine andere Maschine wäre Frido, der „Verdoppler". Ebenso könnte man sich einen „Halbierer" oder „Verzehnfacher" vorstellen. Damit man weiß, welche Maschine aus der Eingabe $x$ die Ausgabe $y$ gemacht hat, schreibt man den Namen oder zumindest den ersten Buchstaben hinzu. Statt „$y$" schreibt man etwas genauer bzw. „persönlicher" die Maschinenbuchstaben hinzu: „$x$" wurde von „$f$" einer Behandlung unterzogen. Man kann sogar noch die beiden Hände ( ) sehen, mit der „$f$" das „$x$" entgegengenommen hat. Die folgende Veranschaulichung ist dem Mathecomic „Das Geheimnis der Analysis" entnommen:[101]

101 Martin Kramer: Frederiks mathematische Abenteuer – Das Geheimnis der Analysis, Klett/Kallmeyer, Seelze-Velber $^{2}$2017

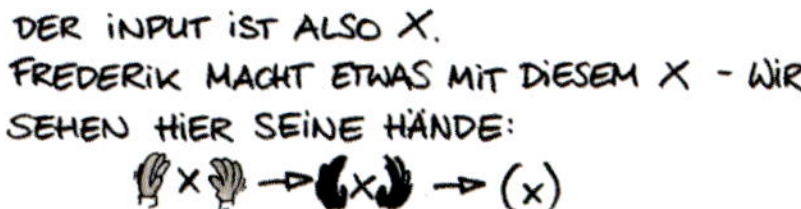


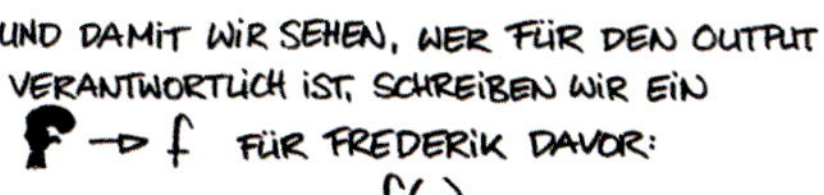


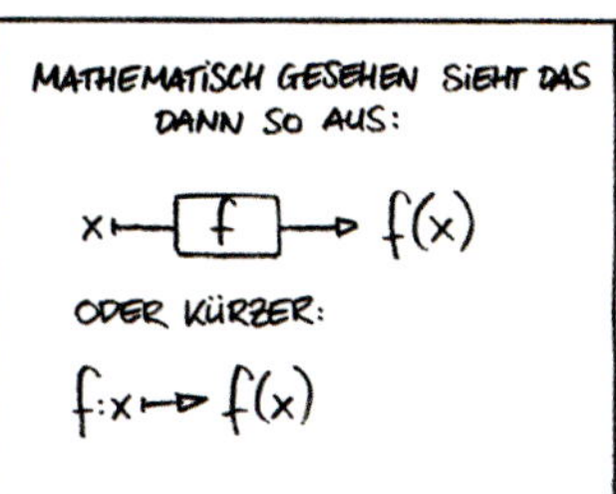


*Ergänzung: Einführung von Indizes*
Die Namen „Franziska“ und „Frido“ beginnen beide mit einem *„f“*. Um die beiden „Maschinen“ voneinander zu unterscheiden, könnte man den ersten Buchstaben des Nachnamens als Index hinzufügen oder *„$f_1$“* bzw. *„$f_2$“* schreiben. Durch das Personalisieren lässt sich auf diese Weise die Bedeutung von Indizes einführen, bereits in einer sechsten (!) Klasse.

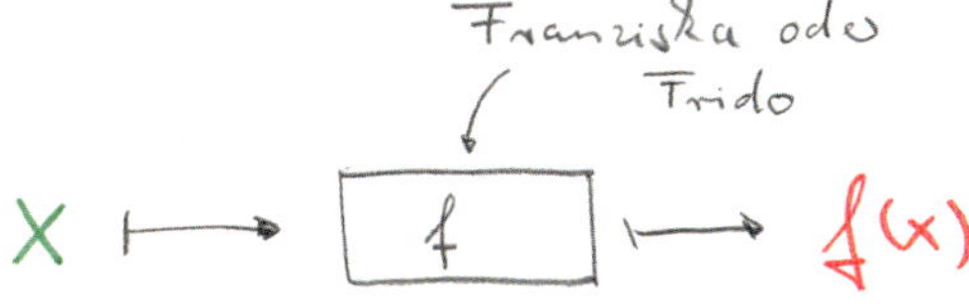


**Umsetzung im Unterricht**
Nachdem geklärt und an der Tafel skizziert ist, was unter einer Funktion verstanden wird, sollen die Schüler eigene Beispiele aus ihrem Alltag finden. Wo gibt es (einfache) Maschinen, die nach dem Prinzip „Eingabe – Ausgabe“ bzw. „Input – Output“ funktionieren?

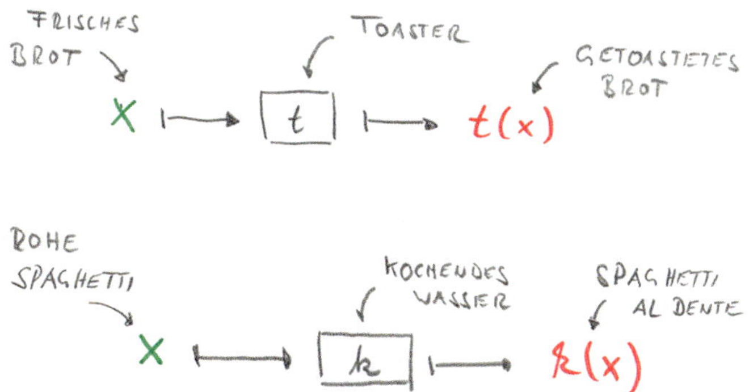

Sagt ein Schüler „Spaghetti kochen“ darf gerne nachgefragt werden, was genau beim Spaghettikochen die Maschine ist. Eine Tabelle hilft, die Begriffe „Funktion“, „Eingabe“ und „Ausgabe“ voneinander abzutrennen:

| Funktion bzw. Maschine | **Eingabe *x*** | **Ausgabe *y*** |
|---|---|---|
| Waschmaschine | schmutzige Wäsche | saubere Wäsche |
| Rasenmäher | hohe Wiese | geschnittene Wiese |
| Kaffeemaschine | Bohnen oder Pulver | duftender Kaffee |
| Taschenrechner | 2 + 3 (über die Tasten) | 5 (übers Display) |
| | | |

### Triviale und nichttriviale Maschinen

Funktionen sind triviale Maschinen: Zu jedem „*x*“ wird in eindeutiger Weise ein „*y*“ zugeordnet. Es handelt sich um determinierte Maschinen, die nach dem Ursache-Wirkungs-Prinzip funktionieren. Die

Mensch ≠ Maschine

Eingabe determiniert die Ausgabe. Das gilt jedoch nicht für Menschen. Ein Beispiel[102]: Ich erzähle Ihnen einen Witz und Sie lachen.

WITZ ↦ MENSCH ↦ LACHEN

Ich denke: Wunderbar, ich habe Sie zum Lachen gebracht. Also erzähle ich denselben Witz nochmal. Sie lachen nicht mehr. Wahrscheinlich denke ich nicht, dass die „Maschine“ kaputt ist, aber ich handle so, als ob das der Fall wäre: Ich wiederhole die Eingabe des Witzes etwas lauter und langsamer und hoffe, dass Sie jetzt wieder lachen. Stattdessen ernte ich ein Stirnrunzeln. Seltsam, bei identischer Eingabe hat sich die Ausgabe bereits zweimal verändert. Bei einer erneuten Eingabe desselben Witzes (lauter und langsamer) lässt sich die Ausgabe nur schwer mit Worten beschreiben. Obwohl ich nichts verändert habe, kommt mir statt Lachen Stöhnen und Verärgerung, ja vielleicht sogar Mitleid entgegen.

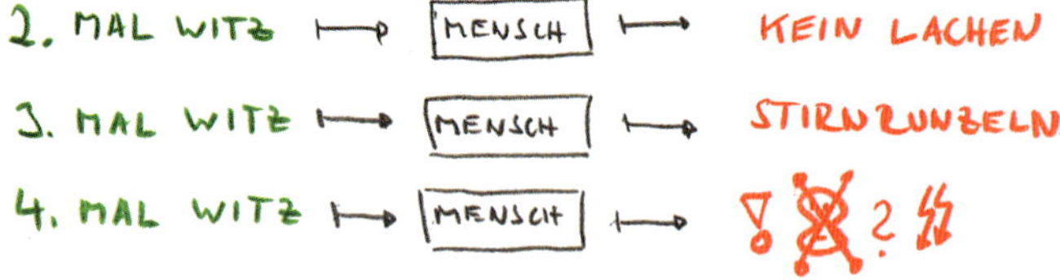


102 Vgl. auch Fritz Simon: Einführung in Konstruktivismus und Systemtheorie, Carl Auer Verlag, Heidelberg, [7]2015, Kapitel 3.1 Triviale und nichttriviale Maschinen (= Systeme), S. 35 ff.

Nehmen Sie es mir nicht übel, ich habe lediglich versucht, meine Erfahrung, die ich mit Kaffeeautomaten gemacht habe, auf Menschen zu übertragen. So humorvoll die Geschichte mit dem Witzerzählen ist, so ernst ist sie auch. Wie oft hören wir in Schule und Alltag Sätze wie „Das habe ich dir doch schon fünfmal gesagt!“ und in der Verzweiflung, dass die „Maschine Mensch“ immer noch nicht funktioniert: „Wie oft soll ich es dir denn noch sagen?!“

„Maschine Mensch“ funktioniert nicht

Wie geht es einem Schüler im Unterricht, der eine Sache bereits verstanden hat und sie noch einmal und noch einmal erklärt bekommt? Was „spuckt“ diese nichttriviale Maschine Mensch dann aus? Oder anders gefragt: Was lernt er durch diese Wiederholungen? Ein politischer Blick sei gewagt: Wie lassen sich Lehr- und Bildungspläne so fassen, dass sie Schüler und Lehrer nicht als triviale Maschinen betrachten (Funktion: Lehrer/Unterricht, Eingabe: ungebildeter Schüler, Ausgabe: gebildeter Schüler), sondern deren Vergangenheit und Unterschiedlichkeit Rechnung tragen?[103] Dabei weiß doch jeder Unterrichtende, dass man das, „was man schwarz auf weiß kann haben“, lange nicht als Eingabe werten kann, sondern es auch einfach so – ohne dass es einen angeht – „getrost nach Hause tragen“ darf. Der Empfänger entscheidet, was er aus dem Unterricht mitnehmen möchte. Wenn man ein humanistisches Bildungsideal vertritt, welches jedem Menschen die bestmögliche Persönlichkeitsentfaltung geben möchte, darf man gerne im Unterricht darauf eingehen und aufzeigen, dass der Mensch nicht „funktioniert“ und definitiv keine triviale Maschine ist.

humanistisches Bildungsideal

### Didaktische Bemerkungen

*Sprache: Von der Maschine zur Funktion*

Maschinen „funktionieren“ bzw. besitzen eine bestimmte „Funktionsweise“. Der Funktionsgedanke ist bereits in unserer Alltagssprache enthalten. Von der konkreten Maschine zur abstrakten Funktion ist es jetzt nur noch ein kleiner Schritt. Die Maschine ruckt nach und nach aus dem Fokus, es geht schließlich nur noch um deren *Funktion*, die losgelöst von der materiellen Umsetzung eine Bedeutung besitzt.

103 Vgl. zur Umsetzung eines konstruktivistischen und systemischen Unterrichts im Klassenraum: Martin Kramer: Unterricht ist Kommunikation – der Schüler entscheidet, was gelehrt wurde, Band I: Konstruktion von Wissen, Schneider Verlag Hohengehren, 2016

*Personifizieren von Maschinen*

Mit der Personifizierung wird der Funktionsbegriff anschaulich und die Notation nahezu selbsterklärend. Mit der Vorstellung, dass beispielsweise Franziska eine Funktion verkörpert, wird sie bzw. *„f"* nicht mit ihrer Ausgabe *„f(x)"* verwechselt. Ebenso ist es selbsterklärend, dass eine Hintereinanderausführung bzw. Verkettung Sinn ergibt (vgl. Abschnitt 14.6 über die Umkehrfunktion: Die Hintereinanderausführung einer Funktion und ihrer Umkehrfunktion stellt eine spezielle Verkettung dar).

Verkettung

*Funktionen und Operatoren*

Dieses Kapitel hätte statt „Lineare Funktionen" ebenso „Lineare Operatoren" heißen können. In der Bruchrechnung spricht man von einem Operatorkonzept, in der Analysis eher von einer Funktion.

*Funktion als Maschine*

Das Modell „Eingabe – Ausgabe" gilt auch für allgemeinere Funktionen. Es gibt Kaffeeautomaten, bei denen mehrere Eingaben ($x_1$, $x_2$, $x_3 \dots x_n$) für mehrere Ausgaben ($y_1$, $y_2$, $y_3 \dots y_m$) erforderlich sind. Ein Beispiel für vier Eingänge und drei Ausgänge:

| | |
|---|---|
| *Eingabe $x_1$ (Taste):* Extra stark<br>*Eingabe $x_2$ (Taste):* Extra Zucker<br>*Eingabe $x_3$ (Taste):* Mit Becher<br>*Eingabe $x_4$ (Geldschlitz):* Münze(n) | *Ausgabe $y_1$:* Kaffee (abhängig von $x_1$, $x_2$, $x_4$)<br>*Ausgabe $y_2$:* Rückgeld (abhängig von $x_3$, $x_4$)<br>*Ausgabe $y_3$:* Becher (abhängig von $x_3$) |

## 14.2 Bau einer Multiplikationsmaschine

In der folgenden Lernumgebung soll eine Multiplikationsmaschine konstruiert und mehrere (fremde) erforscht werden. Die Abbildung zeigt einen Vervierfacher. Dreht man z. B. zweimal in positiver Richtung (gegen den Uhrzeigersinn) an der Eingabe bzw. Kurbel ($x = +2$), so dreht sich die Ausgabe bzw. der Winker achtmal ($y = +8$) in derselben Richtung. Bei einer halben Kurbelumdrehung in negativer Richtung ($x = -\frac{1}{2}$) würde der Winker zweimal in negativer Richtung rotieren ($y = -2$).

*Zweimal Minus – didaktische Zwischenbemerkung*

Es wird zwischen dem Vorzeichen bei einem Operator (Übersetzung) und bei einer Zahl (Kurbelumdrehungen) unterschieden. Die Drehrichtung an der Kurbel (bzw. am Winker) steht für das Vorzeichen einer Zahl. Um ein Minus im Operator zu erzeugen, müssten zwei Zahnräder (innerhalb der Maschine) direkt (ohne Kette) verzahnt werden (vgl. Abschnitt 12.4 über das Vorzeichen von Zahlen und Operatoren). Im Beispiel des Vervierfachers gibt es demnach kein Minus im Operator.

Es gibt also zwei verschiedene Arten, „Minus mal Minus = Plus" zu zeigen. Einmal mithilfe zweier richtungsumkehrenden Operatoren oder mithilfe einer negativen Kurbeldrehung und nur einem richtungsumkehrenden Operator. Die folgende Abbildung zeigt beide Möglichkeiten am Beispiel (– 3) · (– 2) = + 6.

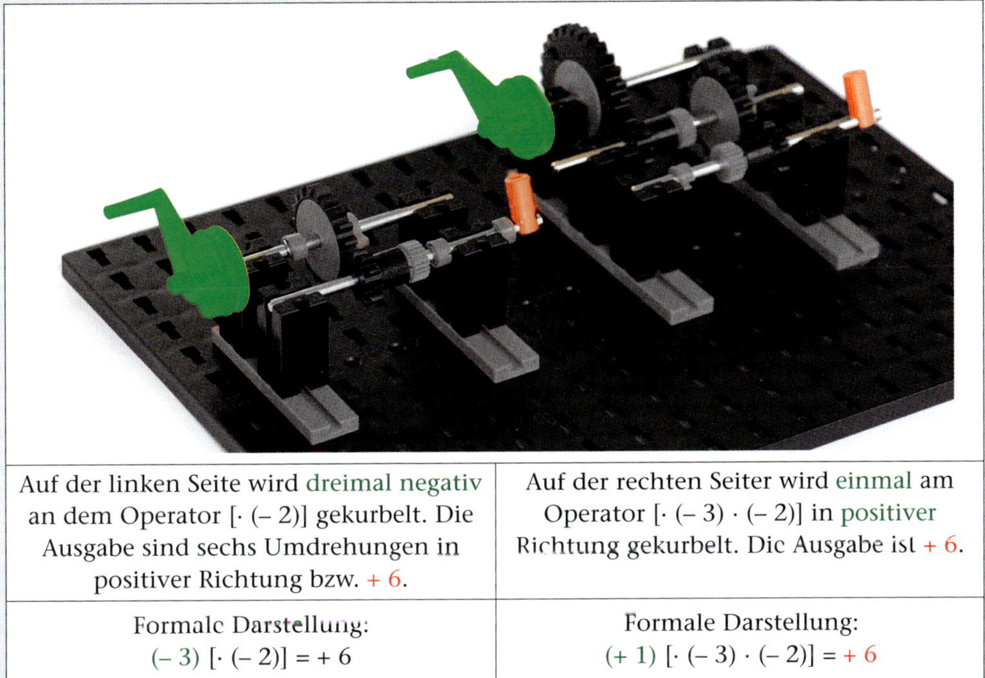

| Auf der linken Seite wird dreimal negativ an dem Operator [· (– 2)] gekurbelt. Die Ausgabe sind sechs Umdrehungen in positiver Richtung bzw. + 6. | Auf der rechten Seiter wird einmal am Operator [· (– 3) · (– 2)] in positiver Richtung gekurbelt. Die Ausgabe ist + 6. |
|---|---|
| Formale Darstellung:<br>(– 3) [· (– 2)] = + 6 | Formale Darstellung:<br>(+ 1) [· (– 3) · (– 2)] = + 6 |

Die rechte Darstellung wurde im Abschnitt 12.1 verwendet. Sie ist einfacher zu verstehen, weil beide Vorzeichen dieselbe „Funktion" haben. Im konkreten Aufbau sind beide Minuszeichen ähnlich realisiert (gestaltpsychologisches *Gesetz der Ähnlichkeit*). Im Abschnitt 12.1, in dem Brüche als Operatoren verwendet wurden, wäre es didaktisch ungeschickt gewesen, verschiedene Minuszeichen zu verknüpfen. Im Umgang mit Funktionen ergibt beides Sinn: Eine negative Eingabe (Vorzeichen einer Zahl) und eine Funktion (Operator), welche das Vorzeichen umdreht.

### Konkrete Umsetzung

Vor der Materialausgabe wird mittels einer Konstruktionszeichnung (vgl. Abbildung) ein einfaches Beispiel (hier der Vervierfacher[104]) besprochen.

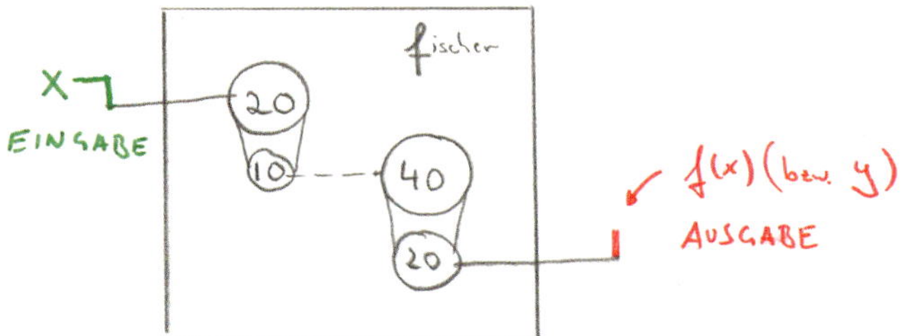


Zwei Zweiergruppen sollen gemeinsam eine Maschine bauen, deren Innenleben in der anschließenden Übung fremden Betrachtern verborgen bleibt. Lediglich Kurbel und Winker werden aus der Konstruktion mit Hilfe der beiden langen Achsen herausragen. Die beiden Bauplatten ergeben Boden und Deckel.

104 Der Vervierfacher ließe sich auch mit einem 40er-Rad und einem 10er-Rad umsetzen. Hier ist bewusst ein komplexerer Aufbau gezeigt. Das Innenleben (die interne Funktionslogik mit Zahnrädern und deren Übersetzungen) wird später – wie bei einer integrierten Schaltung – nicht sichtbar sein. Es geht nur um die äußere Wirkung der Maschine, um Input und Output. Die Ein- und Ausgänge einer integrierten Schaltung entsprechen Kurbel und Winker.

*Aufgabenstellung*

1. Zuerst wird ein Zeitmanager bestimmt, der dafür sorgt, dass in 30 Minuten (Abgabezeit steht als Uhrzeit an der Tafel) die Maschine fertig aufgebaut ist und jeder in der Gruppe eine Konstruktionszeichnung im Heft hat.
2. Es dürfen nur Übersetzungen verwendet werden, die sich als (positive oder negative) Brüche darstellen lassen können. Es dürfen also nicht mehr als zwei Zahnräder wie in Abschnitt 12.3 hintereinander verzahnt werden.
3. Ob nach der Vorlage an der Tafel (Konstruktionsplan des Vervierfachers) gebaut wird oder ob ein eigenes, vielleicht sehr komplexes Getriebe entsteht, entscheidet jede Gruppe für sich. Entscheidend ist nicht der Komplexitätsgrad des erstellten Getriebes, sondern die termingerechte Fertigstellung.

kleine Übersetzungen

Es sollte keine (betragsmäßig) zu hohe Gesamtübersetzung gewählt werden. Wenn man einmal an der Kurbel dreht, kann sich der Winker schlecht 128-mal drehen, das geht rein mechanisch nicht.[105] Weiter ist sicherzustellen, dass die Maschine richtig funktioniert, z. B. dass alle Zahnräder fest auf den Achsen sitzen.

105 Vgl. die Übung in Abschnitt 14.7, in der die Grenze des Materials erforscht wird.

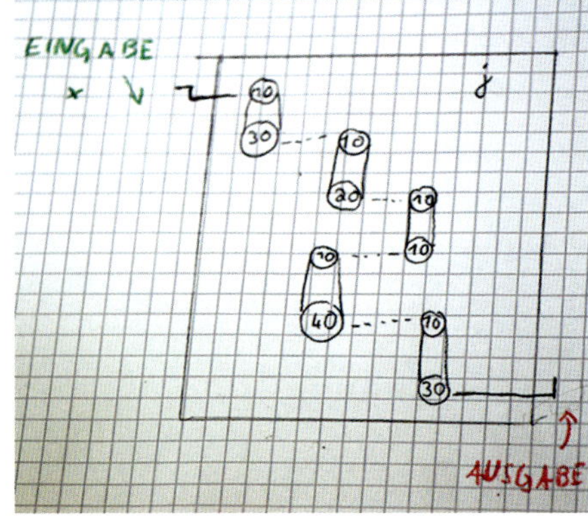


*Exkurs: Primfaktoren*

Baukastengrenze

Was für Multiplikationsmaschinen können mit dem verwendeten Baukasten überhaupt gebaut werden? Beispielsweise kann keine Maschine gebaut werden, die die Eingabe verfünffacht. Egal, welche Zahnräder man aus dem Baukasten nimmt, es geht prinzipiell nicht! Eine Aufgabenstellung hierzu könnte lauten:
*Baut – falls möglich – eine Multipliziermaschine, die versiebenfacht, und eine, die verachtfacht* (vgl. auch die Schülerübung zu Zahnradsystemen in Abschnitt 11.5.).

**Wertetabelle und Schaubild**

Zuerst wird exemplarisch eine Maschine haptisch auf ihre Funktionsweise untersucht. Am besten baut der Lehrer bereits im Vorfeld eine (einfache) Maschine auf. Im beschriebenen Beispiel ist es der Vervierfacher.

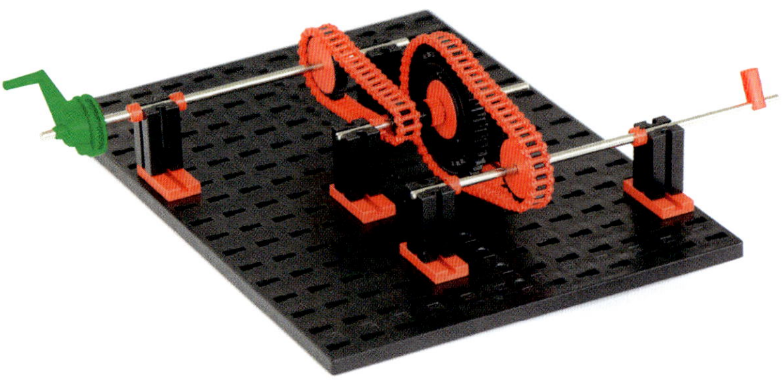

Ein- und Ausgabe bzw. Kurbel- und Winkerumdrehungen werden in einer Wertetabelle notiert. Am besten gibt der Lehrer 2 Umdrehungen zuerst durch Kurbeln und dann als Tabelleneintrag vor (enaktive und formale Vorgabe); ein Schüler steht auf und trägt in der Ausgabe die zughörige „8“ ein. Anschließend kurbelt er $x$-mal an der Maschine, trägt diese Eingabe formal in die Tabelle ein und gibt schließlich den Stift an denjenigen weiter, der die zugehörige Ausgabe eintragen möchte usw.

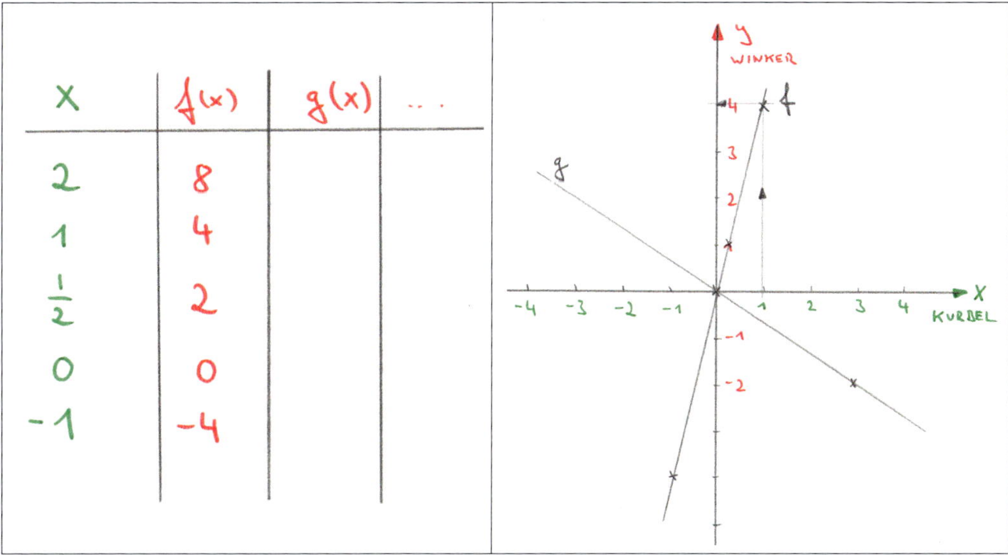


Später kann die Tabelle für andere Maschinen $g$, $h$ etc. erweitert werden. Die Darstellung im Schaubild ist eine weitere Abstraktion. Beim Eintragen der Kreuze ist zu Beginn noch keinesfalls klar, dass sich eine Gerade ergibt.

Sind so viele Beispiele bzw. Eingaben von Kurbelumdrehungen besprochen worden, dass jeder die Sache verstanden hat, nimmt sich jeder die eigene Maschine vor:
Gemeinsam wird an jeder Maschine zweimal gekurbelt, entsprechend gilt für alle: $x = 2$. Alles andere ändert sich. Statt $f$ wird der Name der jeweiligen Maschine verwendet, außerdem hat jede Maschine eine andere Ausgabe und auch der Punkt im Schaubild liegt woanders. Anschließend schlagen die Schüler eine weitere Eingabe vor, z. B. $x = -3{,}5$. Jetzt wird „negativ“, d. h. in der entgegengesetzten Richtung, gekurbelt.

Bei einer Eingabe machen alle dasselbe: $x = 0$ wird zu $y = 0$, keinmal Kurbeln ergibt auch keine Umdrehung und so kommt dem Kreuzchen im Ursprung eine besondere Bedeutung zu. Alle Geraden verlaufen durch diesen Punkt. Eine Eigenschaft proportionaler[106] Funktionen. Nach den gemeinsamen Beispielen überlegt sich jede Gruppe weitere Beispiele, die geschickt für ihre spezielle Maschine sind. So sind für eine Funktion $x \mapsto \frac{1}{32}x$ weitere Eingaben wie 0,5 oder – 3 wenig hilfreich, um den Verlauf der Kurve zu zeichnen. Hier wäre ein Input von 64 interessant. Auch kann diese Gruppe über eine sinnvolle Skaleneinteilung nachdenken.

proportionale Funktionen

### Didaktische Bemerkungen

*EIS-Prinzip und 4D-Lernen*

verschiedene Repräsentationsebenen

Gleichzeitig wird auf drei verschiedenen Repräsentationsebenen die Funktionsweise vermittelt: **E**naktiv (handelnd) durch die konkrete Maschine, **i**konisch (bildlich) durch das Schau*bild* und schließlich **s**ymbolisch (formal) in der Wertetabelle bzw. in der Zuordnungsvorschrift. Da alle drei Ebenen *gleichzeitig* vermittelt werden, ist der Zusammenhang unmittelbar verständlich: Konkretes Kurbeln (**E**), Schaubild (**I**) und Tabelle (**S**) – EIS-Prinzip und Gleichzeitigkeit ermöglicht ein 4D-Lernen.[107]

*Das Allgemeine durch das Konkrete*

Verallgemeinerung

Jede Gruppe hat eine andere Maschine gebaut. Möchte man gemeinsam über die Funktion sprechen, z. B. was geschieht, wenn man einmal an der Kurbel dreht, dann muss man zwangsläufig abstrahieren. Die einzelnen Gruppen können ja ihre Einträge nicht direkt miteinander vergleichen, sie können „nur“ prinzipiell bzw. allgemein darüber reden. Dreht jede Gruppe zweimal an der Kurbel, sind die Ausgaben je nach Maschine unterschiedlich. Trotzdem hat sich, verglichen mit einer Kurbelumdrehung, bei allen Gruppen die Ausgabe verdoppelt. Möchte man etwas allgemein beschreiben, ist man automatisch gezwungen, den anderen zu erklären, *wie* man vorzugehen hat, und nicht, *was* konkret herauskommt. Man spricht dann nicht mehr von seinem konkreten Beispiel (z. B. dem „Vervierfacher“), sondern von einer (allgemeinen) Maschine. Weil sich im Raum unterschiedliche

106 Es handelt sich streng genommen um lineare Funktionen. Linearität ist wie folgt definiert: $F(a + b) = F(a) + F(b)$ und $F(ra) = r\,F(a)$ für alle Vektoren $a$, $b$ und Skalare $r$. Da jedoch in der Schule unter „linearen“ meist affin-lineare Funktionen verstanden werden, wird der Ausdruck „proportional“ verwendet.

107 Vgl. den Abschnitt 1.3 *Lernen in vier Dimensionen.*

konkrete Beispiele befinden, die alle nach dem gleichen Schema funktionieren, kann verallgemeinert werden.
Der Mensch benötigt zwei bis drei konkrete Beispiele, um das allgemeine Prinzip zu erkennen. Hier braucht es zwei, drei proportionale Maschinen, um die Idee der Proportionalität zu erfassen.

### Das Innere fremder Maschinen erforschen

Das Innenleben wird nun fremden Betrachtern verborgen. Lediglich die Kurbel und der Winker sollen sichtbar sein. Mit Papier und Klebeband wird die Maschine in eine Black Box verwandelt. Anschließend wird der Name der Gruppe bzw. der erste Buchstabe auf die Maschine geschrieben.

Black Box

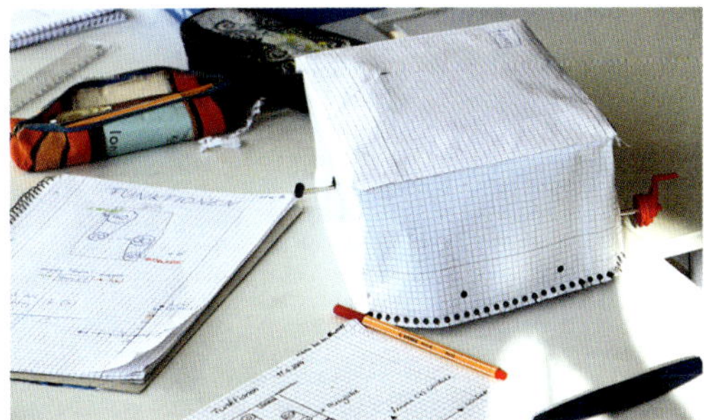

Ist die Verhüllung fertig, wird mit dem Matheheft ein fremdes Exponat untersucht: x-mal kurbeln, $x$- und $y$-Wert in eine Wertetabelle eintragen und ein Kreuzchen ins Schaubild setzen. Es werden zwei, drei weitere Eingaben gemacht, um eine Wertetabelle zu erhalten, mit der ein exaktes Schaubild gezeichnet werden kann. Jeder soll möglichst alle Maschinen, mindestens aber zwei fremde, untersuchen.

Mitunter ist es schwer, Kreuzchen ins Schaubild zu setzen. Bei der Maschine, deren Konstruktionsskizze weiter unten abgebildet ist, rotiert die Kurbel 48-mal für eine Winkerumdrehung. Es ergibt sich ein sehr flaches Schaubild.

Hat jeder mindestens zwei fremde Maschinen untersucht, d. h. eine Wertetabelle und ein Schaubild erstellt, wird eine Vermutung über das jeweilige Innenleben geäußert und die Funktionsvorschrift notiert. Im Falle des Vervierfachers würde man $f(x) = 4x$ schreiben. Anschließend packt jede Gruppe aus, so dass das Innenleben für alle sichtbar wird. Die anderen Gruppen übersetzen die Konstruktion in formale Brüche und berechnen die Gesamtübersetzung. Eine Übung für das Multiplizieren von Brüchen.

$$\frac{10}{20} \cdot \frac{10}{20} \cdot \frac{10}{40} \cdot \frac{10}{30} = \frac{1}{2} \cdot \frac{1}{2} \cdot \frac{1}{4} \cdot \frac{1}{3} = \frac{1}{48}$$

## 14.3 Proportionale Maschinen

Alle Funktionen, die in diesem Kapitel mit Fischertechnik dargestellt wurden, sind proportional. Die Anzahl der Kurbelumdrehungen entspricht der Stelle auf der $x$-Achse (im mathematisch positiven Drehsinn gegen den Uhrzeigersinn), die Anzahl der Winkerumläufe wird auf die $y$-Achse abgebildet. Der Punkt in den folgenden Schaubildern steht jeweils für die Situation nach einer Kurbelumdrehung.

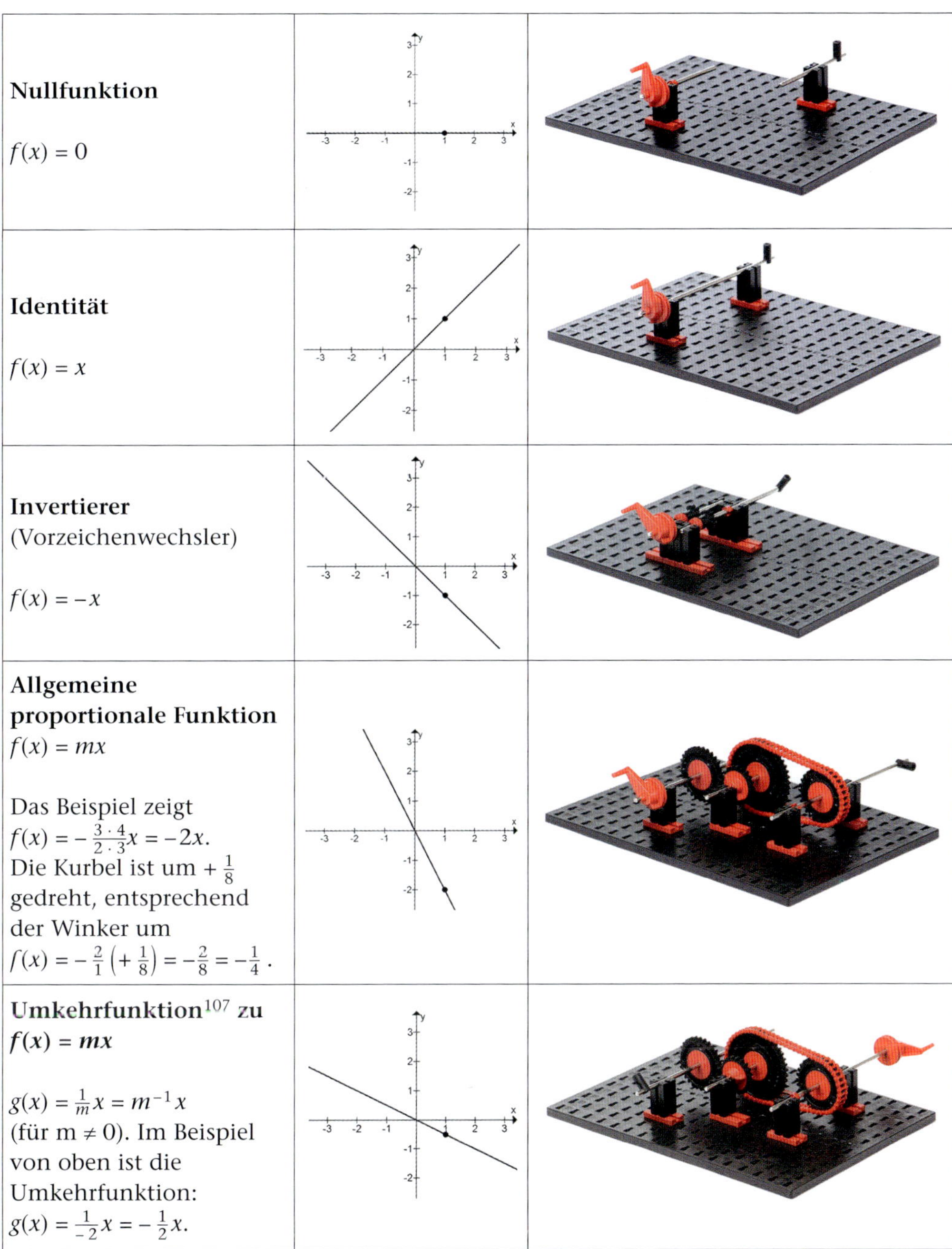

| Funktion | Graph | Modell |
|---|---|---|
| **Nullfunktion**<br><br>$f(x) = 0$ | | |
| **Identität**<br><br>$f(x) = x$ | | |
| **Invertierer** (Vorzeichenwechsler)<br><br>$f(x) = -x$ | | |
| **Allgemeine proportionale Funktion** $f(x) = mx$<br><br>Das Beispiel zeigt $f(x) = -\frac{3 \cdot 4}{2 \cdot 3}x = -2x$. Die Kurbel ist um $+\frac{1}{8}$ gedreht, entsprechend der Winker um $f(x) = -\frac{2}{1}\left(+\frac{1}{8}\right) = -\frac{2}{8} = -\frac{1}{4}$. | | |
| **Umkehrfunktion**[107] **zu** $f(x) = mx$<br><br>$g(x) = \frac{1}{m}x = m^{-1}x$ (für $m \neq 0$). Im Beispiel von oben ist die Umkehrfunktion: $g(x) = \frac{1}{-2}x = -\frac{1}{2}x$. | | |

108 Vgl. auch den Abschnitt 14.6 über Umkehrfunktionen.

## 14.4 Allgemeine lineare Funktionen

Auch lineare Funktionen, deren Schaubilder nicht durch den Ursprung verlaufen[109] ($f(x) = mx + c$ mit $c \neq 0$), lassen sich enaktiv darstellen. Eine Verschiebung des Schaubilds in $y$-Richtung bedeutet, dass der Winker in der Nullstellung (Kurbel oben, noch keine Drehung erfolgt) bereits einen positiven oder negativen „Vorsprung" besitzt. Im Beispiel ist der Winker um ein negatives Viertel (im Uhrzeigersinn) verdreht.

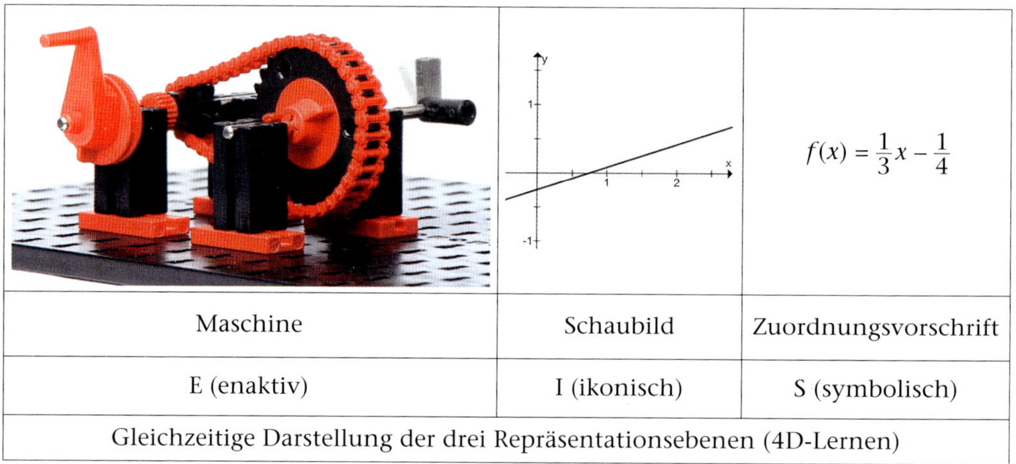


| | | $f(x) = \frac{1}{3}x - \frac{1}{4}$ |
|---|---|---|
| Maschine | Schaubild | Zuordnungsvorschrift |
| E (enaktiv) | I (ikonisch) | S (symbolisch) |
| Gleichzeitige Darstellung der drei Repräsentationsebenen (4D-Lernen) | | |

Zifferblatt

Bemerkung: Bei der Darstellung von Winkelweiten des Winkers hat man dieselben Probleme wie bei dem Zifferblatt einer Uhr. Man kann an der Zeigerstellung ebensowenig den Tag ablesen wie an der Winkerstellung, wie viele ganze Umdrehungen er bereits hinter sich hat. Daher beschränke man sich auf kleine Winkelweiten, um das Problem der Periodizität zu umgehen. Wer ein wenig Mehraufwand nicht scheut, findet in Abschnitt 14.5 eine elegantere Lösung.

**Verschieben des Schaubildes in $x$-Richtung**

Der Unterschied zwischen der Maschine $f(x) = \frac{1}{3}x - \frac{1}{4}$ (siehe oben) und der Maschine $g(x) = \frac{1}{3}x$ besteht darin, dass man bei der ersten die Kurbel um $+\frac{3}{4}$ drehen muss, um die Nullstellung des Winkers zu erreichen (siehe Foto; die $\frac{3}{4}$-Drehung gegen den Uhrzeigersinn ist foto-

109 Streng genommen müsste man von affin-linearen Funktionen sprechen. In der Schule werden diese Funktionstypen aber häufig als „linear" bezeichnet, weswegen ich in diesem Buch ebenfalls die Schul-Begrifflichkeit verwende.

technisch durch immer höhere Belichtungszeiten angedeutet).
So erklärt sich das Minuszeichen: Der Winker ($y$-Wert) muss ja in entgegengesetzter Richtung verdreht worden sein, damit durch eine positive Kurbeldrehung die Winkerstellung zu null werden kann. Schreibt man die Funktion $f$ um, indem man die Übersetzung bzw. die Steigung ausklammert: $f(x) = \frac{1}{3}\left(x - \frac{3}{4}\right)$, so erkennt man im Funktionsterm, dass man $x = +\frac{3}{4}$ einsetzen muss, um $y = 0$ herauszubekommen.

## 14.5 Funktionswert und Ableitung – Höhe und Steigung

Mit einer kleinen Erweiterung lässt sich Eingabe und Ausgabe einer Funktion noch deutlicher veranschaulichen. Durch zwei zusätzliche kleine Zahnräder an den verlängerten Achsen werden $x$- und $y$-Werte über eine Skala ablesbar (siehe Foto).

**Umsetzung im Unterricht**
Jede Zweiergruppe entscheidet sich für eine Übersetzung. Für die Übung im Anschluss braucht es viele verschiedene Maschinen. Wer unsicher ist, kann jedoch das vom Lehrer gebaute Modell (z. B. die hier gezeigte Funktion $f(x) = \frac{3}{4}x$) nachbauen.
Der Aufbau erfolgt wie auf dem Foto dargestellt mit langen Achsen, sodass zusätzlich zu Kurbel und Winker noch zwei 10er-Zahnräder untergebracht werden können. Die Achsen stehen über den Tisch hinaus, so dass eine kleine Last bzw. der $x$- und der $y$-Wert (hier dargestellt durch jeweils einen Klotz) gehoben werden kann. An dem Modell wird mit Klebeband ein leeres Blatt Papier befestigt, auf dem die *Achsen* verlängert eingezeichnet werden. Falls kein Klebefilm zur Hand, kann das Blatt zwischen schwarzem Baubrett und blauem Kasten eingeklemmt werden (vgl. das Bild mit dem verdeckten Getriebe in der im weiteren Verlauf beschriebenen Übung 3).

Die Null wird etwas unter der Mitte markiert. Anschließend wird das Modell an die Tischkante gestellt, sodass die Skala nach unten hängt. Die Gewichte werden so an den Ketten aufgehängt, dass sie mit der Unterkante bei „Eingabe“ und „Ausgabe“ auf null stehen und dass bei einer Drehung gegen den Uhrzeigersinn beide Gewichte an Höhe gewinnen (siehe Foto). Kurbel und Winker sind nach oben ausgerichtet.

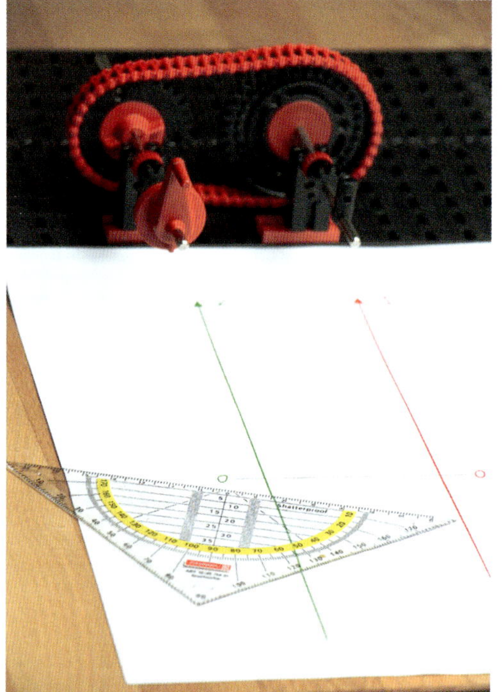

Ein paar technische Tipps:

- Die Kette kann an einer Nut der Gewichte direkt eingeschoben bzw. befestigt werden.
- Wenn die Apparatur zu leicht läuft, kann es sein, dass sich die Ketten allein aufgrund der Schwerkraft nach unten bewegen. Das ist ungeschickt. Es hilft, wenn die Drehachsen gegen die parallele Ausrichtung leicht verschoben werden.
- Wenn die kleinen, zusätzlichen Zahnräder für die Gewichte nicht zu stark angezogen werden, fällt die Justage für den Startwert ($x = 0$, $y = 0$) einfacher.

*Eingabe und Ausgabe (Höhe)*
Um die 1 auf den Skalen bzw. den Achsen zu finden, wird jetzt einmal an der Kurbel in mathematisch positiver Richtung gedreht ($x = 1$). Der Baustein an der $x$-Achse befindet sich jetzt um 4,8 cm (= 10 Kettenglieder) höher, nach zwei Umdrehungen doppelt so hoch. Die Achsen werden entsprechend skaliert. Die Bilderfolge zeigt das Ergebnis von einer negativen, keiner, einer, zwei und drei Kurbeldrehungen.

Die verlängerten *Achsen* entsprechen den Achsen im $x$-$y$-Diagramm, allerdings sind sie in der Maschine parallel angeordnet. In einem Schaubild stehen die Achsen in einem rechten Winkel, so dass jeder der fünf Punkte im Schaubild einer der gezeigten Maschinenstellungen entspricht.
Hier wurde der Aufbau zur Funktion $f(x) = \frac{3}{4}x$ aufgezeigt. Ebenso sind allgemeine lineare Funktionen wie z. B. $f(x) = \frac{3}{4}x + \frac{3}{2}$ darstellbar.

Steigungswerte

Auch negative *Steigungs*-Werte sind mittels einer direkten Verzahnung (vgl. Kapitel 12 über negative Brüche) möglich. Der $y$-Wert „steigt“ dann bei positiver Drehrichtung negativ. Schließlich können auch komplexere Maschinen aus hintereinander geschalteten Übersetzungen gebaut werden. Die langen Achsen werden dann entsprechend dem $x$- und $y$-Wert für die Kurbel- und Winkerachse verwendet. So können beispielsweise Funktionen wie $f(x) = -\frac{9}{8}x + \frac{5}{4}$ aufgebaut werden[110].

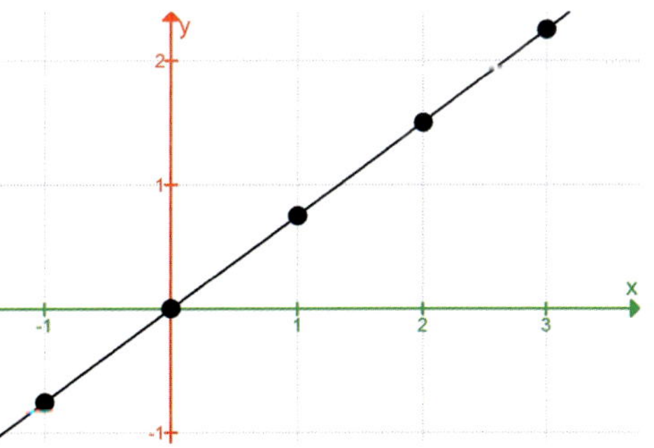


110 Zur Realisierung der Steigung $\frac{9}{8}$ vgl. den Abschnitt 11.3. Um das negative Vorzeichen umzusetzen, muss eine Übersetzung direkt verzahnt werden.

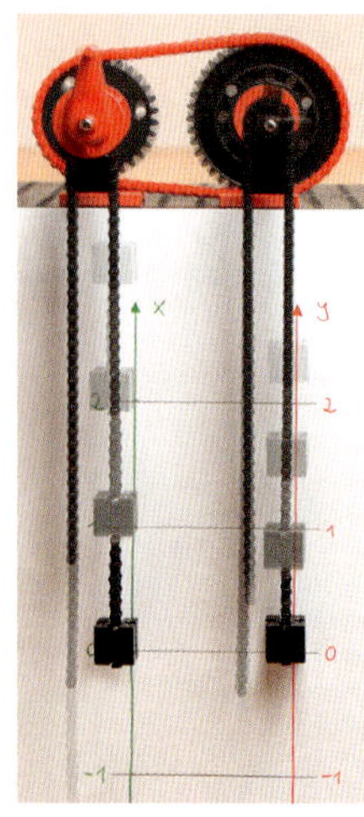

*Steigung und Änderungsrate*

Wenn man mit einer konstanten Geschwindigkeit in positiver Richtung an der Kurbel dreht (z. B. mit einer Umdrehung pro Sekunde), so kann man die Steigung bzw. die Änderungsrate der Höhe nachempfinden. Das Foto verdeutlicht drei Sekunden Kurbeln, aber um das zu „begreifen" bzw. zu erleben, muss man schon selber so eine Maschine aufbauen.

*Bemerkung zur Steigung*

Die Steigung kann man bei einfachen Übersetzungen auch direkt an der Maschine ablesen, vergleiche die folgenden Abbildungen.

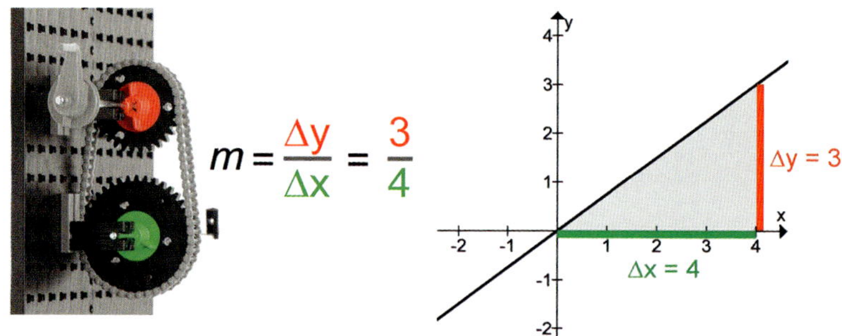


**Übung 1**

Die Schüler haben, wie oben beschrieben, unterschiedliche Maschinen in Zweiergruppen aufgebaut. Bevor die eigentliche Aufgabe beginnt, wird folgende Frage diskutiert: *„Kann man, ohne zu kurbeln, die zugehörige Zuordnungsvorschrift herausfinden?"*

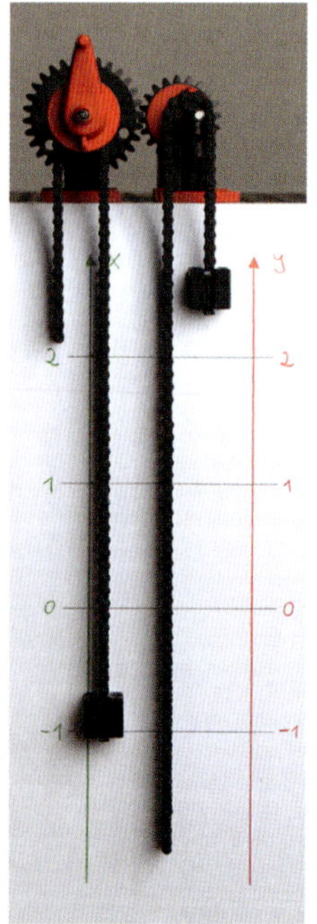

Ist die Frage geklärt, schreibt jede Gruppe die zur ihrer Maschine passende Zuordnungsvorschrift auf und versteckt diese unter dem Exponat zur späteren Kontrollmöglichkeit für andere Beobachter. Dann wird mit der Kurbel eine beliebige Position des $x$- und $y$-Wertes eingestellt. Das Ergebnis könnte beispielsweise wie auf dem Foto aussehen. Die Aufgabe der anderen Gruppen besteht darin, die Zuordnungsvorschrift zu finden. Das Exponat darf vorerst nicht berührt werden.

*Ein möglicher Lösungsweg*

Die Steigung lässt sich am Aufbau der Maschine ablesen bzw. bei komplexeren Aufbauten bestimmen. Im Beispiel ist die Steigung $m = -\frac{30}{20} = -\frac{3}{2}$. Dann kann der $x$- und der $y$-Wert abgelesen werden ($x = -1$; $y = 2{,}5$) und alles in die allgemeine Zuordnungsvorschrift $f(x) = mx + c$ eingesetzt werden, um den $y$-Achsenabschnitt $c$ zu bestimmen: $2{,}5 = -\frac{3}{2}(-1) + c$. Daraus folgt: $c = 2{,}5 - 1{,}5 = 1$. Damit lautet die Vorschrift: $f(x) = -\frac{3}{2}x + 1$.

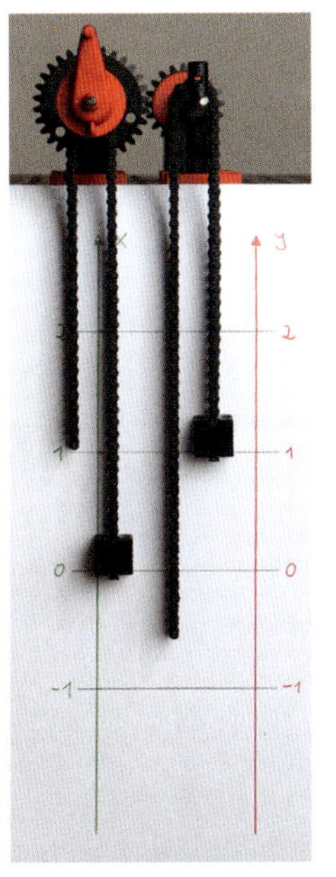

Erst jetzt wird am Exponat überprüft: Bei $x = 0$ lässt sich $c = 1$ direkt ablesen, wie das Foto links zeigt.

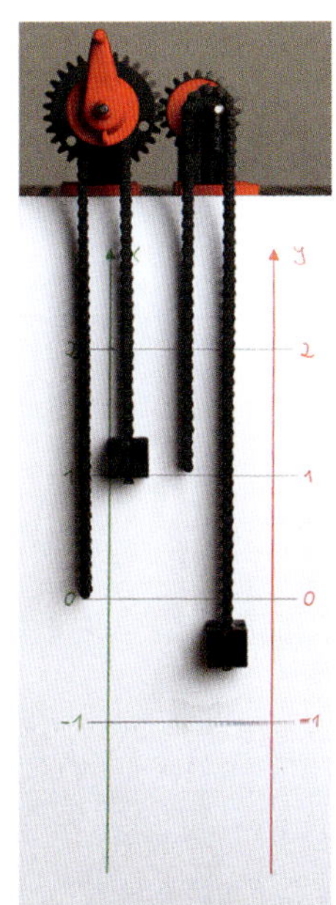

**Übung 2**

An allen Maschinen wird von den Erbauern die Eingabe (Kurbelstellung) verändert. Die neue Aufgabe besteht darin, zu einem vorgegebenen $x$-Wert (oder $y$-Wert) den entsprechenden $y$-Wert (bzw. $x$-Wert) zu finden, ohne die Maschine zu berühren. Zum Beispiel fragt eine Gruppe: *Welchen x-Wert hat die folgende Maschine bei y = 1,75?*

*Eine mögliche Lösung*

$m = -\frac{3}{2}$ (an der Konstruktion der Maschine rechts abgelesen), $x = 1$; $y = -0{,}5$. Einsetzen in $f(x) = mx + c$ ergibt $-0{,}5 = -\frac{3}{2}(1) + c$. Damit ist $c = 1$ und die Zuordnungsvorschrift $f(x) = -\frac{3}{2}x + 1$.

Der $y$-Wert ist mit $y = 1{,}75$ vorgegeben. Damit gilt für das gesuchte $x$:

$$1{,}75 = -\frac{3}{2}x + 1$$
$$0{,}75 = -\frac{3}{2}x$$
$$-0{,}5 = x$$

Nach der Rechnung wird haptisch überprüft, d. h. mit der Kurbel wird $y = 1{,}75$ eingestellt und der zugehörige $x$-Wert abgelesen.

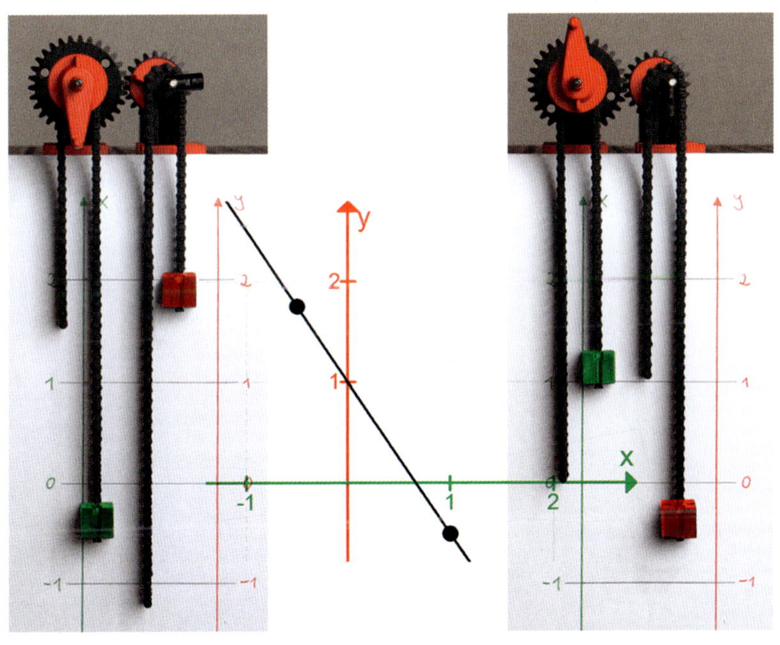

**Übung 3**

Die Schüler bauen wieder eine Maschine auf, doch diesmal wird das Getriebe mit einem Papier abgedeckt (vgl. das Foto). Ziel der anderen Gruppen ist es, die zugehörige Funktionsvorschrift zu finden. Bei dieser Übung darf an der Maschine gekurbelt werden. Wenn Gruppen Schwierigkeiten haben, können beim Lehrer Tipps geholt werden:

- Der erste Tipp ist eine Frage: *Wie viele Maschineneinstellungen benötigt man, um die Maschine nachzubauen bzw. um die Zuordnungsvorschrift anzugeben?*
- Zweiter Tipp: Die aktuelle Einstellung markiert einen Punkt im Schaubild, durch den die Gerade gehen muss.

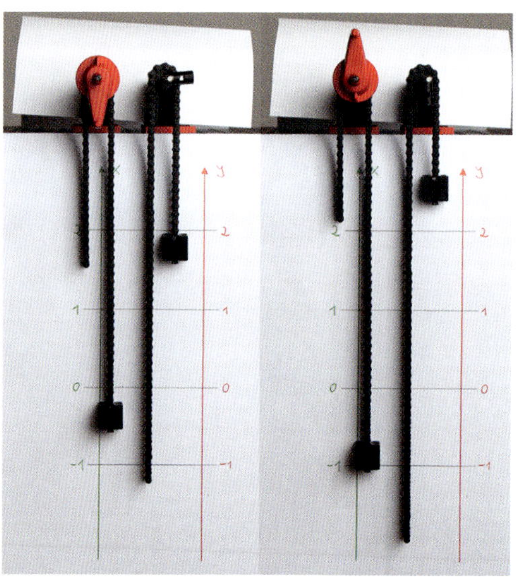

*Erste Lösung über ein lineares Gleichungssystem*[111]

Bei zwei verschiedenen Einstellungen werden jeweils die $x$- und $y$-Werte notiert. Eingesetzt in die Zuordnungsvorschrift, ergeben sich zwei Gleichungen bzw. ein lineares Gleichungssystem. Mit den auf dem Foto dargestellten Werten ergibt sich:

$$1{,}75 = m \cdot (-\,0{,}5) + c$$
$$2{,}5 = m \cdot (-\,1) + c$$

Aus diesem Gleichungssystem können $m$ und $c$ berechnet werden. Nach der Rechnung werden die Konstruktionen aufgedeckt und die Maschine bei $x = 0$ eingestellt, sodass der Wert für $c$ unmittelbar ablesbar ist.

111 Dieser Lösungsweg passt zum Üben linearer Gleichungssysteme, aber es ist kein eleganter. Wenn man beliebig an der Kurbel drehen darf, ist der anschließend skizzierte Weg geschickter. Der Lehrer kann die Übung entsprechend abwandeln, indem zwei Einstellungen vorgegeben werden. Z. B. so: Jeder Schüler bewaffnet sich mit einem Stift und einem Schulheft und notiert in einer Besichtungsrunde die Einstellungen von ca. 5 Maschinen. Anschließend stellen die Konstrukteure (und nur diese berühren die Maschine) einen neuen Wert ein, danach gibt es wieder eine Besichtigungsrunde.

*Eine Lösung über y-Achsenabschnitt und Steigungsdreieck*
Zuerst wird der Wert $x = 0$ eingestellt und der $y$-Achsenabschnitt $c$ abgelesen. Anschließend wird an der Kurbel einmal in positiver Richtung gedreht und die Änderung an der $y$-Achse abgelesen, welcher der Steigung $m$ entspricht.

## 14.6 Umkehrfunktionen und Verkettung von Funktionen

**Umkehrfunktionen**
Zu einer gegebenen Multipliziermaschine soll eine weitere Maschine konstruiert werden, welche die Wirkung der ersten aufhebt. Im Beispiel soll zu dem Vervierfacher die Umkehrmaschine gefunden werden.

Wirkung aufheben

Das bedeutet, dass an der Winkerachse eine zweite Maschine so angebaut werden soll, dass sich das Gesamtergebnis neutralisiert, dass sich also Kurbel und hinterster Winker identisch drehen.

*Umsetzung im Unterricht*
Der Aufbau ist klar: Für die Umkehrung baut man einfach alles in umgekehrter Reihenfolge auf. Wie immer ist es von Vorteil, wenn die Schüler eigene und unterschiedliche Beispiele entwerfen. Ein weiterer Schritt besteht in der formalen Beschreibung: Wie soll die Umkehrmaschine heißen, wie soll deren Wirkung notiert werden?
Der Leser, der nur an der Behandlung von Umkehrfunktionen interessiert ist, kann diese in Vierergruppen konstruieren lassen. In diesem Abschnitt jedoch stellt das Paar Funktion – Umkehrfunktion nur einen Spezialfall einer allgemeinen Verkettung dar.

### Verkettung von Funktionen

Vierergruppen aufspalten

Die Übung findet in Vierergruppen statt, die sich zu Beginn in je zwei Zweiergruppen aufspalten. Jedes Zweierteam soll eine Maschine auf seiner Bauplatte derart aufbauen, dass diese anschließend mit der des Partnerteams verbunden werden kann. Eine kurze technische Absprache zu Beginn des Bauunternehmens kann die anschließende Verbindung vereinfachen. Eine gute Idee besteht darin, zuerst die Verbindungsachse aufzubauen und dann die lange Stange vorerst durch zwei kleine zu ersetzen, so dass jede Gruppe unabhängig von der anderen bauen kann. Diese Bilder[112] von der Schnittstelle und einer Verkettung (hier ist der Spezialfall der Identität gezeigt) können Ihren Schülern bei der Umsetzung helfen.

*Bau der Maschinen*

Jetzt baut jede Zweiergruppe unabhängig von der Co-Gruppe eine Maschine auf und benennt diese mit einem kleinen Buchstaben, der mit den Baumeistern etwas zu tun hat (z.B. ein gemeinsamer Buchstabe in den Namen). In der folgenden Darstellung wird $f$ und $g$ verwendet. Beim Bau ist zu beachten, dass die Übersetzung nicht zu groß werden soll. Die Vorgabe „betragsmäßig kleiner als 2" stellt sicher, dass die verketteten Maschinen durch eine Kurbel zusammen bewegbar sind (vgl. hierzu auch den Abschnitt 9.3 *Potenzen: Die Grenzen der Belast-*

112 Kostenfreier Download im Downloadbereich von www.unterricht-als-abenteuer.de.

*barkeit*). Nach unten gibt es keine Grenzen, die Übersetzungen dürfen beliebig klein werden.

*Verkettung und Notation*

In der Vierergruppe werden die Funktionen dann zusammengesetzt. Die wesentliche Aufgabe für die Schüler besteht in der Suche nach einer geeigneten Notation für die Verkettung der beiden Funktionen $f$ und $g$. Die ursprünglichen Funktionen könnten beispielsweise $f(x) = \frac{2}{3}x$ und $g(x) = \frac{1}{4}x$ lauten. Natürlich lässt sich der ganze zusammengesetzte Aufbau als eine Multiplikation bzw. als eine einzige Funktion deuten. Das ist jedoch nicht die Aufgabe:

geeignete Notation

1. Gefordert ist eine Beschreibung mit $f$ und $g$, aus der hervorgeht, wie die Funktionen miteinander verkettet sind.
2. Weiter ist gefragt, wie sich bei der Umkehrung der Reihenfolge die Wirkung verändert.[113]
3. Schließlich wird nach den Grenzen des Baukastensystems gefragt: Stellen die mit dem Baukasten erzeugbaren Funktionen nur einen Spezialfall dar? Gibt es eventuell Funktionen, bei denen die Reihenfolge der Verkettung doch eine Rolle spielt? Bei welchen im Mathematikunterricht behandelten Funktionen lässt sich die Reihenfolge in der Verkettung umkehren?

Der Unterricht kann etwa nach der Ich-Du-Wir-Methode folgendermaßen strukturiert werden. Die Zeitangaben sind lediglich grobe Orientierungen und werden sich von Klasse zu Klasse unterscheiden.

- *Ich-Phase* (3 Minuten): Zuerst überlegt jeder Schüler für sich. Vielleicht findet er eine Möglichkeit, vielleicht erkennt er, wie es nicht geht. Wichtig ist, dass in dieser Phase kein Austausch geschieht – es gibt nur einmal die Möglichkeit, frei und ohne fremde Meinungen das Thema anzugehen. Bitte auf Stille achten! Wenn einer flüstert, hat sein Nachbar die Gedanken des anderen im Ohr, ob er das möchte oder nicht, und damit ist die Möglichkeit zur eigenen Kreation erst einmal dahin. Um die Schüler etwas in die Pflicht

Stille in der Ich-Phase

113 Es ist ein Unterschied, ob die Fragestellung lautet, „*ob* sich bei der Umkehrung der Reihenfolge die Wirkung verändert" oder „*wie* sich bei der Umkehrung der Reihenfolge die Wirkung verändert". Die erste Formulierung fordert lediglich eine Ja-Nein-Unterscheidung. Die zweite ist offen gefragt. Ein hübsches Beispiel für W-Fragen in der Aufgabestellung. Das Wörtchen „wie" löst eine offene *Forschungsfrage* aus, das Wörtchen „ob" erzeugt lediglich eine *Ja-Nein-Prüfungsfrage*. Zur Bedeutung und Anwendung von Fragetechniken sei das schmale Buch von Manfred Prior: MiniMax-Interventionen, Carl-Auer Verlag, Heidelberg [13]2016 empfohlen.

zu nehmen, soll jeder seine Gedanken mit Bleistift auf Papier schreiben und in die folgende Du-Phase mitbringen.

- *Du-Phase* (3 Minuten): Mit dem Baupartner werden die unterschiedlichen Ergebnisse diskutiert und abgeglichen.
- *Wir-Phase* (5 Minuten): Die Vierergruppe versucht, sich auf eine Schreibweise zu einigen.
- *Plenums-Phase*: Die Ergebnisse der Gruppen werden kurz vorgestellt. Die Redezeit sollte sehr knapp bemessen sein (ca. 1 Minute), ansonsten besteht die Gefahr, dass es langwierig wird.

*Mögliche Lösungen*

- Zu 1: Die Verkettung kann als Hintereinanderausführung zweier Funktionen geschrieben werden: $g(f(x))$ bzw. $f(g(x))$.
- Zu 2: In den konkreten (proportionalen) Beispielen darf die Reihenfolge vertauscht werden. Im Beispiel mit $f(x) = \frac{2}{3} \cdot x$ und $g(x) = \frac{1}{4} \cdot x$ gilt:

$$g(f(x)) = g\left(\frac{2}{3} \cdot x\right) = \frac{1}{4} \cdot \left(\frac{2}{3} \cdot x\right) = \frac{1}{4} \cdot \frac{2}{3} \cdot x = \frac{2}{3} \cdot \frac{1}{4} \cdot x = \frac{2}{3} \cdot \left(\frac{1}{4} \cdot x\right)$$
$$= f\left(\frac{1}{4} \cdot x\right) = f(g(x))$$

- Zu 3: Es lässt sich leicht zeigen, dass bereits bei allgemeinen linearen Funktionen die Reihenfolge entscheidend ist. Ein Beispiel zeigen die Funktionen $f(x) = \frac{2}{3} \cdot x$ und $g(x) = \frac{1}{4} \cdot x + 1$. Je nach Reihenfolge entsteht eine andere Funktion:

$$g(f(x)) = g\left(\frac{2}{3} \cdot x\right) = \frac{1}{4} \cdot \left(\frac{2}{3} \cdot x\right) + 1 = \frac{2}{3} \cdot \frac{1}{4} \cdot x + 1$$
$$f(g(x)) = f\left(\frac{1}{4} \cdot x + 1\right) = \frac{2}{3} \cdot \left(\frac{1}{4} \cdot x + 1\right) = \frac{2}{3} \cdot \frac{1}{4} \cdot x + \frac{2}{3}$$

## 14.7 Proportionale und exponentielle Funktionen

Zwischen proportionalen und exponentiellen Funktionen gibt es einen engen Zusammenhang. Erinnern wir uns an Franziska im ersten Abschnitt dieses Kapitels: Sie vervierfacht alles, was sie bekommt. Eine tolle Sache. Da ist es naheliegend, die Ausgabe nach einmaligem Kurbeln erneut in die Maschine einzugeben. So wird aus der 4 eine 16. Mit jeder Rückkopplung potenziert sich die Übersetzung bzw. wird die Potenz der Übersetzung um 1 höher. Exponentielles Wachstum beschreibt nichts anderes als die allereinfachste Art der Rückkopplung: Was herauskommt, wird erneut eingegeben.

Rückkopplung

Statt in dieselbe Maschine die Ausgabe erneut einzugeben, hätten wir ebenfalls eine identische zweite Maschine dahinter bauen können.

Allerdings lässt sich die Rückkopplung von „Vervierfachern" mechanisch sehr schnell nicht mehr bewegen. Bereits beim Hintereinanderschalten von drei Maschinen beträgt die Gesamtübersetzung 64. Wir befinden uns bereits an der Grenze des technisch Möglichen.

technische Grenze

Die „Halbierungsmaschine" ist technisch einfacher. In den Abschnitten 9.1 und 13.2 wurden in gruppendynamischen Übungen proportionale Getriebe zu exponentiellem Wachstum gekoppelt.

*Wahrnehmungspsychologische Bemerkung*

Wir können uns *lineare* Prozesse gut vorstellen. So stellt es kein Problem dar, sich die Wirkung einer Übersetzung vorzustellen, schließlich hat die Kette an jeder Stelle dieselbe Umlaufgeschwindigkeit. Und doch schafft es unser Gehirn nicht, die Wirkung der Hintereinanderschaltung dieser einfachen Elementarübersetzungen nur ansatzweise abzuschätzen. Wir haben keine Chance, auch nur in etwa abzuschätzen, wie lange man am ersten Rädchen drehen muss, damit sich das letzte ein einziges Mal dreht (vgl. Abschnitt 9.1).

Grenzen der Vorstellung

*Didaktische Bemerkung zum Verständnis*

exponentielle Maschinenentwicklung

Alle Maschinen, welche sich mit Ketten und Zahnrädern umsetzen lassen, sind lineare bzw. proportionale Maschinen. Durch das Hintereinanderschalten wird keine exponentielle *Maschine* gebaut, denn nach wie vor ändert sich der Winker proportional mit der Kurbel. Mit jeder hinzukommender Einzelübersetzung wächst die *Folge* der Gesamtübersetzungen exponentiell. Man betrachtet also eine exponentielle Maschinenentwicklung. Das Beispiel zeigt die Entwicklung von $f(\boldsymbol{x}) = 2^x$:

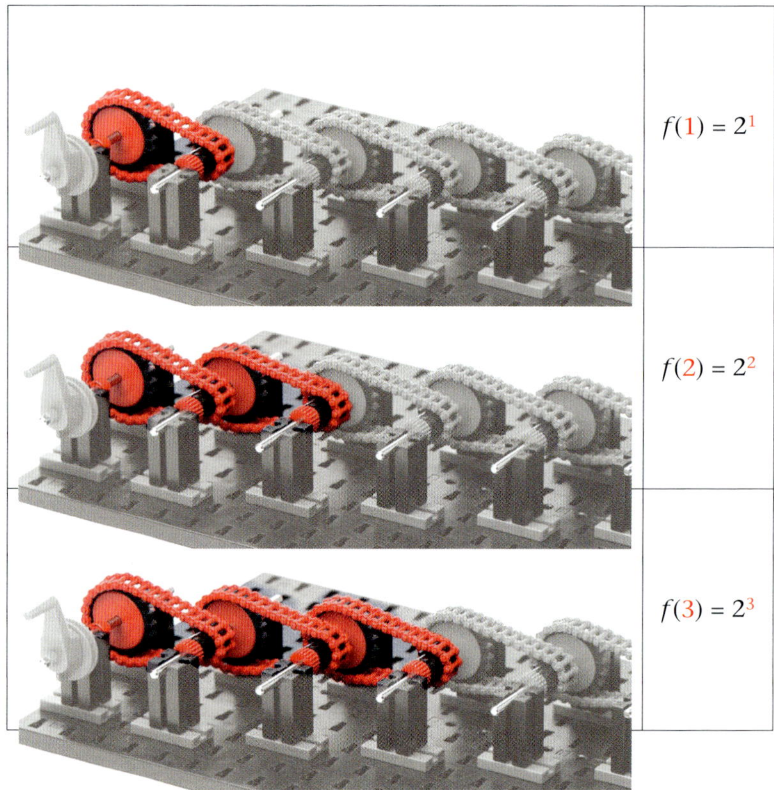

# Literatur


BATESON, Gregory: Kybernetische Erklärung. In: Ökologie des Geistes, Suhrkamp, Frankfurt am Main, 1981

BATESON, Gregory: Geist und Natur. Eine notwendige Einheit, Suhrkamp, Frankfurt am Main, 2002

BAUER, Joachim: Warum ich fühle, was du fühlst: Intuitive Kommunikation und das Geheimnis der Spiegelneurone, Heyne Verlag, München, 17. Aufl. 2006

BERGHAUS, Margot: Luhmann leicht gemacht. Eine Einführung in die Systemtheorie, Böhlau Verlag, Köln/Weimar/Wien, 3. Auflage 2011

BEUTELSPACHER, Albrecht: „In Mathe war ich immer schlecht ...". Vieweg+Teubner, Wiesbaden, 5. Auflage 2009

BROOK, Peter: Der leere Raum. Alexander Verlag Berlin, 8. Auflage 2004

CSIKSZENTMIHALYI, Mihaly: Flow – der Weg zum Glück. Der Entdecker des Flow-Prinzips erklärt seine Lebensphilosophie, in: Ingeborg Szöllosi (Hrsg.), Herder Spektrum, 2010

DESCARTES, René: L'homme, in: Œuvres de Descartes, Bd. XI, Paris 1957, deutsche Übersetzung: Descartes, René: Über den Menschen, Lambert/Schneider, Heidelberg, 1969

ENZENSBERGER, Hans / BERNER, Rotraut: Der Zahlenteufel, dtv, München 1999

FOERSTER, Heinz. von: Wissen und Gewissen, Suhrkamp Verlag, Frankfurt am Main, 9. Auflage 2015

GALLIN, Peter / RUF, Urs: Dialogisches Lernen in Sprache und Mathematik. Band 1: Austausch unter Ungleichen. Grundzüge einer interaktiven und fächerübergreifenden Didaktik. Seelze, 6. Aufl. 2018
Band 2: Spuren legen – Spuren lesen. Unterricht mit Kernideen und Reisetagebüchern. Klett/Kallmeyer, Seelze-Velber, 5. Auflage 2014.

GRELL, Jochen: Techniken des Lehrerverhaltens; Beltz Verlag, Weinheim und Basel, 15. Auflage (Nachdruck) 2001

GRIBBIN, John: Auf der Suche nach Schrödingers Katze. Quantenphysik und Wirklichkeit, deutsche Übersetzung im Piper Verlag, München, 8. Aufl. 2010.

HERRMANN, Ulrich (Hrsg.): Neurodidaktik, Beltz Verlag, Weinheim und Basel, 2. Aufl. 2009

JASPERS, Karl: Descartes und die Philosophie, De Gruyter, Berlin, 4. Auflage 1966

JOHNSTONE, Keith: Theaterspiele, Spontaneität, Improvisation und die Kunst des Geschichtenerzählens, Alexander Verlag, Berlin, 5. Auflage 2004

KLIPPERT, Heinz: Kommunikationstraining; Beltz Verlag, Weinheim und Basel, 11. Auflage 2006

KLIPPERT, Heinz: Teamentwicklung im Klassenraum; Beltz Verlag, Weinheim und Basel, 6. Auflage 2002

KNEER, Georg, NASSEHI, Armin: Niklas Luhmanns Theorie sozialer Systeme, Wilhelm Fink Verlag (UTB), Paderborn, 4. Aufl. 2000

KRAMER, Martin: Mathematik als Abenteuer. Erleben wird zur Grundlage des Unterrichtens Bd. I – III, Klett/Kallmeyer, Seelze, 4. Aufl. 2016

KRAMER, Martin: Mit Erbsen und Zahnstochern zur Mathematik, Beltz, Weinheim, 2011

KRAMER, Martin: Physik als Abenteuer. Erleben wird zur Grundlage des Unterrichtens Bd. I – II, Klett/Kallmeyer, Seelze, 3. Aufl. 2016

KRAMER, Martin: Schule ist Theater; Schneider Verlag Hohengehren, Esslingen am Neckar, 3. Auflage 2016

LUHMANN, Niklas: Soziale Systeme. Grundriß einer allgemeinen Theorie, Frankfurt a. M., 15. Auflage 2012

LUHMANN, Niklas: Sozialogische Aufklärung 5, Konstruktivistische Perspektiven, Westdeutscher Verlag, Opladen, 1990

LUHMANN, Niklas: Soziologische Aufklärung 4. Beiträge zur funktionalen Differenzierung der Gesellschaft, Westdeutscher Verlag, Opladen, 1987

MAYER, Claude-Hélène / BUSCH, Dominic: Mediation erforschen, Fragen – Forschungsmethoden – Ziele, Springer Verlag, Wiesbaden, 2012

MONTESSORI, Maria: Die Macht der Schwachen, Herder, Freiburg, 1989

PETERSSEN, Wilhelm H.: Kleines Methoden-Lexikon, Oldenbourg Schulbuchverlag, München, 3. Auflage 2009

PLATH, Maike: Spielend unterrichten und Kommunikation gestalten. Warum jeder Lehrer ein Schauspieler ist. Beltz Verlag, Weinheim und Basel, 2010

RUF, Urs / KELLER, Stefan / WINTER, Felix (Hrsg.): Besser lernen im Dialog. Dialogisches Lernen in der Unterrichtspraxis. Klett/Kallmeyer, Seelze-Velber 2008

SCHELLER, Ingo: Szenisches Spiel. Handbuch für die pädagogische Praxis. Cornelsen Verlag Scriptor, Berlin, 5. Auflage 2007

SCHLEY, Winfried: Teamkooperation und Teamentwicklung in der Schule. In: Altrichter, H. / Schley, W. / Schratz, M. (Hrsg.): Handbuch zur Schulentwicklung, Studien Verlag, Innsbruck/Wien 1998

SCHULZ VON THUN, Friedemann: Miteinander Reden, Bd. 1: Störungen und Klärungen. Allgemeine Psychologie der Kommunikation, Rowohlt Taschenbuch Verlag, Reinbek bei Hamburg, 48. Auflage 2010

SCHULZ VON THUN, Friedemann: Miteinander reden. Bd. 3: Das „Innere Team" und situationsgerechte Kommunikation. Rowohlt Taschenbuch Verlag, Reinbek bei Hamburg, 25. Auflage 2013

SIMON, Fritz B.: Einführung in die systemische Organisationstheorie, Carl Auer, Heidelberg, 4. Auflage 2013

SIMON, Fritz B.: Einführung in Systemtheorie und Konstruktivismus, Carl Auer, Heidelberg, 7. Auflage 2015

Spektrum der Wissenschaft Dossier: Mathematische Unterhaltungen, 02/2002; Mathematische Unterhaltungen II, 02/2003; Mathematische Unterhaltungen III, 02/2004. Spektrumverlag, Heidelberg

SPITZER, Manfred: Lernen. Gehirnforschung und die Schule des Lebens. Spektrum Akademischer Verlag, Heidelberg, 8. Aufl. 2009

WELLHÖFER, Peter R.: Gruppendynamik und soziales Lernen. UVK/Lucius, München, 4. Auflage 2012